우리 수학자 모두는 약간 미친 겁니다

수학자 폴 에어디쉬의 삶

폴 호프만 지음

승산

THE MAN WHO LOVED ONLY NUMBERS

우리 수학자 모두는 약간 미친 겁니다

수학자 폴 에어디쉬의 삶

폴 호프만 지음
신현용 옮김

*THE MAN WHO LOVED ONLY NUMBERS
THE STORY OF PAUL ERDŐS AND
THE SEARCH FOR MATHEMATICAL TRUTH
BY PAUL HOFFMAN*

우리 수학자 모두는 약간 미친 겁니다

수학자 폴 에어디쉬의 삶

1판 1쇄 펴냄 · 1999년 10월 20일
1판 18쇄 펴냄 · 2020년 2월 1일

지은이 · 폴 호프만
옮긴이 · 신현용
펴낸이 · 황승기
펴낸곳 · 도서출판 승산
등록일자 · 1998년 4월 2일
주소 · 서울특별시 강남구 역삼동 723번지 혜성빌딩 402호
전화번호 · 02) 568-6111
팩시밀리 · 02) 568-6118
웹사이트 · www.seungsan.com
이메일 · books@seungsan.com

ISBN 978-89-88907-00-9   03410

이 도서의 국립중앙도서관 출판시도서목록(CIP)은 e-CIP홈페이지(http://www.nl.go.kr/ecip)
에서 이용하실 수 있습니다.(CIP제어번호 : CIP2008003164)

※ 이 책의 포럼 게시판(mad4math.seungsan.com)에서 온라인 독서토론이 가능합니다.
※ 도서출판 승산은 좋은 책을 만들기 위해 독자의 소리에 항상 귀를 기울이고 있습니다.

수학적 진실은 변하지 않는다. 그것은 구체적 현실 바깥에 존재한다 …

이것이 우리의 믿음이고 또 우리를 움직이는 핵심적 동력이다.

그러나 우리의 이러한 믿음을 수학자가 아닌 사람들에게 설명하려는 것은

무신론자에게 신의 개념을 설명하려는 것처럼 힘들고 어려운 일이다.

폴 에어디쉬*Paul Erdös*는 수학적 진실에 대한 믿음을 몸소 실천하고

또 구체화한 사람이다. 그는 자신의 엄청난 재능과 정력을 오로지 수학의

신전(神殿)에 바쳤다. 그는 자신의 수학적 탐구가 대단히 중요하고 또

대단히 절대적인 것임을 믿어 의심치 않았다. 그의 그런 믿음을 직접 목격한 사람이라면

그 믿음을 받아들이고 싶어진다. 아마도 종교인이라면

폴 에어디쉬의 그런 특별한 개인적 탐구를 잘 이해할 것이다.

우리는 그 사람을 폴 아저씨(Uncle Paul)로 기억하고 있다.

— 조엘 스펜서 *Joel Spencer*

금세기의 인물들 중에서 에어디쉬처럼 추상의 추구에 평생을 바친 사람을

추적하다 보면 우리는 루드비히 비트겐슈타인Ludwig Wittgenstein(1889-1951)까지

거슬러 올라가게 된다. 그는 철학을 위해서 그의 모든 생활을 포기했다.

비트겐슈타인이 자기고문(拷問)의 한 방식으로서 집안의 재산을 모두 포기한 사람이라면,

폴 에어디쉬는 정말로 돈이 필요 없었기 때문에 자신이 번 돈을 거의 대부분

남에게 주어버린 사람이었다… 비트겐슈타인이 거의 자살적인 충동에 내 몰린 사람이라면,

에어디쉬는 자신의 인생을 차근차근 쌓아올려 최대한의 행복을 이끌어낸 사람이었다.

— 에코노미스트 *The Economist*

$$1 = \sum_{i=1}^{m} \frac{1}{x_i} \quad is \; > \varrho$$

차 례

역자 서문 | 8

0
25억년을 산 사람 | 10

1
하나님의 책에 있는 바로 그것 | 38

2
엡지 (Epszi)의 수수께끼 | 80

e
샘과 조와의 갈등 | 128

3
아인슈타인과 도스토옙스키 | 176

π
최악의 경우 전문가 | 196

4
여백 원한 | 238

5
정수는 하나님께서 만드셨다 | 268

6
염소를 뽑을 확률 | 304

7
남은 자들의 파티 | 324

∞
우리 수학자 모두는 약간 미친 겁니다 | 346

감사의 글 | 357
옮긴이의 해설 | 358
INDEX | 370

$$= \sum_{i=1}^{m} \frac{1}{x_i} \quad is > R$$

짧지 않은 80여 년의 인생을 살면서, 그는 집도, 가정도, 직장도 없었다. 오직 숫자 *numbers*만이 그의 친구였고, 그의 사랑이었다.

수학에서 지극한 멋과 아름다움을 보았고, 그 멋과 아름다움을 찾는 일에 무한한 행복을 느끼며 한 평생을 살다간 그는, 분명 수학이 너무 좋아 수학에 미친 사람이었다.

그는 인격적으로 *personally*는 하나님을 믿지 아니 하였으되 "지고한 독재자(SF:Supreme Fascist)"라 이름하여 하나님을 인정하지 않을 수 없었다. 그는 성경 *the Bible*을 어떻게 생각했는지 모르나 "하나님의 책 *the Book*"은 인정하지 않을 수 없었다. 오묘한 수학적인 사실들은 이미 존재하던 하나님의 법칙이 이제 우리에게 드러난 것이라고 인식했다. 멋진 증명을 보면 하나님의 "그 책에 있는 바로 그것 *straight from the Book*"이라며 좋아하였다.

본 서는 헝가리의 수학자 폴 에어디쉬*Paul Erdős*의 삶에 관한 책 THE MAN WHO LOVED ONLY NUMBERS (PAUL HOFFMAN 저) 을 번역한 것이다. 많은 수고는 하였지만 역자의 짧은 영어 실력과 부족한 수학의 폭과 깊이를 절감하였다. 따라서 본 서에 많은 잘못이 있으리라 생각된다. 특히 사람과 장소 이름은 원래의 발음과 다를 수 있다. 이는 전적으로 역자의 무지와 실수임을 밝혀둔다.

시와 같은 운문은 원문도 함께 제시하였다. 원문이 지닌 멋을 그대로 옮기기가 어려웠기 때문이다.

또, 독자에게 조금이라도 도움이 될까 싶어 책 뒤에 몇몇 수학용어의 설명을 실었다.

이 책의 주인공 Erdős의 이름은 많은 사람이 부르는 대로 "에어디쉬"라고 하였고, 자주 나오는 수학 용어 "conjecture"는 "추측"이라고 번역하였다. 오해 없기를 바란다.

1999년 10월
청출어람 연구실에서
신 현 용

25억년을 산 사람

THE TWO-AND-A-HALF-BILLION-YEAR-OLD MAN

Végre nem butulok tovább
마침내 나는 더 이상 어리석어지지 않는다

– 폴 에어디쉬가 스스로 작성한 묘비명.

폴 에어디쉬*Paul Erdös*는 백 년 동안에 한 명 나올까 말까 한 아주 특별한

천재였다. 그러나 그는 나같이 평범한 사람과 수학을 논의하는 것을 부끄럽게

여기지 않았다. 나는 이것 때문에 평생 그를 고맙게 생각할 것이다.

새벽 네 시에 그가 우리집 복도를 어슬렁거리며 걸어와 내 침실에 들어서서

나의 "두뇌가 열려져 있느냐 (brain is open)"고 물었던 것이 여러 번이었다.

우리는 수학과 기타 사항에 대해서 문제를 제기하고 추측을 하고 또

열띤 대화를 나누었다. 나는 정말 이런 시절들이 그립다. 그러나 무엇보다도

인간 폴 에어디쉬가 그립다. 나는 정말 그를 사랑했었다.

– 톰 트로터 *Tom Trotter*

부다페스트에서 학교 다닐 때의 폴 에어디쉬 – 이 사진은 이례적인 것이다.
그는 대부분 학교에 가지 않고 집에서 공부했기 때문이다.
어머니 안나는 그가 다른 학생들로부터 치명적인 질병을 옮길까봐 걱정했다.

1987년 어느 쌀쌀한 봄날, 뉴저지주 그린브룩의 자그마한 일본 식당에는 저녁 식사 손님들이 들어차 있었다. 당시 일흔 넷이던 폴 에어디쉬 *Paul Erdős*는 동료 수학자 네 명을 잠깐 사이에 놓치고 말았다. 방금 전만 해도 그들은 50피트 쯤 떨어진 곳에서 녹차를 마시고 있었던 것이다. 에어디쉬는 눈을 깜빡거리면서, 한 팔은 허수아비처럼 옆으로 쫙 벌린 채, 그 자그마한 일본 식당의 테이블을 둘러보았다. 그는 잠깐 방심하여 동료들을 놓친 자기 자신을 질책하고 있었다. 동료들이 식당 안으로 재빨리 들어가는 사이에 외투 보관소에서 꾸물거린 것이 원인이었다. 그는 벌린 팔을 세차게 흔들어댔고 게다가 기침까지 했다.

"왜 SF가 하필 이런 때 내게 감기를 주셨는지 모르겠어." 그는 헐떡거리는 목소리로 말했다.

SF는 Supreme Fascist(지고한 독재자)의 줄인 말인데, 하늘 높은 곳에 계신 제1인자 즉 하나님을 뜻한다. SF는 에어디쉬의 안경을 감추고, 그의 헝가리 여권을 훔쳐가고, 또 더욱 나쁜 것은, 모든 복잡한 수학 문제의 우아한 해법을 자기 혼자만 알고 있으니 정말 지고한 독재자인 것이다. 에어디쉬는 이렇게 말했다.

"SF는 인간의 고통을 즐기기 위해서 인간을 창조하셨지. 우리가 빨리 죽으면 죽을 수록 그건 하나님의 계획에 도전하는 것이 돼."

에어디쉬는 아직도 그의 동료들을 찾아내지 못하고 있다. 그러나 그의 분노는 곧 눈 녹듯 사라지고 그의 허수아비 팔도 제자리로 돌아왔다. 부모와 함께 식사하고 있는 조그마한 소년이 내지르는 소리를 들었기 때문이다.

"아, 엡실론 *epsilon*!"

그리스 문자인 엡실론(**ε**)은 에어디쉬가 어린 아이를 가리킬 때 쓰는 말로서, 수학에서는 미소한 양을 나타낸다. 에어디쉬는 이제 서서히 그 아이 쪽으로 걸어간다. 그 아이의 모습이 보여서라기보다는 그 아이의 목소리가 흘러나오는 쪽을 향해 걸어가는 것이다.

"헬로."

그는 그렇게 말을 걸면서 낡은 회색 상의 주머니에 손을 집어넣어 벤제드린(각성제) 병을 꺼내들었다. 그는 그 병을 어깨 높이까지 쳐들었다가 손을 놓더니 재빨리 그 손으로 그 병을 잡아챘다. 엡실론은 재미있어 하는 기색이 아니다. 하지만 아이의 부모는 상대방의 체면을 생각해서 다소 야단스럽게 갈채를 보낸다. 에어디쉬는 그 동작을 몇 번 더 해보였다. 그때 AT&T에서 근무하는 동료 수학자인 로널드 그레이엄 *Ronald Graham*이 그를 불렀다. 저쪽 테이블에서 그와 에어디쉬의 다른 동료들이 기다리고 있는 것이었다.

웨이트리스가 도착했고, 에어디쉬는 길다란 메뉴판에서 이것 저것 물어보더니 프라이드 스퀴드 볼(오징어를 잘게 썰어 공 모양으로 튀겨놓은 것)을 시켰다. 웨이트리스가 다른 사람들의 주문을 받는 동안 에어디쉬는 자신의 플레이스맷(식기류 밑에 까는 종이)을 뒤집어서 훌라 후프를 통과해 나가는 로켓 비슷한 그림을 그리기 시작했다. 나머지 네 명의 동료들은 이 천재 수학자가 무엇을 하고 있는가 궁금해져서 상체를 앞으로 수그리며 들여다 보았다.

"색수(色數, chromatic number) 3을 파괴할 수 있는 변(edge)이 아직 많이 있어. 이 변은 양분성(兩分性, bipartiteness)을 파괴하지."

에어디쉬는 그렇게 말하고 눈을 감으며 졸리는 척했다.

여느 과학자들과는 달리, 수학자는 연구장비를 필요로 하지 않는다. 전하는 바에 의하면 이것은 아르키메데스 *Archimedes*까지 거슬러 올라간다. 목욕을 마치고 몸에 올리브유를 바르던 아르키메데스는 올리브유가 발라진 자신의 피부에다 손톱으로 도형을 그리던 중 기하학의 원리를 발견했다. 그렇기 때문에 일본식당도 수학을 연구하는 장소로서 하등 손색이 없다. 수학자 들에게 필요한 것이라고는 마음의 평화가 최우선이고 그 다음엔 때때로 종이와 연필만 있으면 되는 것이다.

"수학의 매력은 바로 그겁니다. 누워서도 눈을 감고서도 일을 할수 있다는 거죠. 그러니 폴이 지금 무슨 생각을 하고 있는지 누가 알겠습니까?" 그레이엄이 말했다.

에어디쉬와 한 때 공동연구를 했던 영국 수학자 해롤드 데이븐 포트 *Harold Davenport*의 미망인 앤 데이븐포트 *Anne Davenport*는 이렇게 회상했다.

"1930년대, 트리니티 칼리지 시절이었을 거예요. 에어디쉬와 내 남편은 어떤 공공 장소에서, 한 시간 가량 아무 말 없이 생각에 잠겨 앉아 있었어요. 그러다가 해롤드가 긴 침묵을 깨뜨리면서 이렇게 말하는 거예요. '그건 0이 아니야, 1이야.' 그러더니 두 사람은 안도의 한숨을 내

쉬면서 즐거워 했어요. 두 사람 주위에 있던 사람들은 모두 그들이 미쳤다고 생각했을 거예요. 물론 그들은 미쳤지요."

✦

에어디쉬는 1996년 9월 20일, 향년 83세로 사망했다. 그는 평생 그 어떤 수학자보다 더 많은 수학 문제들을 제기하고 또 궁리했다. 그는 1,475편의 학술 논문을 저술(혹은 공동저술)했는데, 그 중 상당수가 획기적인 것이었고, 모든 논문이 알찬 내용으로 가득찬 것이었다. 논문의 수량도 놀랍지만 정말 놀라운 것은 그 내용이다. 에어디쉬는 이렇게 말했다.

"*Non numerantur, sed ponderantur*(그것들은 수로 세어지는 것이 아니라 무게로 달아진다). 옛날 헝가리 귀족 회의에서는 말이야, 투표지를 세지 않고 무게를 달았다는구만. 이 말은 학술 논문에도 그대로 적용되지. 정말이야, 리만 *Riemann*도 논문 발표 수는 적었고 또 괴델 *Gödel*도 그랬지. 하지만 가우스 *Gauss*나 오일러 *Euler*는 논문을 많이 발표했었지."

에어디쉬는 70대가 되어서도 연간 50편의 논문을 여러해 동안 발표했다. 이러한 업적만 해도 대부분의 우수한 수학자들이 평생 걸려야 달성할 수 있는 실적이다. 그는 수학이 젊은이의 학문만은 아님을 몸소 증명한 사람이었다.

에어디쉬는 자신의 생애를 잘 조정하여 거의 평생을 수학에만 바쳤다. 그는 아내도 아이도 직업도 취미도 없었다. 심지어 자신을 구속한다고 생각하여 집도 없었다. 그는 남루한 여행용 가방과 센트럼 아루하즈 *Centrum Aruhaz*(중앙창고 : 헝가리 최대의 백화점)에서 구입한 오렌지색 플라스틱 가방에다 살림을 넣어가지고 다녔다. 좋은 수학문제와 새로운 수학 인재를 끊임없이 찾아다녔던 그는 정신없이 빠른 속도로 4 대륙을 휘젓고 다녔고 이 대학에서 저 연구소 그리고 다른 대학, 이렇게 방랑을 계속했다. 그가 일하는 방식은 이런 것이다. 그는 동료 수학자의 문턱에 나타나 "내 두뇌는 열려있습니다. *My brain is open*"라고 선언한다. 그리고는 하루 혹은 이틀에 걸려서 그 집주인과 연구를 한다. 그 후 그가 따분해지거나 아니면 주인이 피곤해지면 그는 다른 수학 동료를 찾아 떠나는 것이다.

에어디쉬의 모토는 "다른 도시에서는 다른 여자를"이 아니라, "다른 지붕 밑에서는 다른 증명을 *Another roof, another proof*"이었다. 그는 25개국 이상을 돌아다니면서 수학을 했고 아주 외딴 지역에서 중요한 증명을 완성하는가 하면 또 아주 외딴 저널에다 그 증명을 발표하기도 했다. 그래서 그의 동료 한 사람은 이런 유머러스한 5행시를 지었다.

깊고 심오한 추측 중에는
원이 둥근가 아닌가 하는 것이 있다네.
쿠르드어로 씌어진
에어디쉬의 한 논문에
반증이 있다네.

A conjecture both deep and profound

Is whether the circle is round.

In a paper of Erdős

Written in Kurdish

A counterexample is found.

에어디쉬는 이 5행시 얘기를 전해 듣고서 쿠르드어로 논문을 발표하려 했으나 애석하게도 쿠르드어 수학 저널을 발견할 수가 없었다.

✠

에어디쉬가 수학을 처음 접한 것은 세살 때였다. 어머니가 돌아가시고 난 이후 생애 만년의 25년 동안에는 하루 19시간 수학에 매달렸다. 그는 규칙적으로 하루에 10~20 밀리그램의 벤제드린(혹은 리탈린), 강한 에스프레소 커피, 카페인 알약을 복용했다. 에어디쉬는 즐겨 이렇게 말했다.

"수학자는 커피를 정리(定理, theorem)로 둔갑시키는 기계이다."

동료들이 좀 천천히 일하라고 충고하면 그는 늘 같은 대답이었다.

"무덤에 들어가면 휴식할 시간이 많을 거야."

에어디쉬는 수학의 발전에 장애가 되는 것은 모두 거부했다. 뉴저지에서 아침 식사를 하던 도중 캘리포니아에서 일하는 동료 얘기가 나오자, 에어디쉬는 그 동료에게 알려주기로 한 수학 결과를 생각해냈다. 그는 곧바로 의자에서 일어나 전화기로 달려가 다이얼을 돌리기 시작했다. 그의 집주인은 그를 제지했다. 서부 시간은 현재 새벽 다섯 시라는 것이었다. 에어디쉬는 그게 무슨 상관이냐는 듯이 이렇게 대답했다.

"그럼 더욱 좋지. 그 시간이라면 틀림없이 집에 있을 거니까."

이와 유사한 상황이 발생할 때마다 에어디쉬가 즐겨 말하는 대답은 이런 것이다.

"루이 14세 Louis the Fourteenth는 '내가 국가이다' 라고 말했고, 트로츠키 Trotsky는 '내가 사회다' 라고 말하고 싶었을지 모른다. 그러면 나는?

나는 '내가 실재(reality)다' 라고 말하고 싶다."

그를 잘 아는 사람은 이런 대답에 거부감을 느끼지 않는다. 한 동료는 이렇게 말했다.

"에어디쉬는 자기의 실재를 다른 사람들에게 그대로 전이시키는 어린애 같은 경향을 가지고 있었어요. 하지만 그는 접대하기 수월한 방문객은 아니었습니다. 그런데도 우리 모두는 그를 집에 초청하고 싶어 했어요. 그의 두뇌를 필요로 했던 거지요. 우리는 어려운 문제들을 모두 모아놓고 그의 출현만 기다렸으니까요."

에어디쉬와 의사소통을 잘 하려면 먼저 그의 특수 용어를 이해해야 한다. 수학평론가 마틴 가드너 *Martin Gardner*는 이렇게 회상했다.

"그를 처음 만났을 때 내게 처음 물어온 것은 '언제 도착했느냐?'는 것이었습니다. 나는 손목시계를 들여다보며 대답을 하려고 했지요. 그랬는데 그레이엄이 이렇게 힌트를 주는 거예요. 그 질문은 '생년월일이 어떻게 되느냐?' 라는 뜻이라고 말이에요."

에어디쉬는 같은 질문을 다르게 물어보기도 했다.

"탄생의 불운이 당신을 덮친 것은 언제였습니까?"

그의 특수용어를 간결히 예시하면 다음과 같다.

SF – 지고의 독재자, 하나님.

엡실런 – 아이

두목 – 아내, 혹은 여자

노예 – 남편, 혹은 남자

포획되다 – 결혼하다

해방되다 – 이혼하다

재포획되다 – 재혼하다

소음 – 음악

독약 – 알코올

설교 – 수학 강의(강연)

샘 – 미국

조 – 소련

사망하다 – 수학연구를 그만두다

떠나다 – 사망하다

✢

에어디쉬는 신장이 5피트 6인치(168센티)이고 체중은 130파운드 (59킬로그램)이다. 얼굴은 주름살이 많고 퀭하여 약물 중독자의 형색이 완연하다. 그러나 동료들은 그가 암페타민(각성제)를 복용하기 훨씬 이전에도 취약하고 수척했다고 말한다. 머리는 백발이고, 실타래 같은 구레나룻은 얼굴과는 기묘한 각도를 이루면서 튀어나와 있다. 그는 보통 스트라이프 회색 상의에 검은 바지를 입고 다니며, 붉은 색이나 노란색 셔츠를 즐겨 입는다. 신발은 샌들이나 특이하게 구멍이 뚫린 헝가리제 가죽 구두를 신는데, 평발과 약한 심줄을 보호하기 위해서이다. 그가 입고 다니는 옷들은 자그마한 여행용 가방에 다 들어갈 정도이며 그러고도 남아서 커다란 라디오를 집어넣을 수 있다. 그는 옷가지가 몇 개 되지 않기 때문에 그의 집주인은 일주일에도 몇번씩 그의 양말과 내의를 빨아주어야 한다. 그의 동료는 이렇게 말한다.

"그는 양말과 내의를 더 많이 살 수도 있을 겁니다. 아니면 그 자신이 직접 세탁을 할 수도 있겠지요. 세탁기를 돌리는 일은 지능 지수가 0인 바보도 할 수 있으니까 말입니다."

그러나 에어디쉬는 수학이 아닌 것은 귀찮게 생각했다. 그는 이렇게 말했다.

"몇몇 프랑스 사회주의 사상가들은 사유재산이 훔친 것이라고 말했습니다. 나는 사유재산이 귀찮은 것이라고 말하겠어요."

그가 가장 소중하게 여기는 재산은 그의 수학 노트다. 그는 사망 당시 10권의 수학 노트를 남겼다. 그는 늘 노트를 가지고 다니면서 수학적 영감이 떠오를 때마다 적어놓는다.

"에어디쉬는 손에 노트를 든 채로 우리 쌍둥이 아들의 바르 미츠바(13세 남아의 성인식)에 왔어요." 그레이엄의 AT&T의 동료인 피터 윙클러 *Peter Winkler*가 말했다. "그는 아이들을 좋아하기 때문에 쌍둥이에게 줄 선물도 사가지고 왔어요. 또 의식에서의 처신도 훌륭했습니다. 하지만 우리 장모는 처음에 그를 내쫓으려고 했어요. 지저분한 옷을 입고 겨드랑이에 노트를 끼고 다니는 거리의 부랑자라고 생각했던 거지요. 아무튼 성인식에서 그는 멋진 정리 한두 개쯤 증명했을 겁니다."

그의 양말이나 주문 내의는 물론 모두 옷감이 실크였다. 그는 아주 특이한 피부를 갖고 있어서 실크가 아닌 다른 옷감의 옷을 입으면 알레르기를 일으켰다. 그는 사람들과 몸 접촉을 하는 것도 싫어했다. 누가 악수를 하기 위해 손을 내밀면 그는 그 손을 잡지 않았다. 그 사람의 손등에다 자신의 손을 살짝 포개었다가 떼는 것이 전부였다.

"내가 키스를 해주어도 싫어했어요. 손은 하루에 50번쯤 닦았고요. 그래서 온 사방에 물을 흘리고 다녔어요. 특히 화장실 바닥은 말도 못했지요."

그의 사촌인 마그다 프레드로 *Magda Fredro*가 회상한 말이다.

그렇게 신체 접촉을 싫어했고 또 평생 독신이기는 했지만, 에어디쉬는 다정하고 동정심 넘치는 성격이었다. 플로리다 아틀랜틱 대학의 수학과 교수인 아론 메이어로위치 *Aaron Meyerowitz*는 말했다.

"그 분은 신뢰의 그물 망 위에 존재했어요. 저는 대학원생이었을 때 그 분을 처음 만났습니다. 제가 그 분을 차에 태워드렸지요. 나는 길을 잘 몰랐기 때문에 그 분에게 지도를 보면서 찾아가겠느냐고 물었어요. 그랬더니 싫다고 하더군요(혹은 어떻게 지도를 읽어야 하는지 몰랐을 수도 있어요). 그 분은 생판 낯선 사람인 제가 목적지까지 데려다줄 거라고 턱 믿고 있더군요."

에어디쉬는 사례금, 강연료 등으로 받은 얼마 안 되는 돈을 친척, 동료, 학생, 낯선 사람들에게 기꺼이 나눠주었다. 그는 집없는 사람을 만날 때마다 그냥 지나치지 못했다. D.G.라만 *Larman*은 이렇게 회상했다.

"1960년대 초에 나는 런던 유니버시티 칼리지의 학생이었습니다. 에어디쉬는 매해 우리 학교에 왔습니다. 그가 첫 달 봉급을 받았을 때였어요. 유스턴 역에서 한 거지가 그에게 다가와 차 한 잔 값만 적선해 달라고 말했어요. 에어디쉬는 자신의 검소한 생활에 꼭 필요한 소액의 돈만 빼고 나머지는 봉투 째로 그 거지에게 주었습니다."

1984년 에어디쉬는 권위있는 울프 상 *Wolf Prize*을 수상하게 되었는데, 이 상은 수학계에서 상금이 많기로 소문이 나 있었다. 그는 상금으로 받은 5만 달러 대부분을, 그가 부모님 이름으로 설립한 이스라엘의 장학기금에다 출연했다. 에어디쉬는 말한다.

"나는 그 상금 중에서 720달러만 가졌습니다. 누군가가 내게는 이 돈도 많다고 했던 것을 기억합니다."

에어디쉬는 취지가 훌륭한 운동 —가령 운영이 어려운 고전음악 방송국 살리기 운동, 이제 막 발족한 미국 원주민 살리기 운동, 부랑자 소년을 수용하기 위한 시설 건립 운동— 에 대한 얘기를 들으면 즉시 적은 금액이나마 헌금을 했다.

"그가 사망한 지 1년이 되었는데도, 내게는 그가 헌금했던 기관들로부터 우편물이 오고 있어요. 오늘은 이스라엘 소녀보호원에서 보낸 엽서를 받았어요. "

1980년대 말 에어디쉬는 글렌 휘트니 *Glen Whitney*라는 똑똑한 고등학생 얘기를 듣게 되었다. 그 학생이 하버드 대학에 입학하여 수학 공부를 하고 싶은데 등록금이 약간 모자란다는 얘기였다. 에어디쉬는 그 학생을 직접 만나서 그의 재능을 확인한 다음, 1천 달러를 빌려주었다. 그는 휘트니 학생에게 재정적으로 곤란함이 전혀 없을 때 그 돈을 갚아달라고 말했다. 10년 뒤 그레이엄은 휘트니로부터 소식을 들었다. 마침내 에어디쉬에게 빌린 돈을 갚을 만한 형편이 되었다는 것이었다.

"에어디쉬가 이자까지 쳐서 돌려받기를 원할까요? 이 문제를 어떻게 해야 할까요?" 휘트니가 그레이엄에게 물었다.

그레이엄이 에어디쉬에게 물었더니 그는 이렇게 대답했다.

"휘트니에게 그 1천달러를 가지고 내가 한 것처럼 하라고 말해주게."

✢

에어디쉬는 수학의 신동이었다. 세살 적에 세 자리 숫자들을 암산할 수 있었고 네살에는 음수 *negative number*를 발견했다. 그는 회상했다.

"어머니에게 이렇게 말해주었어요. 100에서 250을 빼면 −150이 된다고 말이에요. 나의 두 번째 대 발견은 죽음이었습니다. 애들은 자기가 죽는다는 생각을 안 해요. 나도 네 살 때까지는 그랬지요. 그런데 어느

날 어머니와 함께 가게에 갔다가 그 생각이 잘못되었다는 것을 알았어요. 나는 울기 시작했습니다. 내가 죽는다는 것을 깨달았던 거지요. 그때 이후 나는 늘 좀더 젊어지려고 노력했습니다. 1970년 나는 로스앤젤레스에서 '내가 수학을 하면서 보낸 25억년'에 대하여 강연을 했습니다. 내가 아이였을 때 지구의 나이가 20억년이라고 했습니다. 그런데 이제 과학자들은 지구의 나이가 45억년이라고 말하고 있습니다. 그러니 내 나이는 자연 25억년이 되는 거지요. 그 강연에 참가했던 학생들이 내가 공룡을 타고 다니는 시간표를 그려놓았어요. 그리고는 내게 이렇게 질문하더군요.

'공룡을 타보니 기분이 어떠셨습니까?'

그 질문에 대한 답변은 한참 후에 생각났어요.

'이봐, 잘 기억이 나지 않는데. 노인은 말이야, 아주 어릴 적 일만 생각 난다구. 그런데 공룡은 어제 탄생했을 뿐이야. 공룡이 생겨난 건 겨우 1억 년 전이니까.'

학생들이 내 답변을 듣고 다들 웃더군요."

에어디쉬는 이 공룡 이야기를 특히 좋아해서 수학 강연회 때마다 되풀이해서 써먹었다. 부다페스트에서 개최된 에어디쉬 추모 수학 회의에 참석했던 멜빈 나단슨은 이렇게 회상했다.

"그는 수학계의 봅 호프(Bob Hope, 미국의 유명 코미디언, 역자 주)였어요. 뭐라고 할까, 같은 농담, 같은 이야기를 수 천번 되풀이하는 보드빌 Vaudevill 연예 쇼의 연예인 같은 인물이었지요. 그는 연설해야 될 경우에는, 아무리 피곤해도 청중들 앞에서 소개되는 그 순간 아드레날린(혹은 암페타민)이 펑펑 체내로 솟구치는 그런 사람이었어요. 무대에 올라서기만 하면 정력이 펄펄 넘쳐흘러서 같은 얘기를 1000번이라도 해내는 겁니다."

1970년대 초 에어디쉬는 자신의 이름 앞에다 P.G.O.M.이라는 이니셜을 붙이기 시작했다. 이것은 Poor Great Old Man(불쌍하지만 위대한 노인)의 약자였다. 그는 나이가 더 들면서 이 이니셜에다 몇 자 더 추가했는데 그것을 간략하게 예시하면 다음과 같다.

P.G.O.M.L.D.(60세) – L.D.는 Living Dead(살아있는 죽음).

A.D.(65세) – A.D.는 Archeological Discovery(고고학적 발견)

L.D.(70세) – L.D.는 Legally Dead(법적 사망)

C.D.(75세) – C.D.는 Counts Dead(사망으로 간주).

1987년 일흔 넷이 되었을 때 그는 이렇게 설명했다.

"헝가리 과학 아카데미에는 회원이 2백 명이 있어요. 75세가 되면 모든 특전을 누리는 가운데 그 아카데미에 머물 수 있어요. 하지만 더 이상 회원으로는 간주되지 않습니다. 그래서 C.D.라는 이니셜을 쓰는 것이지요. 물론 나는 그런 비상사태에는 직면하지 않게 되기를 바랍니다. 사람들이 내 75회 생일에 맞추어 국제회의를 기획하고 있어요. 나를 기념하기 위한 것이지요. 난 아주 나이가 많아요. 그리고 건강도 별로 좋지 않아요. 내 신체에 무슨 일이 벌어지고 있는지 잘 모르겠어요. 아마도 마지막 해결안이 다가오는 건지도 모르죠."

에어디쉬는 대부분의 친구들보다 더 오래 살았고 또 일부 친구들이 정신에 문제를 일으키는 것을 보고 당황하기도 했다. 그의 대학 시절 논문작성을 조언해주었던 레오폴드 페예르 *Leopold Fejer*는 헝가리의 우수한 수학자 중의 한 사람이었는데 불과 서른 살의 나이에 탈진해버렸다. 에어디쉬는 말했다.

"페예르는 그래도 좋은 연구를 많이 내놓았어요. 하지만 자신의 아이디어가 시원치 않다는 생각을 갖고 있었어요. 그는 예순이 되었을 때 전립선 수술을 받았는데 그 후에는 별로 업적이 없었어요. 그후 15,6년 동안 건강하게 살다가 노망기를 보였어요. 순환기 계통에 문제가 있기도 했고요. 그도 자신이 노망들었다는 걸 알았어요. '내가 완전 바보가 된 이후…' 하고 말하기도 했으니까. 그는 병원에서 정성스러운 보살핌을 받다가 1959년에 심장마비로 죽었어요."

30여편의 논문을 공동 저작했던 가장 가까운 친구 폴 투란 *Paul Turán*이 1976년에 죽자, 에어디쉬는 SF가 자기와 그의 공동 연구자들의 업적을 심사하고 있다는 느낌을 갖게 되었다. SF는 대차대조표의 한쪽에다 에어디쉬가 죽은 사람들과 공동 저작한 논문들을 기입하고, 또 반대쪽에다 살아있는 사람들과 저작한 논문들을 기입한다는 것이었다. 에어디쉬는 이렇게 말했다.

"죽은 사람들 쪽이 더 무거워지면 그때는 나도 죽어야 하는 거지요."

그는 잠시 말을 끊었다가 다시 덧붙였다.

"물론 이건 농담입니다."

아마도 농담일지 모른다. 하지만 그렇지 않을런지도 모른다. 에어디쉬는 수십년 동안 새롭고 젊은 공동 연구자들을 찾아 정력적으로 움직였고 또 그들과 함께 많은 공동 연구를 했다. 연구를 끝낼 때마다 그는 말했다.

"내가 내일까지 살아 있다면 내일 계속 합시다."

에어디쉬는 역사상 그 어떤 수학자보다 더 많은 공저자들과 일했고 그 공저자들의 숫자가 485명을 헤아린다. 이 485명에게는 에어디쉬 번호 1이 부여되어 있다. 이것은 수학계에서 널리 쓰이는 숫자로서, 대스승과 함께 작성한 논문을 가지고 있는 사람을 가리키는 코드이다. 만약 어떤 수학자의 에어디쉬 번호가 2라면 그는 에어디쉬와 공저한 사람과 논문을 공저한 경우이다. 만약 3이라면 에어디쉬와 공저한 사람과 다시 공저한 사람과 공저한 경우이다. 아인슈타인은 에어디쉬 번호 2를 가지고 있으며 현역 수학자 중 가장 낮은 번호는 7이다. 수학 논문을 단 한 편도 써 본 적이 없는 무지한 사람들은 에어디쉬 번호가 ∞이다. 퍼듀대학의 캐스퍼 고프만 *Casper Goffman*은 1969년에 이렇게 썼다.

"나는 여러 해 전에 나의 에어디쉬 번호가 7이라는 얘기를 들었다. 그후 나의 번호는 꾸준히 높아져서 3이 되었다. 지난 해 나는 에어디쉬를 런던에서 만났다… 내가 그에게 내 에어디쉬 번호가 3으로 높아졌다는 얘기를 했더니, 그는 그날 당일로 런던을 떠나야 하는 것을 못내 아쉬워했다. 그렇지 않았더라면 번호를 1로 올릴 수도 있었을 텐데."

이제 에어디쉬가 사망했으므로 번호 1 클럽의 회원은 별로 늘어날 것 같지 않다. 물론 그와 공동 저작한 논문들이 앞으로 발표된다면 그것은 예외가 되겠지만 그 수는 그리 많지 않을 것으로 보인다. 그레이엄은 말한다.

"만약 그런 논문들이 나온다면 정밀 조사를 해볼 필요가 있습니다. 에어디쉬와 공동저작이라고 허세를 부리는 것도 있을 테니까."

그와 공동저작을 할 수도 있었는데 그렇게 하지 않은 사람들은 후회를 하고 있다.

"70년대의 어느날 저녁이었습니다." MIT대학의 수학자인 지안-카를로 로타 *Gian-Carlo Rota*는 회상했다. "나는 그때 연구 중이던 수식 연산의 문제를 에어디쉬에게 언급했습니다. 그러자 즉석에서 그분이 힌트를 주었는데 그걸 계기로 문제를 완전히 풀게 되었어요. 그래서 논문의 서두 부분에서 그분의 도움에 대해서 감사를 표시하기는 했지만, 그

후에 그분을 공저자로 모시지 못한 것을 못내 아쉽게 생각했어요. 이제 내 에어디쉬 번호는 영원히 2로 굳어지게 되었어요."

　수학계의 문헌 중에는 에어디쉬 번호의 속성을 탐구하는 농담성 논문들이 몇 편 존재한다. 미시간 주 로체스터에 있는 오클랜드 대학의 제롤드 그로스만 *Jerrold Grossman*은 「에어디쉬 번호 프로젝트」라는 인터넷 사이트를 운영하고 있다. 이 사이트는 수학자라면 누구나 탐내는 에어디쉬 번호를 추적하기 위한 것이다. 에어디쉬의 전문 분야 중 하나는 그래프 이론이다. 수학자들이 그래프라는 용어를 쓸 때에는, 로스 페로 *Ross Perot*가 텔레비전 카메라 앞에서 흔들어대는 차트와는 다른 어떤 것을 말한다. 그래프는 선(전문용어로는 "변")에 의해서 연결된 점("꼭지점")의 집단을 말한다. 예를 들면 삼각형은 세 개의 꼭지점과 세 개의 변을 가진 그래프이다. 이제 종이 한 장에다 에어디쉬의 485 협력자들을 485개의 점으로 나타내보자. 그리고 이들 수학자가 서로 협력을 한 경우에는 그 두 사람("점")을 선으로 연결해 보자. 그렇게 해서 얻어진, 1,381개의 선을 가진 그래프가 바로 「공동 연구 그래프」인 것이다.

　일부 에어디쉬 동료들은 「공동 연구 그래프」가 마치 실재하는 수학적 대상이라도 되는 양 그 그래프의 속성을 탐구한 논문들을 발표했다. 이런 논문들 중 어떤 논문은 그래프 속의 특정 두 점이 서로 연결되면 그 그래프가 더욱 흥미로운 속성을 갖게 될 것이라고 관측했다. 「공동 연구 그래프」에게 그런 속성을 부여하기 위해, 서로 연결되지 않은 두 수학자는 곧 만나서 사소하나마 수학적 문제를 증명하고 곧 이어 공동저작의 논문을 발표했다. 그레이엄은 말한다.

　"나도 옛날에 「공동 연구 그래프」에 관한 논문을 썼어요. 나는 그 논문이 수학계에서 열렬히 메워지기를 바라는 빈 간격을 메웠다고 생각합니다. 만약 그런 간격이 아주 많았다면 나는 아예 그런 논문을 쓰지 않았을 겁니다!"

이런 논문을 쓸 때에는 가명을 사용하는 전통이 있다.

"나는 톰 오다 *Tom Odda*라는 가명을 썼습니다." 그레이엄이 말했다.

톰 오다?

"「말레딕타, 욕설의 저널 *Maledicta, the Journal of Verbal Aggression*」에서 한번 찾아 보십시오. 만다린 욕설을 다룬 부분에서 발견할 수 있을 겁니다. 톰 오다는 당신 어머니의 ×××라는 뜻인데, 빈자리에 들어갈 단어는 입에 담을 수조차 없는 것이어서 말레딕타도 공란으로 남겨 놓았더군요."

✤

에어디쉬는 자신의 수학 실력에 대해서는 자신감이 넘쳤지만, 수학이라는 신비스러운 세계를 제외한 나머지 세계에서는 거의 무능력자나 다름없었다. 그의 어머니가 사망한 이후, 그의 개인사는 로날드 그레이엄이 주로 맡아서 해주었다. 1980년대에 그레이엄은 AT&T 벨 연구소에서 70명에 달하는 수학자, 통계학자, 컴퓨터 과학자들을 감독하는 한편, 에어디쉬의 신변잡사도 돌봐주었다. SF가 에어디쉬의 비자를 훔쳐갔을 때 워싱턴에다 전화를 걸어준 것도 그레이엄이었고, 에어디쉬의 생애 마지막 몇 년 동안에 들이닥친 SF의 변덕스러운 조치를 해결해준 것도 그레이엄이었다. 그는 또 에어디쉬의 수입도 대신 관리해주었는데 그러다 보니 본의 아니게 환율 전문가가 되었다. 에어디쉬의 강연 사례금이 4대륙에서 흘러 들어오기 때문이었다.

"내가 수표에다 그의 이름을 대신 서명하고 또 예금을 했어요. 하도 이 일을 오래 해왔기 때문에 설혹 에어디쉬 본인이 서명을 직접 한다면 은행에서 그의 수표를 현금으로 바꿔줄지 의문이로군요."

뉴저지 주 머레이 힐에 있는 그레이엄의 옛 사무실 벽에는 이런 표어가 붙어 있다.

수학을 다루지 못하는 인간은 완전한 인간이라고 할 수 없다. 기껏해야 그는 구두를 신을 줄 알고, 목욕을 할 줄 알며, 집안을 어지럽히지 않는 반(半)인간에 불과할 뿐이다.

그 표어 옆에 "에어디쉬 방(Erdős Room)"이 있는데 그 방에는 1천편 이상의 에어디쉬 논문을 복사해둔 서류 캐비넷들로 가득 차 있다. 그레이엄은 말한다.

"그는 집이 없기 때문에 논문 보관을 내게 의뢰했어요. 그 전에는 그의 어머니가 보관해주었지요. 그는 늘 내게 연락하여 이런 저런 논문을 이런 저런 사람에게 보내라고 부탁해요."

그레이엄은 또한 에어디쉬의 우편물도 대신 접수해주었다. 에어디쉬의 수학적 협력은 주로 우편물에 의해서 이루어지기 때문에 그것은 결코 간단한 일이 아니었다. 그는 1년에 약 1,500통의 편지를 내보내는데 그 중에 수학과 관련 없는 것은 몇 건 되지 않았다. 그 편지들은 대개 이런 식으로 시작된다.

"나는 현재 오스트레일리아에 있습니다. 내일은 헝가리로 떠날 거예요. 우선 k를 최대 정수(整數)로 하여…"

그러나 그레이엄은 에어디쉬의 건강 문제에 대해서는 별로 영향력을 행사하지 못했다.

"그는 백내장 수술을 빨리 해야 할 형편이었어요. 계속 수술 스케줄을 잡으라고 졸라댔지요. 하지만 여러 해 동안 거절했어요. 수술을 하려면 일주일은 잡아야 할 텐데, 이레씩이나 수학을 떠날 수는 없다는 거였지요. 그는 늙어서 무기력해지고 노망나는 것을 아주 두려워했어요."

에어디쉬의 모든 친구들이 그랬듯이 그레이엄도 그의 약물 복용을 우려했다. 1979년 그레이엄은 그에게 만약 암페타민을 한달 동안 끊을 수 있다면 500달러를 걸겠다고 말했다. 에어디쉬는 이 도전을 받아들여 30일 동안 약물을 끊었다. 그레이엄이 그 돈을 업무추진비 명목으로 지불하자, 에어디쉬는 말했다.

"당신 덕분에 내가 약물중독자가 아니라는 게 증명되었군. 하지만 그 동안 통 일은 할 수가 없었어. 아침에 일어나서 멍하니 백지장만 내려다 보았지. 보통 사람들과 똑 마찬가지로 아무 생각도 할 수가 없었어. 당신은 수학을 한 달씩이나 후퇴시킨 거야."

그는 곧 약물을 다시 복용하기 시작했고 그리하여 수학은 그만큼 더 발전하게 되었다.

1987년 그레이엄은 뉴저지주 워청(Watchung)에 있는 자신의 집을 증축했다. 에어디쉬가 매년 미국에 와서 한 달 정도 머물 때마다 그에게 침실, 화장실, 서재 등을 제공하기 위해서였다. 에어디쉬는 그레이엄의 집에서 머물기를 좋아했다. 그 집의 안주인 팬 청 *Fan Chung* 또한 우수한 수학자이기 때문이다. 그녀는 대만에서 이민 온 중국계인데 현재는 펜실베이니아 대학의 수학과 교수로 재직하고 있다. 그레이엄이 그를 상대해줄 시간이 없을 때는 그녀가 대신 나섰다. 팬 청과 그는 1979년의 첫 공동저작을 위시하여 13편의 논문을 공동 저술했다.

1950년대 초부터 에어디쉬는 자신이 풀 수 없는 문제들에 대해서 현상금을 내걸고 동료 협력자들에게 분발을 촉구했다. 1987년 현재 그가 내건 현상금의 총 규모가 15,000달러에 달했다. 그는 문제의 난이도에 따라 10달러에서 3,000달러까지 다양하게 상금을 걸었다. 에어디쉬는 그 당시 이렇게 말했다.

"나는 약 3천 달러 내지 4천 달러를 지불했습니다. 그런데 어떤 친구가 이렇게 묻더군요. '그 문제들이 모두 일시에 해결되면 어떻게 할 셈입니까?' 그럴 경우 내게 지불 능력이 있느냐는 거였지요. 물론 그런 능력은 없었습니다. 만약 모든 채권자들이 일시에 어떤 일류 은행에 몰려들어서 채권을 모두 회수하겠다고 하면 그 은행은 어떻게 되겠습니까? 그 은행은 분명 도산해버리고 말 겁니다. 그런데 말이죠, 내 문제들이 모두 해결되는 사태보다는 차라리 그 일류 은행이 도산할 가능성이 더 높습니다."

이제 그가 사망했기 때문에 그레이엄과 팬 청이 그래프 이론 분야 —그레이엄 부부는 이 분야에 대한 저서도 있다—에서 에어디쉬가 내놓은 문제에 대한 상금을 대신 지급하기로 했다. 1백여 개 이상의 그래프 이론 문제에 상금이 걸려 있는데, 그 총 규모는 1만 달러가 넘는다. 댈러스의 은행가이며 아마추어 수학자인 앤드루 빌 *Andrew Beal*은 그래프 이론 이외의 다른 분야에서 에어디쉬가 내놓은 문제에 대한 상금을 떠맡았다.

그레이엄과 에어디쉬는 어울리지 않는 한 쌍이다. 비록 그레이엄이 세계 수준의 수학자이기는 하지만, 에어디쉬처럼 정신을 위해 신체를 버리는 사람은 아니다. 그는 두 가지 모두를 한계까지 밀어부치는 사람이다. 6피트 2인치의 키, 블론드 머리, 푸른 눈, 단정한 이목구비를 갖춘 그레이엄은 실제 나이인 62세보다 한 10년은 젊어 보인다. 그는 6개의 공을 저글(공들을 공중에 던져 동시에 다루는 곡예)할 수 있고 또 한때 국제 저글러 협회의 회장을 지내기도 했다. 그는 탁월한 트램폴리니스트(공중회전 운동선수)이고 대학생 시절 서커스의 곡예사 노릇을 하면서 학비를 벌었다. 그레이엄은 말한다.

"트램폴린은 저글과 아주 비슷해요. 저글은 여러 개의 물체를 동시에 다루는 것이지만 트램폴린은 자기 자신이라는 몸뚱어리 하나만을 다루는 것이지요."

이렇게 말하는 그레이엄은 모든 것을 일반화하려는 수학자의 성향을 잘 드러낸다. 그는 볼링에서 300점을 기록한 것이 두번이며 한번 진 선수에게는 반드시 이겨야 직성이 풀리는 성미이다. 그는 테니스와 탁구에서도 남다른 기량을 가지고 있다.

에어디쉬는 한번 앉았다 하면 몇 시간이고 일어서지 않는데 비해, 그레이엄은 늘 움직인다. 수학 문제를 푸는 동안에도 물구나무 서기를 하거나, 손에 잡히는 물건을 쥐고 저글을 하거나, 사무실에 설치한 초신축 포고스틱(竹馬)으로 상하 점프를 하거나 한다.

"수학은 어디에서나 할 수가 있습니다. 트램폴린에서 뒤로 넘어져 세 번 몸 비틀기를 하다가 순간적으로 수학적 영감을 얻은 적도 있습니다."

그레이엄의 말에 대해서 그의 동료 한 사람은 이렇게 논평했다.

"론 그레이엄의 수학 정리와 두 번 몸 돌리기 공중묘기를 모두 합한다면 그건 틀림없이 신기록이 될 겁니다."

실제로 그레이엄은 아주 특별한 세계기록을 보유하고 있다. 그는 수학 증명에서 사용된 가장 큰 숫자를 내놓은 사람으로 「세계기록 기네스북」에 올라있다. 그 숫자는 이해 불가능할 정도로 큰 숫자이다. 수학자들은 최대 숫자를 우주에 있는 원자의 수 혹은 사하라 사막에 있는 모래알의 수에 비유한다. 그레이엄이 내놓은 숫자는 이런 구체적 모습을 가지고 있지 않다. 그것은 친숙한 수학 표기로 표현될 수 있는 것이 아니다. 가령 숫자 1 다음에 수 천억 개의 0이 붙는 그런 수가 아니다. 그것을 표기하자면 특별한 표기방식이 필요하다. 가령 거듭제곱 지수에 또 다른 거듭제곱 지수가 곱해져서 아주 놀라울 정도의 숫자 자리가 형성되는 것이다.

수학과 곡예라는 아슬아슬한 칼날 위에서 노는 것 이외에도, 그레이엄은 시간을 쪼개어 중국어를 배우고 또 피아노 연주도 배운다. 그의 아내는 물론 그의 동료들도 그가 어떻게 그렇게 여러 가지를 해낼 수 있는지 의아해 한다.

"쉬워요. 한 주에는 무려 168시간이 있으니까요."

그레이엄의 설명이다.

에어디쉬와 그레이엄은 1963년 콜로라도 주 볼더에서 개최된 정수론 *number theory* 학회에서 처음 만났다. 그 직후 두 사람은 공동연구에 들어가 27편의 공동 논문을 썼고 1권의 단행본을 공동으로 펴냈다. 그 만남은 두 사람 사이에 벌어진 열띤 운동시합의 시초가 되기도 했다.

"처음 만났을 때 그 분을 노인이라고 생각했던 게 기억납니다. 하지만 탁구 시합에서 나를 이기는 것을 보고 놀랐어요. 그 시합에서 지고 나서 탁구를 진지하게 연습하기 시작했어요."

그레이엄은 핑퐁 볼을 빠른 속도로 서브해주는 기계를 사서 맹렬히 연습했고 곧 벨 연구소의 탁구 챔피언이 되었다. 에어디쉬가 80객이었을 때에도 그들은 종종 시합을 했다. 그레이엄은 말한다.

"폴은 도전을 좋아했어요. 나는 그에게 19점을 접어주고 또 앉아서 공을 쳐도 좋다고 했지요. 하지만 그의 시력이 너무 나빠서 내가 공을 높이 띄우면 제대로 보지를 못했어요."

만년(晩年)에 와서 에어디쉬는 자신이 이길 가능성이 있는, 신기한 운동 시합을 생각해냈다. 하지만 번번이 졌다.

"폴은 이런 저런 가상의 상황을 생각해내는 걸 좋아했어요. 가령, 내가 계단의 층계를 한번에 두 개씩 걸어 올라가는 속도가 폴처럼 빠른지 어쩐지 알고 싶어했어요. 그래서 우리는 그걸 놓고 시합을 하기로 했지요. 애틀란타의 한 호텔에서 내가 손에 스톱워치를 들고 우리 둘이서 동시에 계단 20개를 뛰어올라갔어요. 그가 숨을 헐떡거리며 계단 꼭대기까지 올라왔을 때 재빨리 스톱워치를 눌렀지만 불운하게도 실수로 시간을 지워버렸어요. 그래서 내가 다시 해야겠다고 말했죠. 그는 '다시 하지 않을 거야'라고 화난 목소리로 말하더니 다른 데로 가버리더군요. "또 한번은 뉴와크 *Newark* 공항에서 이런 일이 있었어요. 에어디쉬가 내게 아래로 내려가는 에스컬레이터를 거슬러 올라가는 것이 얼마나 어려우냐고 물었어요. 나는 어렵긴 하지만 할 수 있다고 하면서 시범을 보였어요. '생각보다 어려운데요'하고 내가 말하자 '쉬워 보이는데 뭘 그래'하고 그가 말했어요. '하지만 당신은 할 수 없을 거예요'라는 내 대답에, '무슨 말도 안 되는 소리! 물론 나는 할 수 있어'하고 그가 대답했어요. 에어디쉬는 에스컬레이터에서 네 계단 쯤 올라가더니 앞으로 고꾸라져 승강기 바닥까지 다시 내려왔어요. 사람들이 모두 그를 쳐다보더군요. 그는 낡은 상의를 입고 있었기 때문에 꼭 보워리 *Bowery* 가의 술주정뱅이 같아 보였습니다. 그는 나중에 화를 내더군요. '너무 어지럽더군'하면서."

에어디쉬와 그레이엄은 마치 오래된 부부 같았다. 함께 있으면 다

그레이엄의 주방에서 다른 두 명의 수학자들과 함께.
에어디쉬는 무명이든 유명이든 가리지 않고 그의 두뇌를
열어주었다.

정했지만 그래도 끊임없이 싸웠다. 다른 사람에게는 황당하게 보이는 각본에 따라 계속 싸우는 것이다. 이 각본은 대개 음식과 관련된 것이었다. 에어디쉬는 몸 컨디션이 좋을 때는 새벽 5시면 일어나서 집안을 돌아다닌다. 그는 그레이엄이 자신의 음식을 대신 만들어주는 것을 좋

아했다. 그러나 그레이엄은 그도 스스로 음식을 만들어 먹을 줄 알아야 한다고 생각했다. 그레이엄은 에어디쉬가 자몽을 좋아한다는 것을 알기 때문에 그가 미국을 방문할 때면 냉장고에다 자몽을 가득 채워놓았다. 1987년 봄 미국을 방문했을 때 에어디쉬는 평소처럼 냉장고를 열어 보고 그 안에 자몽이 있다는 것을 발견했다. 두 사람은 냉장고에 자몽이 있다는 것을 서로 알고 있었다.

"자몽 있나?" 에어디쉬가 짐짓 모르는 체하면서 물었다.

"모르겠는데요. 찾아보셨어요?" 그레이엄이 대답했다.

"어딜 찾아봐야 할지 모르겠어."

"냉장고는 어때요?"

"냉장고의 어딜 찾아봐야 하나?"

"그냥 들여다보기만 하면 돼요."

에어디쉬는 드디어 자몽을 발견했다. 그는 자몽을 한참 들여다 보더니 버터 칼을 가져왔다. 그레이엄은 그 상황을 이렇게 설명했다.

"그는 칼등으로 자몽을 자르려고 애썼어요. 그러니 자몽 쥬스가 그

의 몸과 주방 여기저기에 튀어 올랐어요. '폴, 칼날을 사용해야 한다는 걸 모르세요?' '아무 쪽이든 상관없어." 그렇게 말하면서 그는 자몽 쥬스를 계속 온 방안에다 흘리는 거예요. 그쯤 되면 내가 포기를 하고 대신 잘라주어야 했어요."

에어디쉬의 주방 기행(奇行)을 겪은 사람은 그레이엄뿐만이 아니었다. 다음은 헝가리 이민자인 동료 야노시 파흐 _János Pach_의 회상이다.

"한때 나는 폴과 며칠을 지낸 적이 있었습니다. 어느 날 저녁 주방에 들어가 보니 난장판이 되어 있었어요. 주방 바닥에 피 비슷한 붉은 액체가 흥건히 고여있는 것이었어요. 그 근원을 추적해보니 냉장고더군요. 냉장고 문을 열어보았더니 토마토 쥬스 카툰 백이 옆으로 뉘어져 있었어요. 한 가운데 구멍이 뻥 뚫린 채 말이에요. 폴은 목이 말랐던 모양인데 카툰 백의 옆구리에다 커다란 구멍을 뚫어서 쥬스를 마신 거지요."

수학에 접근하는 에어디쉬의 스타일은 강렬한 호기심을 바탕으로 한 정공법이다. 그는 자신이 맞서는 문제에서 조금도 뒤로 물러서지 않는다. 그가 수학자로서 성공한 비결 중의 하나는 근본적인 질문을 제기하고, 다른 사람들이 당연시하는 것을 비판적으로 사색하는 것이다. 그는 수학 이외의 분야에서도 근본적인 질문을 던져서 답변을 얻어냈으나, 그것을 오랫동안 기억하지 못했다. 그래서 같은 질문을 자꾸만 되풀이했다. 가령 쌀이 들어있는 그릇을 가리키면서 그게 무엇이며 어떻게 요리하는가를 물었다. 그레이엄은 일부러 모르는 척한다. 그러면 식탁에 앉아 있던 다른 사람들이 에어디쉬에게 쌀에 대해 천천히 대답해준다. 그러나 한끼 후 혹은 두끼 후 또 쌀이 나오면 그는 전혀 쌀을 본 적이 없는 사람처럼 또다시 같은 질문을 던졌다.

다른 많은 물건도 마찬가지지만, 음식에 대한 에어디쉬의 호기심은 순전히 이론적인 것이었다. 그는 쌀을 요리해볼 생각은 전혀 없었다. 사실 그는 요리를 해본 적은 단 한번도 없었으며 심지어 차를 마시기 위해 물을 끓여본 적도 없다.

"나는 차가운 시리얼(곡류 음식)은 잘 만듭니다. 또 계란을 삶을 수도 있을 겁니다. 하지만 실제로 삶아 본 적은 없어요."

그가 처음으로 빵에다 버터를 발라본 것은 스물 한 살 때였다. 그 전에는 그의 어머니나 가정부가 대신 해주었다. 그는 말한다.

"아주 생생한 기억이 하나 있습니다. 유학차 막 영국에 도착했을 때였습니다. 마침 티타임이어서 빵이 나왔습니다. 나는 너무 당황해서 빵에다 버터를 발라본 적이 없다는 말을 못했어요. 그래서 처음으로 직접 해 보았는데 그리 어렵지 않더군요."

그가 최초로 자기 힘으로 구두끈을 맨 것은 열 한 살 때였다고 한다. 자동차 운전에 대한 그의 호기심은 수학계 내에서는 하나의 전설이 되어 있다. 하지만 막상 운전대를 잡은 적은 없었다. 그는 운전면허도 없었고 "폴 아저씨를 돌봐주는 사람들"의 연결망에 의지해 차를 얻어 타고 다녔다. 그러나 일단 차에 타면 끊임없이 여기가 어디냐 지금 제대로 가고 있느냐고 물어댔다. 그레이엄은 회상한다.

"그는 신경쇠약은 아니었습니다. 단지 궁금했던 겁니다. 한번은 그가 폴 투란의 미망인인 베라 소시 *Vera Sós*의 차를 얻어 타고 갔습니다. 그녀는 그때 막 운전면허를 땄습니다. 폴은 평소처럼 막 물어보기 시작했죠. '이 길로 가야 되는 거 아니오?' '저 길은 어때요?' '저 쪽으로 갔어야 하는 거 아닌가.' 베라는 그런 질문에 너무 당황하여 시속 40내지 50마일로 달리던 차의 옆구리를 들이받았어요. 그래서 상대방 차를 완전히 찌그러뜨리고 말았지요. 그녀는 그후 다시는 에어디쉬를 차에 태우고 다니지 않겠다고 맹세했어요."

그러나 수학 이외의 분야에 대한, 에어디쉬의 궁금증은 먹는 것, 운전하는 것 등 필수적인 것에 제한되어 있었다. 그는 섹스, 예술, 소설, 영화와 같은 것들은 거들떠볼 시간이 없었다. 에어디쉬가 소설을 마지막으로 읽은 것은 1940년대였고, 영화를 마지막으로 본 것은 1950년대였다. 그 마지막 영화는 「냉혹한 시절 *Cold Days*」이라는 것이었는데, 유고슬라비아의 노비사드라는 곳에서 헝가리 사람들이 수 천명의 유대인과 러시아인을 무자비하게 죽인 사건을 다룬 것이었다. 가끔 그를 집안의 손님으로 맞아들인 수학자들은 수학과 관계없는 가족 나들이에 에어디쉬를 동반했다. 그러면 그는 몸만 따라갔을 뿐 정신은 다른 데 가 있었다. 그의 한 동료 수학자는 회상한다.

"그에게 로켓을 보여주기 위해 존슨 우주센터에 데려간 적이 있었어요. 하지만 그는 고개 한번 쳐들지도 않더군요."

또 다른 수학자의 회상은 이렇다.

"그를 무언극에 데리고 갔었는데 무언극이 시작되자마자 졸더군요."

아내가 뉴욕에 있는 현대미술 박물관에서 큐레이터로 근무하는 멜빈 나단슨 *Melvyn Nathanson*은 에어디쉬를 그 박물관으로 데리고 갔다.

"우리는 그에게 마티스 *Matisse* 그림을 보여주었어요. 하지만 별 관심을 보이지 않더군요. 잠시 뒤 우리는 조각정원에 앉아서 수학 문제를 풀었습니다." 멜빈 나단슨이 말했다.

1 하나님의 책에 있는 바로 그 것

STRAIGHT FROM THE BOOK

나는 인간의 마음을 알고 싶어했다. 왜 별이 빛나는지 알고 싶었다. 유동체(flux)를 장악하고 있는 피타고라스의 거듭 제곱을 이해하려고 애썼다.

— 버트란드 러셀 *Bertrand Russell*

수학자의 패턴은 화가나 시인의 그것처럼 아름다워야 한다. 아이디어는 색채나 단어와 마찬가지로 조화로운 방식에 의해 연결되어야 한다. 이와 관련하여 아름다움이 그 첫번째 기준이 된다. 이 세상에는 보기 흉한 수학을 수용해 줄 자리가 없다 ……. 수학의 아름다움을 정의하기는 대단히 어려울 것이다. 그러나 이것은 다른 아름다움도 마찬가지이다. 우리는 아름다운 시의 정의가 무엇인지 모를 수도 있다. 그렇다고 해서 아름다운 시를 읽었을 때 그 아름다움을 못 느끼는 것도 아니다.

— *G.H.*하디 *Hardy*

*에어디쉬가 수학 문제에 멋진 해법을 내놓을 때까지
베라소시가 기다리고 있다. "공격할만한 가치가 있는 문제는 저항함으로써
그 가치를 입증한다"라고 에어디쉬는 믿었다.*

에어디쉬는 수학의 수도사였다. 그는 육체적 쾌락과 물질적 소유를 모두 포기하고 오로지 단 하나의 목적을 달성하기 위해서 치열한 금욕적, 사색적 생활로 일관했다. 그의 목적은 수학의 진리를 발견하는 것이었다. 그처럼 한 사람의 생애를 사로잡았던 이 수학이라는 것은 도대체 무엇일까? 에어디쉬는 말했다.

"수학자가 수학을 창조하는 것인지 혹은 수학을 발견하는 것인지에 대해서는 옛날부터 논의가 있었다. 바꾸어 말하면 우리 인간이 비록 알지 못해도 수학적 진리는 이미 저기 어디에 있는 것이 아닌가 하는 의문이다. 만약 당신이 신을 믿는다면 그 대답은 자명하다. 수학적 진리는 SF의 마음속에 들어 있다. 그러니까 인간은 그 진리를 재발견하는 것일 뿐이다. 다음과 같은 5행 연시를 기억해 보라.

한 젊은이가 이렇게 말했다네.
하나님, 이건 정말 이상한 일인데요.
저기 저 4각 안뜰의 플라타나스 나무는
존재하지 않는 거지요.

아무도 보아주는 사람이 없다면.

젊은이에게, 놀랄 게 전혀 없네.
난 늘 4각 안 뜰에 있었다네.
그래서 그 나무는 언제나 존재하는 거지.
내가 늘 보살피니 말일세
당신의 신실한 하나님으로부터.

There was a young man who said, 'God,
It has always struck me as odd
That the sycamore tree
Simply ceases to be
When there's no one about in the quad.'

'Dear Sir, Your astonishment's odd;
I am always about in the quad:
And that's why the tree
Will continue to be,
Since observed by,
Yours faithfully, God.'

　　"난 신이 존재하는지 어쩐지는 모르겠어." 에어디쉬가 계속 말했다. "그가 정말 존재하는지 의심스러워. 하지만 SF가 초한—초한은 무한보다 더 큰 것을 가리키는 수학적 개념이다—의 페이지로 구성된 하나님의 책 *the Book*을 가지고 있음은 인정하네. 이 책 안에는 수학 정리를 설명하는 최고의 증명, 우아하고 완벽한 증명 등이 가득 들어있다고 보네."

그래서 에어디쉬가 동료 수학자의 업적을 칭찬할 때 최고의 찬사는 다음과 같은 것이었다.

"하나님의 책에 있는 바로 그 것."

조엘 스펜서는 1970년부터 에어디쉬와 공동 연구를 하기 시작했는데 현재는 뉴욕 대학의 쿠란트 인스티튜트 *Courant Institute*에서 수학자로 일하고 있다. 스펜서는 이렇게 회상했다. "과거에 한 강연회에서 청중들에게 에어디쉬를 소개한 적이 있었습니다. 내가 그의 「하나님의 책」에 대해서 말하려고 하자, 그가 가로막고 직접 말했습니다. '하나님을 믿어야 할 필요는 없지만, 하나님의 책은 믿어야 해.' 에어디쉬는 나와 내 동료 수학자들에게 우리가 하는 일의 중요성을 인식하게 해주었습니다. 수학은 거기에 존재하고 있는 아름다운 대상이라는 거였지요. 우리가 정말 아름다운 보석을 캐내고 있다는 얘기였습니다."

초등학교 시절 곱셈표를 외우느라고 애를 먹었고 또 소득세 신고서를 작성할 때마다 계산에 도움을 받아야 하는 사람들은 수학이 보석이라는 얘기를 의아하게 여길 것이다. 사실 수학처럼 오해되고 또 경원시된 학문도 없다. 그러나 수학은 학교 때 억지로 외웠던 셈법이 절대로 아니다. 게다가 계산 방식은 더 더욱 아니다. 수학자는 곱셈을 빨리 하는 방법, 가감승제를 손쉽게 하는 방법, 세제곱 근을 더욱 효과적으로 구하는 방법 등을 연구하는 사람이 결코 아니다.

✛

초등학교 시절 나는 수학이 순전히 계산이라고 생각했다. 나는 계산하는 것을 좋아했다. 수학 선생님은 두 학생을 일으켜 세웠다. 그런 다음 암산 문제를 제시했다. 그래서 더 빨리 맞춘 학생은 계속 서있고 틀리거나 느린 학생은 자리에 도로 앉아야 했다. 그러면 다른 도전자가 일어서고 수학 선생님은 다시 문제를 냈다. 그런 방식으로 수업이 한 시간 내내 진행되었다. 나는 산수 시간 내내 서있는 적이 많았다. 그러나 중학생이 되면서 수학보다는 엄정한 규칙이 있는 체스를 더 좋아하게 되어, 계산이나 암산은 등한시하게 되었다. 나는 친구들과 함께 혹은 혼자서 밤낮없이 체스를 했다. 이렇게 해서 몇 년 동안, 나는 에어디쉬가 수학에 미쳤던 것처럼 체스에 미쳤다. 심지어 잠을 자면서도 체스하는 꿈을 꾸었다. 그러나 유감스럽게도 체스 실력이 에어디쉬의 수학 실력만큼 되지는 못했다.

나는 대학을 졸업한 직후 『사이언티픽 아메리칸 *Scientific American*』에서 일하게 되었는데, 그때 한동안 마틴 가드너의 유명한 칼럼인 「과학게임」을 편집하게 되었다. 가드너는 잡지사에는 거의 나타나지 않으면서 은둔자처럼 생활하고 있었다. 하지만 그의 칼럼을 편집하면서 나는 수학이 계산보다 훨씬 복잡한 것임을 알게 되었다. 나는 무한보다 더 큰 무한이 있다는 충격적인 뉴스에 매혹되었다. 『사이언티픽 아메리칸』을 통해 나는 1980년에 로날드 그레이엄을 만났고 그 몇 년 뒤에는 그레이엄을 통해 에어디쉬를 만나게 되었다. 수학 연구에 임하는 두 사람의 헌신적인 태도는 서로 영향을 주고 있었고, 또 그들의 연구자세는 나의 고정관념, 즉 수학자는 반사회적인 천재라는 생각을 완전히 뒤흔들어 놓았다. 두 사람 중 누구도 환풍이 잘 안 되는 서재에 앉아 혼자 추측을 하고 증명을 하는 그런 짓은 하지 않았다. 에어디쉬와 그레이엄에게 있어서 수학 연구는 집단 행동이었다. 그들은 자몽을 어떻게 자르는가를 놓고 열렬히 언쟁을 벌이는 것처럼 수학 문제를 놓고도 정열적으로 토론을 했다.

나는 수학자들의 세계에 대해서 알고 싶었다. 그래서 에어디쉬 번호 1을 가진 수학자들을 찾아나섰고 그들의 아내(혹은 남편)들과 얘기를 나누었다. 나는 그레이엄의 집에 마련된 에어디쉬 침실에서 자보기도 했다(그렇게 하면서 뭔가 얻어보겠다는 생각도 없었지만 아무튼 그 침대에서 잤다고 해서 내 수학 실력이 늘어난 게 아님은 분명하다). 나는 수학 사상(思想)의 역사에 대해서도 열심히 연구했다. 피타고라스, 뉴턴, 페르마, 가우스, 힐버트, 아인슈타인, 괴델 등을 연구했다. 나는 수학자들의 회고록도 읽었고 에어디쉬의 편지도 꼼꼼히 연구했으며, 그의 여행용 가방 속도 들여다 보았고, 지난 10여년 동안 여러 차례에 걸쳐 에어디쉬와 대화를 나누기도 했다. 나는 그를 좋아하게 되었고 그의 바보 같은 논평에 웃음을 터뜨리기도 하면서 수학은 영원한 아름다움과 궁극적 진리의 추구라고 생각하는 그의 수학관(數學觀)을 잘 알게 되었다.

에어디쉬의 생애는 20세기의 주요 사건들 —조국 헝가리의 공산 혁명, 유럽에서의 파시즘과 반 유대주의의 등장, 세계 제2차 대전, 냉전, 매카시즘 —에 의해 산산조각이 났다. 그럼에도 불구하고 그는 아름다움과 진리의 추구인 수학을 단 한시도 손에서 놓지 않았다. 수학은 그가 보기에 잔인하고 무정한 세상을 견뎌내게 해주는 유일한 힘이었다. 비록 세상은 척박했지만 그는 보통 사람들의 선량함과 정직함을 믿었다. 에어디쉬는 종종 이렇게 말했다.

"인생이라는 게임에서 SF의 점수를 낮추는 게 중요해. 당신이 살아가면서 나쁜 짓을 했다면 그건 SF에게 2점을 주는 거야. 어떤 좋은 일을 했어야 옳았는데 안 했다면 그건 1점을 주는 게 돼. 하지만 당신은 SF로부터 점수를 따낼 수가 없어. 그러니 SF가 언제나 이기는 거야."

하지만 인생의 목표는 증명하고 추측하는 것이라고 강조하기도 했다.

"수학은 영원불멸에 이르는 가장 확실한 길이야. 만약 당신이 수학 분야에서 커다란 발견을 했다면, 모든 사람이 잊혀지는 그때에도 당신은 기억될 거야."

✛

수학에 매력을 느끼는 사람들조차도 수학의 범위에 대해서는 오해를 하고 있다. 수학자 조엘 스펜서는 말한다.

"나는 수학자들이 무슨 일을 하는지 잘 알기도 전에 수학자가 되고 싶었어요. 아버지가 공인회계사였기 때문에 나는 숫자를 사랑했어요. 그래서 수학이 숫자를 길게 계산하는 것이라고 생각했어요. 하지만 고등학교에 가서야 수학이 무엇인지 제대로 알게 되었지요. 만약 수학이라는 직업 대신에 숫자를 길게 계산하는 직업을 잡았다면 지금보다는 훨씬 부자가 되었을 겁니다."

뉴욕대학의 기하학자인 야노시 파흐는 어린 시절이었던 1950년대 말에 그의 숙모인 베라 소시와 폴 투란이 에어디쉬와 함께 있는 광경을 목격했다. 당시 그들은 헝가리 과학원의 영빈관에 묵고 있었다. 그는 그때를 이렇게 기억하고 있다.

"어른들이 산책을 가거나 탁구를 치거나 커피를 마시는 중이면 그곳은 잠잠해졌습니다. 나는 그들의 테이블로 살짝 다가가서 '고등 수학', 그러니까 그들이 테이블 위에다 흩어놓은 노트들을 살펴보았습니다. 그들의 작업 결과물을 처음 보았을 때는 정말 깜짝 놀랐습니다. 이상한 글자, 숫자, 기호, 화살표, 낙서같이 휘갈겨 쓴 글씨 등이 전부였으니까요… 나는 우주의 법칙이 틀림없이 그 신비한 언어 속에 들어있으리라 생각했어요. 그렇지 않다면 어떻게 이 똑똑하고 유명한 사람들을 그토록 열광시킬 수 있었겠습니까?"

파흐는 이 어른들의 성공이 부러워 수학에 매료되었다.

"그 분들은 전세계로 여행을 다녔습니다. 베이징에서 캘거리에 이르기까지 세계 유명 대학에서 강연을 했습니다. 그들에게서는 세계적인 분위기가 풍겨져 나왔습니다. 멋진 트위드 재킷을 입었고, 소형 라디오를 청취했으며, 신발끈 없는 구두를 신었습니다! 이런 것들은 10대 소년의 마음을 사로잡기에 충분했지요."

그러나 에어디쉬의 사촌인 마그다 프레드로 *Magda Fredro*는 그런 것들에 마음이 끌리지 않았다. 그녀는 에어디쉬를 잘 알고 있었고 또 플로리다에서 이스라엘에 이르기까지 그의 수학 강연 여행을 따라다녔지만, 그가 하는 일을 잘 알지 못했다. 그녀는 에어디쉬의 책 『계산의 기술 *The Art of Counting*』의 페이지를 넘겨 보이면서, 내게 물었다.

"꼭 중국어 같군요. 그가 얼마나 유명하고 또 얼마나 똑똑한지 내게 좀 말해줘요. 나는 그에 대해서 잘 몰라요. 한번은 이런 일이 있었어요. 그는 6자리의 전화번호를 여러 개 찾아냈어요. 그리고 나하고 한 30분 정도 얘기하다가 다시 전화를 걸었는데, 그 번호를 전부 암기하고 있더군요. 그가 수학자로서 무슨 일을 했는지 모르지만 그 암기 실력만은 정말 놀랍더군요."

추상성을 추구하고 형식적인 규칙을 준수한다는 점에서 수학은 체스에 많이 비유되어 왔다. 고도로 정신을 집중시키는 것, 주변의 모든 상황을 압축하여 목적의 형식적 구조에만 몰두하는 것, "할 수 있다"는 마음가짐을 갖는 것, 등등이 수학자나 체스 선수에게 공통적으로 요구된다. 폴란드 태생의 수학자 스타니슬라프 울람 *Stanislaw Ulam*은 말한다.

"창조적 과학에서는 포기하지 않는 것이 가장 중요합니다. 만약 당신이 낙관론자라면 비관론자보다 한번 더 '시도' 할 것입니다. 체스 같은 게임에서도 마찬가지입니다. 정말 훌륭한 체스 선수는 자기가 적수보다 더 유리한 입장에 있다고 생각하는 경향이 있습니다(물론 그 생각은 때때로 오해이기도 하지만). 이런 낙관적인 마음이 있어야만 게임을 계속해나갈 수 있고 또 회의(懷疑)에서 생겨나는 피로감을 극복할 수 있습니다."

그러나 체스와 수학이 비슷한 점은 여기까지일 뿐이다. 정수론 학자이며 고전적 저서인 『수학자의 변명 *A Mathematician's Apology*』을 쓴 G.H. 하디는 이렇게 썼다.

"체스의 여러 문제는 진정한 수학이다. 그러나 어떻게 보면 '사소한' 수학일 뿐이다. 체스의 움직임이 아무리 교묘하고 복잡하고 독창적이고 또 파격적이라고 할지라도 거기에는 본질적인 어떤 것이 결핍되어 있다. 체스의 문제는 중요하지 않다. 최선의 수학은 아름다울 뿐만 아니라 진지하다. 체스 문제는 과학적 사고의 전반적인 발전에 별로 영향을 주지 못했다. 그러나 피타고라스, 뉴턴, 아인슈타인은 과학발전의 총체적인 방향에 영향을 주었다."

에어디쉬, 그레이엄, 그리고 동료 수학자들에게 있어서, 수학은 가장 순수한 질서이며 아름다움이고, 또 자연계를 초월하는 질서이기도 하다. B.C. 3세기의 그리스 기하학자인 유클리드가 점과 선에 대해서 언급했을 때, 그는 구체적 대상보다는 이상적인 실체를 말한 것이었다. 그러니까 공간을 차지하지 않는 점, 넓이가 없는 선을 가상한 것이다. 그러나 자연계—가령 물리학이나 엔지니어링—에 존재하는 모든 점과 선은 차원을 가지고 있으며, 기하학에서 가상하는 순수한 구성물의 불완전한 모조품일 뿐이다. 따라서 이런 이상화된 세계에서만 모든 삼각형의 내각의 합이 정확히 180도가 되는 것이다.

숫자 또한 초월적 성질을 가질 수 있다. 가령 2, 3, 5, 7, 11, 13, 17 등은 1이라는 숫자와 자기 자신에 의해서만 나누어 떨어지는 소수 *prime number*이다. 우리는 열 개의 손가락을 갖고 있기 때문에 우리의 숫자 체계는 10진법에 기초하고 있다. 그러나 그 어떤 진법에서도 동일한 성질을 가진 동일한 소수가 존재한다. 가령 우리의 손가락이 26개여서 26진법을 채택했다고 하더라도 여전히 소수는 동일한 성질을 갖고 있는 것이다. 소수의 보편성이라는 개념이 칼 세이건 *Carl Sagan*의 소설『접촉 *Contact*』을 이해하는 열쇠이다. 이 소설에서 외계인은(그들의 손가락이 몇 개인지는 알 수 없지만) 소수(素數)의 펄스를 가진 무선 신호를 지구인에게 보낸다. 그러나 10진법을 사용하지 않는 경우를 열거하기 위해 굳이 키 작은 초록 피부의 외계인들 얘기를 할 필요는 없다. 여기 지구에서도 다른 사례가 많이 있는 것이다. 컴퓨터는 2진법 체계 *binary system*를 사용하고 있고 바빌로니아 사람들은 60진법을 사용했다. 1분은 60초, 1시간은 60분이라는 수학적 단위 등은 이 진법의 흔적이다. 비록 이 60진법이 성가시기는 하지만 2진법도 똑같은 소수를 포함하고 있다. 이것은 윌리엄 앤 메어리 칼리지의 수학자였던 휴 존스 목사가 제창한 8진법에서도 마찬가지이다. 18세기 수학자인 존스 목사는 주방에서 일하는 여자들은 8의 배수(1쿼트는 16온스, 1파운드는 32온스)에 더 익숙하기 때문에 10진법보다는 8진법이 더 자연스럽다고 주장했다.

하디는 숫자가 우주의 진정한 기본단위를 구성한다고 믿었다. 1922

년 한 무리의 물리학자들에게 강연을 하면서 하디는 다음과 같은 도발적인 발언을 했다.

"실재 *reality*에 보다 직접적으로 접촉하고 있는 사람은 수학자입니다. 이것은 역설적으로 들릴지도 모르겠습니다. '리얼한' 물질들을 더 많이 다루는 것은 물리학자들이니까요. 하지만 의자나 별은, 우리에게 보이는 그 모습이 실제 모습은 결코 아닙니다. 우리가 이것들을 깊이 생각하면 할수록, 그것들을 둘러싸고 있는 감각이 점점 더 불분명해집니다. 그러나 '2'나 '317' 같은 숫자는 감각하고는 아무런 상관이 없습니다. 그리고 이런 숫자는 우리가 연구하면 할수록 그 성질이 더욱 더 분명하게 드러납니다 ……. 317은 소수인데, 우리가 그렇게 생각하기 때문에 그런 것도 아니고 우리의 마음이 지금처럼 생겨먹었기 때문에 그런 것도 아닙니다. 수학적 실재가 그렇게 구조화되어 있기 때문에 317은 그 자체로 소수인 것입니다."

소수는 원자와도 같다. 소수는 모든 정수를 쌓아올리는 벽돌이다. 모든 정수는 그 자체 소수이거나 아니면 소수의 곱이다. 가령 11은 소수이지만 12는 2, 2, 3,이라는 소수의 곱이다. 13은 소수이지만 14는 2, 7이라는 소수의 곱이다. 또 15는 소수 3과 5의 곱이다. 약 2300년전 『기하학원론 *Elements*』 제 9권, 명제 20에서, 유클리드는 하나님의 책에 들어있는 증명을 제시했다. 즉 소수의 개수는 무한하다는 것이다.

유클리드는 이렇게 설명한다. 먼저 유한개의 소수가 있다고 가정하라. 그 중 가장 큰 소수를 선택하여 P라고 하자. 그런 다음 P보다 더 큰 Q를 생각해보자. Q는 2에서 P까지의 모든 숫자를 곱한 것에다 1을 더한 수이다. 바꾸어 말하면 Q = (2×3×4 …… ×P) + 1이다. Q라는 숫자를 놓고 볼 때, 2에서 P까지의 정수 중 그 어떤 정수로 Q를 나누어도 Q는 나누어 떨어지지 않는다. 즉 나눌 때마다 1이 남게 되는 것이다. 만약 Q가 소수가 아니라면 P보다 큰 소수로 나눌 경우 나누어 떨어져 야 한다. 반면 Q가 소수라면 Q 그 자체는 P보다 큰 소수이다. 이것은, 그 어떤 경우든지, 가장 큰 소수라고 가정한 P보다 더 큰 소수가 있다는 것을 의미한다. 바꾸어 말하면 "가장 큰 소수"라는 개념이 허구임을 보 여주는 것이다. 따라서 이런 개념이 허구라면 소수의 수는 반드시 무한 이 되어야 한다. 시인 에드나 빈센트 밀레이 *Edna St. Vincent Millay*는 이렇게 썼다.

"유클리드 혼자만이 아름다움의 알몸 상태를 보았다."

이 책이 씌어지고 있는 지금 현재, 알려진 가장 큰 소수는 2를 3,021,377제곱하여 얻은 수에서 1을 뺀, 909,526 자리수의 숫자이다(최 근에 이 보다 더 큰 소수가 발견됨. 이 책 뒤에 있는 역자 설명을 참조 할 것, 역자 주). 이 소수는 1998년 1월 27일, GIMPS(Great Internet Mersenne Prime Search: 대규모 인터넷 메르센느 소수 추적) 프로젝트 에 의해서 발견되었다. 이 프로젝트에는 4천명의 프라이미(primee: 소 수 애호가)가 참가하여 인터넷으로 통신을 하면서 소수 추적에 그들의 컴퓨터를 공동으로 투입했다. 그러니까 4천대의 컴퓨터 각각에 체크해 야 할 숫자가 일정 간격으로 일률적으로 배당되었다. 도밍게즈 힐스에 위치한 캘리포니아 주립대학 2년생인 19세의 롤랜드 클라크슨 *Roland Clarksen*은 자신의 200메가헤르츠 프레미엄급 PC를 가지고 이 프로젝 트에 파트타임으로 참가했다. 그는 46일 동안 숫자를 추적한 끝에, 자신 이 배당받은 숫자들 중에서 $2^{3,021,377} - 1$이 소수임을 증명했다.

보다 큰 소수를 추적하는 작업은 17세기부터 내려온 유서깊은 전 통을 가진 작업이다. 17세기의 파리 수도사 마랭 메르센느 *Marin*

*Mersenne*는 수도원 일과 중에 틈틈이 소수를 찾아나섰다. $2^{3,021,377} - 1$ 같은 소수는 소위 메르센느 수라고 하는 $2^n - 1$의 형태를 취하고 있다. 메르센느 수가 소수가 되기 위해서는 n 그 자체가 소수가 되어야 한다. 그래서 $2^{3,021,377} - 1$이 소수이므로 3,021,377도 소수가 되어야 한다. 그러나 n이 소수라고 해서 메르센느 수가 반드시 소수가 되는 것은 아니다. n이 첫 네 소수(2, 3, 5, 7)일 때 메르센느 수는 소수임이 증명된다.

$$n = 2 \text{ 일 때, } 2^2 - 1 = 3$$
$$n = 3 \text{ 일 때, } 2^3 - 1 = 7$$
$$n = 5 \text{ 일 때, } 2^5 - 1 = 31$$
$$n = 7 \text{ 일 때, } 2^7 - 1 = 127$$

그러나 n이 다섯 번째 소수인 11을 취할 때 메르센느 수는 소수가 아닌 합성수이다. $2^{11} - 1$은 2,047이 되는데, 이것은 23과 89를 곱한 수이다. 1644년, 메르센느는 이렇게 주장했다. n이 6번째, 7번째, 8번째 소수(즉 13, 17, 19)를 거듭제곱 지수로 취할 때, 거기서 얻어지는 메르센느 수 즉 $2^{13} - 1$(또는 8, 191), $2^{17} - 1$(또는 131, 071), $2^{19} - 1$(또는 524, 287)은 소수이다. 메르센느의 이런 주장은 옳은 것으로 판명되었다.

메르센느는 또 $2^{67} - 1$이 소수라고 과감하게 주장했다. 이 주장은 거의 250여년 동안 의문시되지 않았다. 그러다가 1903년 미국 수학협회의 한 강연에서 콜롬비아 대학의 프랭크 넬슨 콜 *Frank Nelson Cole*이 "큰 수의 인수분해에 대하여" 라는 평범한 제목으로 강연을 했다. 그때 그 강연을 들었던 에릭 템플 벨 *Eric Temple Bell*은 이렇게 회상했다.

"별로 말수가 없는 콜은 아무 말 없이 흑판으로 걸어나가 2를 67회

거듭제곱을 하고 여기서 1을 뺐어요. 그렇게 해서 21 자리수의 긴 숫자인 147, 573, 952, 589, 676, 412, 927을 얻었습니다. 그는 아무 말도 하지 않고 흑판 옆의 빈 자리에다 다음의 곱셈을 썼습니다.

$$193{,}707{,}721 \times 761{,}838{,}257{,}287$$

그 곱셈은 그 21 자리의 긴 숫자와 일치했어요. 이렇게 해서 메르센느의 추측은 수학적 신화의 뒤안길에 묻혀버리고 만 것이지요. 사상 처음으로 미국 수학협회의 청중들은 관련 논문이 발표되기 전에 그 증명의 주인공에게 박수갈채를 보냈지요. 콜은 아무 말 없이 자기 자리에 와서 앉았습니다. 아무도 그에게 질문을 하지 않았습니다."

소수는 아주 파악하기가 어렵다. $2^n - 1$같은 메르센느 공식이 오로지 소수만을 가려내주는 것은 아니기 때문이다. GIMPS 프로젝트가 사용한 방식은 알렉산드리아의 에라토스테네스가 발명한 "에라토스테네스의 체 *sieve of Eratosthenes*"라는 2천년된 방식보다 별로 복잡한 것이 아니기 때문이다. 에라토스테네스는 별명이 "베타"였는데 기하학에서 드라마에 이르기까지 모든 분야에서 1등은 못되지만 2등은 되는 사람이기 때문에 그런 별명이 붙었다. 에라토스테네스 체의 개념은 아주 간단한 것이다. 2에서부터 시작하여 모든 양의 정수를 연속적으로 적는다. 그런 다음 첫번째 소수인 2를 남기고 2의 배수를 모두 지운다. 그런 다음 다시 3을 남기고 3의 배수를 지워낸다. 그 다음에는 5를 남기고 5의 배수를 지워낸다. 이렇게 해서 체질을 하듯 소수만 건져내는 것이다.

여러 세대 동안, 소수는 수학자들에게 신비한 매력을 안겨주었다. 그레이엄은 이런 일화를 소개했다.

"나는 소수인 날짜에만 아내와 동침하는 수학자도 알고 있습니다. 월초에는 그래도 괜찮은 편이지요. 2, 3, 5, 7로 나가니까요. 하지만 월말로 갈수록 좀 견디기 어려워지지요. 소수의 출현 간격이 넓어져서 19, 23, 그리고 29로 건너뛰니까요. 아무튼 이 수학자는 괴짜였습니다. 이 친구는 사람을 납치하여 살해하려 한 혐의로 현재 오레곤 주립 형무소에서 복역중입니다."

소수는 겉으로 보기에는 간단해 보여도 그 속성은 아주 복잡하기 때문에 대단히 매력적이다. 당대 최고의 수학자들이 여러 세대에 걸쳐 면밀히 연구해왔음에도 불구하고 소수에 대한 각종 기본적 질문은 여전히 미해결문제로 남아 있다. 예를 들면 1742년에 크리스티안 골드바흐 *Christian Goldbach*는 2보다 큰 짝수는 모두 두 소수의 합이라고 추측했다.

$$4 = 2 + 2$$
$$6 = 3 + 3$$
$$8 = 5 + 3$$
$$10 = 5 + 5$$
$$12 = 7 + 5$$
$$14 = 7 + 7$$

에어디쉬는 골드바흐 추측과 관련하여 이렇게 말했다.

"사실은 골드바흐보다 먼저 데카르트가 이걸 발견했습니다. 하지만 이 추측에 골드바흐 이름을 붙인 것은 잘 한 일이에요. 수학적으로 보자면 데카르트는 한없이 부자였지만 골드바흐는 아주 가난하거든요."

컴퓨터의 도움을 받아 20세기 수학자들은 1억에 이르기까지의 모든 짝수는 두 소수의 합으로 표현될 수 있음을 증명했다. 그러나 골드바흐의 간단한 추측이 보편적 진리인지 어떤지는 증명하지 못했다. 마찬가지로 컴퓨터의 도움을 받아 수학자들은 수많은 쌍둥이 소수 *twin primes*(3, 5; 5, 7; 11, 13; 71, 73; 1,000,000,000,061, 1,000,000,000,063 등 단 하나의 숫자만 사이에 두고 떨어져 있는 두 개의 소수)를 찾아냈다.

정수론 학자들은 쌍둥이 소수의 수도 소수만큼이나 무한하다고 보지만, 아무도 이것을 증명하지는 못했다. 또 이보다 더 깊이 들어간 수준의 문제를 하나만 얘기해 보자면, 한 소수에서 다음 소수가 나타나는 거리를 미리 예측하는 간결한 방식도 아직 발견되지 않고 있다.

한 소수와 다음 소수가 발생하는 거리에 어떤 일정한 패턴이 없다는 사실은 언론인 로저 쿠퍼 *Roger Cooper*에게 하나의 즐거운 오락거리를 마련해주었다. 그는 1980년대에 이란에 외롭게 억류된 적이 있었다. 그는 그때를 이렇게 회상했다.

"심문을 받을 때마다 눈을 가리웠는데 그들은 빨리 영국 첩자였다는 사실을 자백하지 않는다고 나의 뺨을 갈기고 주먹으로 쳐댔어요. 한 심문에서 다음 심문까지의 빈 시간 동안, 나는 책 없이도 심심하지 않게 지내는 방법을 알아냈어요. 나는 빵 조각을 네모나게 펴서 백개먼 *backgammon* 주사위 게임의 놀이기구로 만들었어요. 그러다가 좀 더 발전하여 로마숫자에 바탕을 둔 계산법을 만들어냈어요. 사과 씨는 0이고 오렌지 씨는 1, 자두 씨는 5를 나타내고, 10과 100은 위치로 표시를 했어요. 그렇게 하니까 5,000까지의 소수를 계산할 수 있더군요. 나는 그 소수들을 문이 열리는 문 뒤쪽의 빈 공간에다 적어놓고 왜 소수들이 불규칙하게 출현하는지 깊이 생각해 보았어요."

소수는 에어디쉬의 정다운 친구였다. 그는 그 누구보다도 소수에 대해서 잘 알고 있었다. 그는 말한다.

"내가 열살 때 아버지가 유클리드의 증명에 대해서 말씀해주셨어요. 나는 그 증명에 크게 매혹되었습니다."

8년 뒤 대학 신입생이었을 때 그는 간단한 증명 하나로 헝가리 수학계를 놀라게 했다. 즉 1보다 큰 정수와 그 정수의 2배수 사이에는 언제나 소수가 발견된다는 것이었다. 이 증명은 실은 1850년 쯤에 러시아 수학계의 아버지인 파프누티 르보비치 체비셰프 *Pafnuty Lvovitch Chebyshev*에 의해서 증명이 되었다. 그러나 체비셰프의 증명은 너무 거칠어서 하나님의 책에 들어갈 수 없었다. 비유적으로 말하자면 그는 장미 한 봉오리를 옮겨 심기 위해서 증기선용 대형 삽을 사용했던 것이다. 이에 비해 에어디쉬는 작은 숟가락 하나로 해치웠다. 젊은 에어디쉬의 승리는 영어권에서 이런 노래가 되어 퍼졌다.

체비셰프가 그걸 말했고 내가 다시 말하지.
n과 2n 사이에는 늘 소수가 있지.

Chebyshev said it, and I say it again
There is always a prime between n and $2n$.

1939년 에어디쉬는 폴란드계 미국인인 수리 물리학자 마크 캑 *Mark Kac*의 프린스턴 대학 강연에 참석했다. 캑은 세계 제2차 대전 중 미국의 레이더 개발에 기여했던 인물이다. 캑은 이렇게 회상했다.

"내 강연 도중 그는 거의 졸았습니다. 그날의 강연 주제가 그의 관심사와는 너무 동떨어진 것이기 때문이었죠. 강연 끝무렵에 나는 소수 약수 *prime divisors*의 개수 때문에 어려움을 겪고 있다고 지나가듯 말했어요. 정수론 얘기가 나오자 에어디쉬는 고개를 번쩍 쳐들더니 어떤 어려움이냐고 물었어요. 그러자 몇 분 안에, 그러니까 강연이 끝나기도 전에, 손을 들어 자신이 해법을 찾아냈다고 말하더군요."

소수에 대한 에어디쉬의 감각은 정말 예리했다. 소수에 대한 새로운 문제가 나오면, 그 문제를 붙들고 상당 기간 연구한 사람보다 훨씬 재빨리 그 문제를 풀곤 했다. 리처드 벨만 *Richard Bellman*은 자서전 『태풍의 눈 *Eye of the Hurricane*』에서 그와 핼 샤피로 *Hal Shapiro*가 공동으로 연구했던 확률 결정문제에 대해서 언급했다. 그들은 두 숫자가 "서로 소"(1보다 큰 공약수를 갖지 않는)가 되는 확률의 문제를 연구했었다. 그들은 이 문제에 대한 해법을 발견하고 『미국 수학회 학회지 *Transactions of the American Mathematical Society*』에다 원고를 제출했다. 벨만은 자서전에서 이렇게 쓰고 있다.

"불운하게도 그 학회지의 편집자인 A.A. 앨버트 *Albert*가 6개월 기간으로 브라질 출장을 떠나면서 그 잡지의 편집을 카플란스키 *Kaplansky*에게 맡겼다. 우리의 논문은 에어디쉬가 심사했고 또 게재하는 걸로 추천되었다. 그러나 카플란스키는 에어디쉬에게 우리 것보다 더 좋은 증명을 마련해줄 수 없겠느냐고 물었다. 에어디쉬는 그 증명을 내놓았고 카플란스키는 그것을 우리에게 보내왔다. 우리는 에어디쉬의 증명이 좀더 자세하게 기술되려면 결국 우리 것처럼 길게 될 수밖에 없을 것이라고 답변을 보냈다. 카플란스키는 자신의 고집을 꺾지 않았고 에어디쉬는 좀더 짧으면서도 멋진 증명을 다시 내놓았다. 그러자 카플란스키는 공동 논문으로 하자고 제의했다. 나는 그 제안을 거절했다. 그러면서 에어디쉬가 동의한다면 그의 논문을 별첨으로 첨부할 수는 있겠다고 말했다."

두 그룹 사이의 긴장이 근 한 달 이상 계속되었다. 벨만은 다시 이렇게 회상한다.

"샤피로는 아주 당황하면서 나를 찾아왔다. 그는 여러 군데의 학술대회에 참가하고 왔는데, 에어디쉬가 우리를 비난하고 다닌다는 얘기를 들었다는 것이었다. 우리가 그의 연구결과를 훔쳤다고 동네방네 떠들고 다닌다는 얘기였다."

샤피로와 벨만은 카플란스키에게 논문을 돌려받고 싶다는 편지를 보냈다. 몇 주 뒤 그들은 카플란스키로부터 회신을 받았다. 이미 그들의 원고를 타이핑하느라고 300달러가 들어갔으니 이 비용을 보상하라는 것이었다. 그 무렵 브라질 출장에서 돌아온 앨버트는 벨만과 샤피로에게 "위협적인 편지"를 발송했다. 만약 보상금을 내놓지 않으면 미국 수학회(AMS)에서 축출하겠다는 것이었다. 벨만은 자서전에서 이렇게 썼다.

"나는 당시 축출을 각오했다. 아예 붓을 꺽고 수학을 그만둘 생각도 했다."

이 시점에서 벨만은 레프셰츠 *Lefschetz*에게 호소했다. 심사위원의 임무는 제출된 논문의 진정성과 중요도를 판별하는 것이지, 그 논문을 개선하려는 것은 아니지 않느냐고 호소했다. 레프셰츠는 양측 주장의 미묘한 사항은 깡그리 무시해버리고 "앨버트도 젊은 시절 많은 무모한 짓을 저질르지 않았느냐고 앨버트에게 주의를 주는" 편지를 보냈다. 앨버트는 그 편지를 받고서 뒤로 한 발짝 물러섰다. 그 결과 벨만과 샤피로의 논문은 물론이고 에어디쉬의 증명도 발간되지 못하게 되었다. 벨만은 "에어디쉬의 증명이 아주 우아한 방식이었기 때문에 아주 유감이었다"라고 적었다.

1949년 에어디쉬는 소수 문제에 대해서 가장 큰 승리를 거두었다. 그러나 그 승리에 대해서 너무 논의가 분분했기 때문에 그 승리를 별로 달가워하지 않았고 또 언급하지도 않으려 했다. 수학자들은 소수가 정확히 어디에 위치해 있는지 예측하는 정확한 방법은 마련하지 못했지만, 18세기 말부터 소수의 통계적 분포 즉 소수가 뒤로 갈수록 희박해지는 평균 분포를 보여주는 공식 *formula*은 알고 있었다. 이런 공식을 추적하기 위해 모든 시대를 통틀어 가장 위대한 수학자로 칭송되는 카를 프리드리히 가우스 *Carl Friedrich Gauss*는, 15세이던 1792 소수표 *tables of prime numbers*를 연구하기 시작했다. 1796년 요한 하인리히 람베르트 *Johann Heinrich Lambert*와 게오르크 폰 베가 *Georg von Vega*는 400,031에 이르기까지의 소수 리스트를 발표했다. 그리고 다른 연구자들은 그 상한선을 수백만으로까지 확대했다. 가우스는 기존의 수치들을 맹목적으로 받아들이지 않았기 때문에 작업이 느렸다. 그러나 그는 그 수치들을 이중 확인하는 절차를 고집했다. 이렇게 하여 여러 개의 오류를 발견했으므로 그 작업은 충분히 효과가 있었다. 가우스는 천문학자인 엔케 *Johann Franz Encke*에게 다음과 같은 편지를 보냈다.

"전체를 체계적으로 점검하는 인내심이 내게는 없었으므로 나는 틈틈이 여유시간 15분을 투입하여 여기 저기에서 1천개의 숫자를 체크했습니다. 그러나 마침내 이 일을 포기하고 말았고 첫 백만 자리까지도 마치지 못했습니다… 람베르트의 보충표 중 101,000에서 102,000 사이의 1천개 숫자에는 오류가 많이 있습니다. 내가 가지고 있는 표에서 소수가 아닌 숫자를 일곱개나 삭제했습니다. 그리고 빠진 두 개의 소수를 보충해 넣었습니다."

그러나 이 힘든 일의 결과로 가우스는 소수의 분포를 예측하는 첫 번째 공식을 만들어낼 수 있었다. 이 공식은 소수를 적어놓은 길다란 리스트와 일치했으나, 가우스는 자신의 소수 정리(*Prime Number Theorem*)가 보편적으로 타당한 것인지에 대해서는 증명을 하지 못했다. 그로부터 1세기가 흘러간 후 자크 아다마르 *Jacques Hadamard*와 샤를 드 라 바예 푸생 *Charles de la Vallee Poussin*이 그에 대한 증명을 내놓았다.

체비셰프의 정리와 마찬가지로 소수 정리에 대한 1896년의 증명은 중장비의 도움을 받은 것이었다. 당시의 최고 수학자들은 그런 중장비의 도움이 없으면 증명할 수 없을 것이라는 생각을 갖고 있었다. 그러나 에어디쉬와 에이틀 셀버그 *Atle Selberg*는 아주 "기본적인(elementary)" 방법으로 소수 정리를 증명하여 수학계를 놀라게 했다. 이 두 사람은 당시만 해도 수학계의 무명 인사였다. 에어디쉬의 친구들이 증언하는 바에 따르면, 두 사람은 자신들이 각각 발견한 증명을 유수한 수학 저널에다 연속 두 편의 논문으로 발표하기로 합의했다. 에어디쉬는 이어 수학자들에게 엽서를 보내어, 그와 셀버그가 소수 정리를 정복했다는 사실을 알렸다. 공교롭게도 마침 그때에 셀버그는 한 낯선 수학자를 만났다. 방금 에어디쉬로부터 엽서를 받은 그 수학자는 셀버그에게 이렇게 말했다.

"이 소식 들었어요? 에어디쉬와 아무개라고 하는 사람이 공동으로 소수 정리의 기본적인 증명을 발견했다는군요."

셀버그는 그 말을 듣고 너무 화가 나서 단독으로 그 논문을 발표해버렸다. 그리하여 그 증명에 대한 공로를 혼자 차지했다. 1950년 셀버그는 소수 정리에 대한 공로를 인정받아, 수학계의 노벨상이라고 할 수 있는 필즈 상 *Fields Medal*을 단독 수상했다.

수학계에서도 업적을 먼저 발표하려는 싸움이 없지는 않다. 다른 과학자들과는 달리, 수학자는 누가 무엇을 했다고 입증해주는 연구결과의 흔적을 남기지 않는다. 실제로 에어디쉬는 가까운 공동 연구자들 사이에서 벌어지는 우선권 싸움을 중재하느라고 많은 시간을 허비했다. 조엘 스펜서는 말한다.

"대학원생 시절 나는 3류 수학자나 우선권 싸움을 한다고 생각했어요. 하지만 실제로는 1류 수학자들이 그런 싸움을 하는 겁니다. 그들은 수학을 열정적으로 사랑하는 사람들이거든요."

수학자들은 자기 자신이 SF의 책에 있는 내용을 추측하지 못하면 다른 사람들도 추측하지 못하기를 바란다. 텍사스의 유수한 수학자인 고(故) R.L. 무어 *Moore*는 노골적으로 말했다.

"내가 어떤 정리를 생각해 내지 못한다면 아예 그 정리는 없던 것으로 하는 것이 더 좋습니다."

에어디쉬는 수학적 아이디어를 동료들과 함께 나누는 일에 대해서는 특이할 정도로 관대했다. 그와 두 개의 공동논문을 저작한 알렉산더 소이퍼 *Alexander Soifer*는 말한다.

"에어디쉬는 자신의 추측을 남들과 함께 나누는 것을 좋아했습니다. 남들보다 먼저 무언가를 증명하는 것이 그의 목표가 아니었기 때문입니다. 오히려 그의 목표는 누군가가 그걸 증명하도록 돕는 것이었습니다. 에어디쉬와 함께 해도 좋고 또 그 누군가가 혼자 해도 상관없었습니다. 폴 에어디쉬처럼 방랑하는 유대인도 없었습니다. 그는 자신의 추측과 통찰을 동료 수학자들에게 골고루 뿌려대면서 세계를 돌아다녔습니다."

캘거리 대학의 정수론 학자인 리처드 가이 *Richard Guy*는 다음과 같이 회상했다.

"에어디쉬는 수학계에 엄청난 기여를 했습니다. 그러나 내가 볼 때 그의 최대 공적은 다수의 수학자들을 손수 배출했다는 사실입니다. 그는 정말 탁월한 문제 제기자입니다. 그 어떤 난이도의 문제라도 자유자재로 조절할 줄 알았고 그런 조절 능력은 하나의 신화였습니다. 아주 어렵거나 아주 쉬운 질문은 누구나 할 수 있습니다. 그러나 아주 어렵거나 아주 쉬운 것 사이의 비좁은 중간을 걸어가는 일은 아무나 할 수 있는 게 아닙니다. 에어디쉬의 문제는 반 세기 이상이나 걸려야 풀 수 있는 힐버트 *Hilbert* 문제가 아닙니다. 에어디쉬의 문제는 늘 적절한 것이었습니다. 우리가 연구를 하다가 헤매는 경우가 자주 있는데, 그건 적절한 문제 제기를 하지 않았기 때문입니다. 에어디쉬가 내놓은 많은 문제들은 탁월하면서도 또 중요한 문제였습니다. 그래서 대부분의 문제가 부분적으로 혹은 완전히 풀렸습니다.

"하지만 에어디쉬는 적절한 질문만 제기한 것은 아니었습니다. 그는 그 질문을 적절한 사람에게 던졌던 것입니다. 그는 당사자보다 더 그 당사자의 실력을 잘 알고 있었습니다. 에어디쉬가 내놓은 현상금 1달러 혹은 5달러 짜리 문제를 풀고서 수학 연구의 길로 나아간 사람들이 정말 많습니다. 그는 수학 연구에 뛰어들기 직전에 반드시 갖추어야 할 자신감을 그런 사람들에게 심어주었던 것입니다."

그레이엄도 이와 유사한 증언을 했다.

"그는 상대방이 현재 풀 수 있는 실력보다 약간 어려운 문제를 내놓는 데 탁월한 재능이 있었어요. 풀기가 불가능한 문제를 내놓는 것은 아주 쉬운 일입니다. 하지만 그는 상대방이 그 문제를 풀면 더욱 자신감을 얻어 수학에 몰두하게 되는 그런 문제만을 제기했어요. 그것은 등산을 할 때 더 높이 오를 수 있도록 바위에 등산용 못을 한개 더 박는거나 같았어요."

수학사상 에어디쉬보다 더 많은 분량(페이지 수)의 저서를 발간한 수학자는 딱 한 사람뿐이다. 18세기의 스위스 수학자 레온하르트 오일러 *Leonbard Euler*가 그 사람인데, 그는 13명의 자녀를 낳은 한편 80권의 수학 책을 펴냈다. 그는 저녁 식사 전 30분 동안에 이 많은 책들을 썼다는 전설이 전해져 내려오고 있다. 한편 에어디쉬는 좋은 수학문제를 내놓아서 다른 사람들의 수학실력을 향상시킨 점에서 최고 기록을 갖고 있다.

✤

에어디쉬에게 있어서 수학은 과학과 예술의 멋진 종합이었다. 우선 수학의 결론은 논리적으로 불가침이기 때문에 수학은 확실성의 과학이라고 할 수 있다. 생물학자, 화학자, 물리학자들과는 달리, 에어디쉬, 그레이엄, 그리고 동료 수학자들은 사물을 증명해낸다. 그들은 삼단논법, 그러니까 "모든 대통령은 죽는다" "빌 클린턴은 대통령이다"라는 전제(가정)로부터 "빌 클린턴은 죽는다"라는 결론을 유도해낸다.

또한 수학은 미학적인 측면을 가지고 있다. 추측은 "분명"하거나 "돌연"한 것일 수 있다. 결과는 "사소"하거나 "아름다울" 수 있다. 증명은 "혼란"스럽거나 "놀랍거나" 혹은 에어디쉬가 즐겨 말하듯이 "하나님의 책"에 들어 있는 것일 수도 있다. 하디는 이렇게 썼다.

"훌륭한 수학적 증명에는 고도의 의외성이 있으며 거기에 필연성과 경제성이 가미되어 있다. 논증은 기이하면서도 경악스러운 형태를 취할 수 있고 또 사용된 무기는 심오한 귀결에 비해 유치하게 보일 경우도 있다. 그러나 결론으로부터 벗어나는 길은 없는 것이다."

더욱이 증명이란 어떤 결과가 왜 진리인지를 살펴보게 하는 통찰력을 제공한다. 가령 현대 수학에서 가장 유명한 결과의 하나인 4색 지도 정리 *Four Color Map Theorem*를 생각해 보자. 이 정리는 평면 지도의 경우, 아무리 국가 수가 많다고 할지라도, 서로 인접한 국가의 색깔을 서로 다르게 표시하는 데에는 4색이면 충분하다는 정리이다. 19세기 중반부터 대부분의 수학자는 이 간단한 정리가 진리라고 믿어왔고, 그래서 124년 동안 유수한 수학자들과 아마추어 수학자들이 이 정리의 증명을 추구해왔으나 헛수고에 그쳤다. 또 이 정리에 반대하는 소수의 사람들은 반례를 찾아내려고 애썼다. 그레이엄은 말한다.

"내가 AT&T에서 근무를 시작했을 때 그 연구소에는 E.F.무어 *Moore*라는 수학자가 있었어요. 이 수학자는 4색 지도 정리의 반례를 찾아낼 수 있다고 확신했지요. 그는 매일 가로 2피트 세로 3피트의 커다란 전지(全紙)를 가지고 왔어요. 그리고는 그 종이에다 수천개 국가가 있는 지도를 그리는 겁니다.

'이 지도는 5색이 필요하다는 걸 증명해줄 거야.'

그는 아침마다 그렇게 소리치고는 만약 반증이 안 나오면 내게 1달러를 주겠다고 약속했어요. 그는 몇시간씩 시간을 들여가며 지도에다 색칠을 했어요. 그러나 퇴근할 무렵이면 머리를 절레절레 흔들면서 내게 1달러를 내놓았어요. 그 다음날이면 그는 또다른 전지를 가지고 와서 5색 지도를 그리려고 애썼지요. 덕분에 나는 손쉽게 매일 1달러를 벌었지요."

1976년, 무어의 5색 지도가 왜 불가능한 꿈인지 분명하게 밝혀졌다. 그 해에 일리노이 대학의 케네스 애플 *Kenneth Appel*과 볼프강 하켄 *Wolfgang Haken*이 마침내 이 수학계의 에베레스트 산을 정복했던 것이다. 4색 지도 정리의 증명이 마련되었다는 소식이 각 대학의 수학과에 전해지자, 교수들은 강의를 끝마치고 샴페인을 터트렸다. 그러나 며칠 뒤 수학자들은 애플과 하켄의 증명이 초고속 컴퓨터를 사용한, 전례없는 것임을 알고 당황해 했다. 두 연구자는 세 대의 컴퓨터를 동원해 1,000시간 이상 계산을 했던 것이다. 애플과 하켄이 증명한 것은 모든 가능한 지도는 1,500개의 기본적인 사례의 변형이라는 것이며, 컴퓨터는 4색으로 이 1,500개 지도를 모두 그려본 것이다. 따라서 이들의 증명은 손으로 확인하기에는 너무 길었다. 또 일부 수학자는 컴퓨터가 실수를 하여 가벼운 오류를 범했을지도 모른다고 우려했다.

20여년이 지난 오늘날 이 증명의 타당성은 일반적으로 인정되고 있지만, 많은 사람들이 아직도 불만족스러운 증명이라고 생각한다. 에어디쉬는 말한다.

"나는 4색 문제의 전문가가 아닙니다만 그 증명이 진실일 거라고 생각합니다. 하지만 그 증명은 아름답지 않아요. 나는 왜 4색이면 충분한지 그 이유를 통찰하게 해주는 간결한 증명이 보고 싶습니다."

아름다움과 통찰─이 두 단어야말로 에어디쉬와 그의 동료들이 즐겨 쓰는 말이지만 왜 그런지에 대해서는 잘 설명하지 못한다. 에어디쉬는 말한다.

"그건 왜 베토벤의 교향곡 9번이 아름답냐 물어보는 것과 같아요. 당신 스스로 그걸 알지 못하면 남이 아무리 말해줘도 소용없습니다. 나는 숫자가 아름답다는 것을 알아요. 만약 숫자가 아름다운 것이 아니라면 그 어떤 것이 아름답다는 말입니까?"

사모스의 피타고라스 *Pythagoras of Samos*도 그렇게 생각했다. B.C. 6세기 사람인 그는 숫자를 하나의 종교로 격상시켰다. 숫자가 단순한 계산의 도구가 아니라 우정, 완벽, 신성, 행운, 악운의 상징이라는 것이다. 그는 정수와 정수로 구성된 분수를 좋아했다. 그는 수학이라는 자신의 종교를 아주 진지하게 생각했다.

그러나 그의 제자 한 사람이 스승의 세계관에 도전하고 나섰다. 단위 정사각형의 대각선 길이(2의 제곱근 또는 $\sqrt{2}$)는 정수나 간단한 분수로 표시될 수 없다고 주장한 것이다. 이에 당황한 피타고라스는 제자에게 이 비밀을 철저히 지키라고 맹세시켰다.

전설에 의하면 이 제자는 결국 스승을 배반했고 그래서 피타고라스는 그를 처형했다고 한다. 에어디쉬는 이것을 "피타고라스의 스캔들"이라고 불렀다.

피타고라스는 확실히 기인이었다. 그는 콩이 남성의 고환을 연상시킨다고 하여 콩을 먹기를 거부한 채식주의자였다. 하지만 그는 증명의 개념을 확립함으로써 수학을 보다 견고한 반석 위에다 올려놓았다. 그는 또한 개별 숫자에 대하여 예리한 감각을 갖고 있었다. 그가 제시한 친구 수 *friendly number*는 모든 친구가 제 2의 자기라는 개념에 바탕을 둔 것이다. 피타고라스는 이렇게 썼다.

"친구는 제 2의 나인데, 이것은 220과 284의 관계와 같다."

이 두 수는 특별한 수학적 속성을 가지고 있다. 두 수는 상대방 수의 약수를 합한 수이다. 220이라는 숫자의 약수는 1, 2, 4, 5, 10, 11, 20, 22, 44, 55, 110으로 구성되어 있는데 이 수를 모두 합치면 284가 되는 것이다. 284의 약수는 1, 2, 4, 71, 142가 되는데 이 수를 모두 합치면 220이 된다.

두 번째 친구 수(17,296과 18,416)는 1636년에 와서야 피에르 드 페르마 *Pierre de Fermat*에 의해 발견되었다. 19세기 중반까지 많은 유능한 수학자들이 친구 수의 짝을 찾아 나섰고 그리하여 약 60개가 발견되었다. 그러나 겨우 1866년이 되어서야 두번 째로 작은 크기의 친구 수(1,184와 1,210)가 16세의 이탈리아 고등학생에 의해서 발견되었다. 1998년 현재 수 백 개의 친구 수가 발견되었는데, 쌍둥이 소수의 경우와 마찬가지로, 심지어 오늘날까지도 친구 수가 무한히 많이 있는지 어쩐지는 밝혀지지 않고 있다. 에어디쉬는 친구 수가 무한히 계속된다고 생각했고 젊은 시절 친구 수의 분포에 대한 초기 논문을 쓰기도 했다. 왜 친구 수의 개수가 무한하다고 증명하는 것보다 소수의 개수가 무한하다고 증명하는 것이 더 쉬운가 하는 문제는 수학상 난제 중의 난제에 속한다.

피타고라스는 어떤 정수가 자기와는 다른 약수 전체의 합과 같아질 때 그 정수를 완전하다고 보았다. 최초의 완전수 *perfect number*는 6이다. 이 수는 1, 2, 3에 의해서 나누어지고 또 이 숫자들의 합이기도 하다. 두 번째 완전수는 28이다. 약수는 1, 2, 4, 7, 14인데 이들 약수의 합이 곧 28이 된다.

중세의 종교 학자들은 6과 28의 완전수가 보여주는 완전함이 곧 우주를 구성하는 조직의 기본질서라고 주장했다. 신은 이 세상을 6일만에 창조했고 달은 28일마다 한번씩 지구의 주위를 도는 것이다. 성 어거스틴은, 자연계와의 관계 때문이 아니라, 수의 속성 그 자체가 수를 완벽하게 만든다고 믿었다. 성인은 이렇게 말했다.

"6은 신이 6일 동안에 세상을 창조했기 때문에 완전한 것이 아니라, 그 자체로 완전한 수이다. 그래서 하나님도 이 완전수를 모델로 하여 세상을 6일만에 창조한 것이다. 따라서 그 6일 동안의 창조작업이 설혹 없었다고 하더라도 6은 완전수로 남아 있을 것이다.

고대 그리스인들은 6과 28 이외에 단 두 개의 완전수(496과 8,128)를 알고 있었다.(다섯 번째의 완전수인 33,550,336은 고대 그리스 시대로부터 17세기가 흘러간 다음에야 발견되었다). 4개의 완전수가 모두 짝수였기 때문에, 고대 그리스인들은 홀수인 완전수가 존재할까에 대해서 의문을 품었다. 1998년 4월 현재, 수학자들은 37개의 완전수를 알고 있으며 그 중 가장 큰 것은 1,819,050 자리수를 갖고 있다(최근에 이 보다 더 큰 완전수가 발견됨. 이 책 뒤에 있는 역자 설명을 참조할 것, 역자 주). 또 37개 모두 짝수이다. 새 메르센느 소수 2^n-1이 발견될 때마다 2^{n-1}을 그 숫자에다 곱함으로써 새 완전수를 얻을 수가 있다. 가령 현재까지 알려진 가장 큰 소수는 $2^{3,021,377}-1$인데(최근에 이 보다 더 큰 소수가 발견됨. 이 책 뒤에 있는 역자 설명을 참조할 것, 역자 주), $2^{3,021,376}(2^{3,021,377}-1)$을 함으로써 37번째의 완전수를 얻을 수 있는 것이다. 수학자들은 38번째 완전수가 홀수일 가능성을 완전 배제하지는 못한다. 홀수 완전수가 과연 존재할까 하는 문제는 가장 오래된 미해결의 수학 문제이다. 이에 못지 않은 난제로는 완전수가 몇 개나 있는가 하는 문제이다. 완전수의 개수가 유한인지 혹은 무한인지에 대해서 아무도 알지 못하고 있다.

"소수와 완전수에 관한 한, 아이들도 어른이 답변하지 못하는 질문을 던질 수가 있다." 에어디쉬가 말했다.

사실 에어디쉬는 어른은 물론이고 아이들과도 정수론을 토론할 준비가 되어 있었다. 아니 정수론에 대해서 관심있는 사람이라면 나이의 고하를 가리지 않았다. 에어디쉬는 그 어떤 사람하고도 정수론에 대해서 토론할 의사가 있었다. 그래서 그의 친구들은 이런 농담도 한다. 에어디쉬는 기차를 타고 가면서도 기관사에게 정리를 증명해 보이고 싶어 안절부절 하는 사람이라고.

1985년 하와이에 거주하는 데이비드 윌리엄슨 *David Williamson* 이라는 고교 3년생이 호놀룰루 대학에서 수학과정을 이수하고 있었다. 이 학생은 이런 증명을 내놓았다. 만약 홀수 완전수가 존재한다면 4로 나누었을 때 1이 남게 되는 소인수 *prime factor*를 하나 가지고 있을 것이다. 윌리엄슨을 지도하던 교수는 그 증명이 독창적인 것인지 어쩐지 알 수가 없었다. 그래서 마침 호놀룰루를 방문중인 전설적인 수학자 에어디쉬에게 편지를 보내보라고 권유했다. 윌리엄슨은 곧 편지를 보냈고 이어 에어디쉬로부터 답변을 받았다.

"학생이 증명한 결과는 부분적으로 오일러 *Euler*가 풀어낸 것입니다. 그는 2^P-1이 소수일 때 $2^{P-1}(2^P-1)$은 짝수 완전수가 된다고 증명을 했지요. 또한 칼 포메란스 *Carl Pomerance*는 만약 홀수 완전수가 존재한다면 그것은 적어도 7개의 소인수를 갖고 있다고 증명했어요. 아마도 다음에 제시하는 나의 문제가 학생에게 흥미가 있을지 모르겠군요…"

현재 IBM에서 조합론 학자로 일하고 있는 윌리엄슨은 그 편지를 받고 감격했다.

"고등학생에게 보낸 에어디쉬의 이런 편지는 그의 업적에서 윗자리를 차지하지는 않을 겁니다. 하지만 그 편지는 내게 정말로 소중한 것이었어요."

완전수와 소수는 신동이 자기의 장기를 마음껏 발휘할 수 있는 수학 분야이다. 체스나 음악과 마찬가지로 이 분야는 기술적 숙련을 별로 요구하지 않는다. 그래서 오랜 기간의 훈련을 거쳐야 하는 역사나 법학 분야에서는 신동이 나오지 않는 것이다. 신동은 체스의 규칙을 몇 분만에 배우고 거기서부터 소년의 천부적 재능이 나오는 것이다. 기본적인 정수론, 그래프 이론, 조합론Combinatorics(사물을 헤아리고 분류하는 수학 분야) 등의 수학 분야도 체스와 마찬가지이다. 소년에게 소수, 완전수, 친구 수의 개념을 손쉽게 설명해줄 수 있는 것이다. 그러면 신동은 그러한 수들을 이렇게 저렇게 굴리면서 그런 수의 속성을 탐구하는 것이다. 그러나 많은 수학 분야는 기술적 전문지식을 요구하는데, 이런 지식은 수학적 정의(定義)와 과거의 결과들을 집적해야만 획득할 수 있는 것이다. 수학 신동이 성장하여 대학을 갈 무렵이 되면 그는 이전보다 전문적인 분야를 마스터하는 인내심을 갖게 된다. 그리고 그런 분야에서 커다란 발견을 해내는 것이다. 하지만 에어디쉬는 예외였다. 그는 신동이 많이 나오는 수학 분야를 주로 탐구했다.

이렇게 말한다고 해서 그의 수학적 관심분야가 편협하다는 얘기는 아니다. 오히려 그는 수학의 전혀 새로운 분야를 많이 개척했다. 아무튼 위에서 언급한 수학 분야들은 최소한의 전문적 지식을 요구했으므로 새로운 세대의 신동들을 많이 자극했다.

에어디쉬의 장점은 짧고 명확한 해법을 내놓는다는 것이었다. 그는 여러 페이지에 달하는 등식들을 이어 붙여 문제를 푸는 것이 아니라,

분명하고 예리한 논증을 구성함으로써 문제를 해결한다. 그의 수학적 재치는 천부적인 것이었고 그의 예리함은 전공 분야 이외에까지 퍼져 나갔다. 1967년에 에어디쉬와 함께 공동 연구를 시작한 기하학자인 조지 퍼디 *George Purdy*는 이렇게 회상했다.

"1976년이었는데, 우리는 텍사스 A&M대학교 수학과 휴게실에서 커피를 마시고 있었습니다. 휴게실의 흑판에는 함수해석의 문제가 적혀져 있었어요. 물론 이 분야는 에어디쉬가 전혀 모르는 분야였습니다. 나는 마침 그 문제에 대하여 30페이지에 달하는 해법을 내놓은 두 함수 해석학자를 알고 있었습니다. 그들은 그 업적을 대단히 자랑스럽게 여기고 있었지요. 에어디쉬는 그 흑판을 쳐다보더니 물었습니다.

'저건 뭐죠? 문제인가요?'

내가 그렇다고 대답하자 그가 흑판으로 다가가더니 눈을 깜빡거리며 약간 길게 씌어진 진술을 읽는 것이었습니다. 그는 그 진술에 사용된 기호들을 몇 가지 물어보더니 별로 힘 안 들이고 2줄짜리 해법을 내놓더군요. 이게 마술이 아니라면 그 어떤 게 마술이겠습니까?"

에어디쉬는 전방위적인 문제 해결사였다. 대부분의 원로 수학자들은 노년에 연구를 계속한다면 주로 이론 분야에서 종사한다. 그들은 문제 푸는 일은 더 이상 하지 않고 수학 연구의 전반적인 범위를 설정하거나 신진 수학자들이 추구해야 할 새로운 분야나 미개척 분야를 지적해주는 일로 만족한다. 그러나 에어디쉬는 그렇지 않았다. 해결해야 할 문제가 있으면 그는 그 문제에 접근하여 끈덕지게 달라붙었다.

그의 스타일은 여러 군데에서 여러 동료들과 함께 가능한 한 많은 문제를 푸는 방식이었다. AT&T의 피터 윙클러 *Peter Winkler*는 말한다.

"그는 매일 전세계의 수학자들에게 전화를 겁니다. 나에게도 늘상

전화를 해요. 윙클러 교수, 거기 계십니까? 우리 애들은 아주 어릴 적에
도 그가 폴 아저씨라는 것을 금방 알아봤어요. 그는 모든 수학자의 전
화번호를 알고 있습니다. 하지만 그들의 퍼스트 네임(이름)은 잘 몰랐
어요. 나도 그와 함께 20년 동안 일해왔지만, 내 이름은 모를 거라고 생
각합니다. 그가 퍼스트 네임으로 부르는 사람은 톰 트로터 *Tom Trotter*
가 유일한데, 그나마 빌이라고 불렀다는 겁니다."

에어디쉬는 그 자신이 직접 공동 연구에 참가할 때에는 여러 사람
과 동시에 일을 하는 걸 좋아했다. 에어디쉬와 함께 여덟 편의 논문을
작성한 브루스 로스차일드 *Bruce Rothschild*는 말한다.

"그는 여러 사람들과 동시에 체스를 두는 대 스승처럼 실내를 돌아
다녔습니다. 그건 아주 자극적이었습니다. 그가 다른 사람들과 연구를
하고 다시 돌아올 때까지 생각할 시간이 주어지니까요. 그리고 다른 사
람들이 무슨 연구를 하고 있는지 알게 되기도 하고요."

에어디쉬는 한꺼번에 많은 생각을 하는 사람이었지만 그의 공동
연구자들에게는 그가 맡은 문제에만 집중하도록 권유했다.

"자기가 맡은 일에만 신경쓰세요."

그는 동료들이 다른 생각을 하는 눈치이면 그렇게 말하곤 했다.

서로 다른 것들을 여러 가지 동시에 생각할 수 있는 에어디쉬의 능
력은 가히 전설적인 것이었다. 1955년에 에어디쉬와 함께 공동논문을
작성했던 마이클 골롬 *Michael Golomb*은 1940년대의 한 일화를 회상
했다. 당시 그는 내트 파인 *Nat Fine*이라는 체스 스승과 체스를 두고 있
는 에어디쉬를 우연히 만나게 되었다. 다음은 골롬의 회상이다.

"에어디쉬의 체스 실력으로는 내트를 거의 이길 수가 없었어요. 주
로 심리적인 전술을 사용하여 가끔 한 번씩 이기는 정도였지요… 내트

는 양손에 머리를 파묻고서 다음 수를 깊이 생각하고 있었어요. 그런데 에어디쉬는 두터운 의학백과사전을 열심히 들여다보고 있더군요… 나는 그에게 물었어요.

'폴, 무얼하고 계십니까? 내트와 체스를 두고 있는 게 아닙니까?'

그는 대답했어요.

'나를 방해하지 말게… 난 지금 정리를 증명중이니까.'

그는 정말 한 번에 여러 가지를 해내는 재주가 있는 사람이었어요."

✦

에어디쉬가 개척한 수학 분야들 중 하나로서, 램지 이론 *Ramsey theory*이라고 불리우는 철학적 매력을 가진 조합론 분야가 있다. 이 분야에서 그레이엄의 기록적인 숫자(기네스북에 오른 것)가 등장하게 된다. 램지 이론의 핵심적인 사상은 완전한 무질서는 불가능하다는 것이다. 무질서라는 현상은 실제로는 스케일의 문제에 불과하다는 것이다. 충분히 거대한 우주 속에서는 얼마든지 수학적 "대상 *object*"을 찾아낼 수 있다는 것이다. 그레이엄은 이렇게 말한다.

"텔레비전 시리즈물인 「코스모스 *Cosmos*」에서 칼 세이건 *Carl Sagan*은 자기도 모르는 사이에 램지 이론에 호소했습니다. 세이건의 말에 의하면 사람들이 밤하늘을 무심히 쳐다보는 중에 일직선으로 늘어선 여덟 개의 별을 발견한다는 것입니다. 별들이 그렇게 일렬로 늘어서 있기 때문에, 누군가가 거기다 그렇게 늘어놓았다고 생각하기 십상이죠. 말하자면 별과 별 사이에 일종의 무역로(貿易路)가 있다고 보게 되는 겁니다. 그런데 세이건은 아주 재미있게 말을 했어요. 아주 많은 그룹의 별들을 쳐다보고 있으면 자기가 원하는 건 뭐든지 다 보게 된다는 거예요. 이거야말로 살아 움직이는 램지 이론인 거지요."

세이건의 말을 그대로 수학에 적용해 본다면, 수학자는 늘 일렬로 늘어선 8개의 별을 포함하는 무작위 성단의 최소 그룹을 알고 싶어하는 사람이다. 일반적으로 말해서 램지 이론가들은 특정 대상이 반드시 포함되도록 하는 최소 규모의 "우주"를 찾고 있는 것이다. 가령 그 대상이 일렬로 늘어선 별이 아니라, 같은 성(性)의 두 사람이라고 해보자. 그러면 찾고자 하는 최소 규모의 우주는 세 사람이 될 것이다. 그레이엄의 동료인 대니얼 클라이트맨 *Daniel Kleitman*은 이 경우 이렇게 말할 것이다.

"세 명의 보통 사람들 중에 두 명은 같은 성을 갖게 된다."

램지 이론은 프랭크 플럼턴 램지 *Frank Plumpton Ramsey*에게서 나온 이름이다. 램지는 버트란드 러셀 *Bertrand Russell*, G.E.무어 *Moore*, 루드비히 비트겐슈타인 *Ludwig Wittgenstein*, 존 메이나드 케인즈 *John Maynard Keynes*에게서 배운 총명한 학생이었는데, 1930년 26세의 나이에 황달로 죽지만 않았다면 스승을 능가할 뻔했던 인물이었다. 그의 형 마이클이 신학에 의지하여 초월적 실재를 추구했다면(마이클은 그후 캔터베리 대주교가 되었다), 무신론자였던 프랭크 램지는 수학에 의지하여 초월적 실재를 추구했다. 그는 또한 철학과 경제학을 공부하여 조세(租稅)와 저축 분야에 대한 논문을 두 편 남겼다. 케인즈가 지도한 이 논문들은 아직도 경제학계에서 인용되고 있다. 그러나 무엇보다 그의 이름을 영원히 남게 한 것은 여덟 페이지에 불과한 수학 논문이었다. 에어디쉬는 이 여덟 페이지를 깊이 연구하여 그것을 어엿한 수학의 한 분야로 만들어 놓았다. 에어디쉬가 연구했던 모든 문제들과 마찬가지로, 램지 문제는 간단히 진술될 수 있지만, 그 해법은 얻기가 쉽지 않다.

고전적인 램지 문제는 「파티의 초청객」의 문제로 진술될 수 있다. 세 사람의 초청객이 서로 알거나 아니면 세 사람의 초청객이 서로 모르는 상태로, 사람들을 파티에 초청하려고 할 때 최소한의 초청객 수는 몇 명인가? 수학자들은, 누가 수학자가 아니라고 할까봐, 이런 가정을 표현하는 데 아주 조심스럽다. 그들은 여기서 어떤 사람을 아는 관계가 대칭적이라고 가정한다. 만약 샐리가 빌리를 안다면 빌리도 샐리를 아는 것이다. 이 가정을 염두에 두고서 6명의 파티를 한번 생각해보자. 그 중 한 초청객의 이름을 데이비드라고 하자. 데이비드는 나머지 5명을 알 수도 있고 모를 수도 있다. 그러나 그는 그중 적어도 3명은 알거나 또 3명은 모른다고 해보자. 우선 3명을 아는 경우를 생각해보자(3명을 모르는 경우도 논의 방식은 동일하다).

데이비드가 아는 3명의 관계를 먼저 살펴보자. 그 3명 중 2명이 서로 아는 사이라면, 그 두 명과 데이비드는 서로 아는 3명을 형성할 수 있다. 그렇게 해서 필요한 정족수가 채워진다. 그렇게 되면 데이비드가 아는 세 사람이 모두 서로 모르는 경우의 가능성만 남는다. 그러나 이 경우에도 정족수는 채워진다. 서로 전혀 모르는 세 사람이 형성되기 때문이다.

3명이 서로 알거나 혹은 3명이 서로 모르는 경우를 보장하기 위해서 왜 5명의 파티는 불충분한가를 이해하기 위해서는, 마이클의 경우를 생각해보면 된다. 이 마이클은 두 명만을 아는데, 이 두 명은 마이클이 모르는 두 사람 중 각각 다른 한 사람씩만을 알고 있다.

우리는 방금 한가지 수학적 증명을 완성했는데, 이것은 비록 하나님의 책에서 나온 것은 아니지만 그래도 여전히 증명인 것이다. 그리고 이 증명은 왜 6명의 파티가 최소한 3명의 서로 아는 사람, 3명의 서로 모르는 사람을 보장해주는가에 대한 하나의 통찰을 마련해준다. 이것을 증명하기 위한 또 다른 방식으로는 모든 경우의 수를 모두 검토하는 방식 *brute force method*이 있다. 이때 경우의 수는 32,768가지가 되는데 각 조합이 필요한 관계를 포함하는지 여부를 일일이 체크하는 것이다. 그러나 이런 모든 경우의 검토 방식은 통찰력을 제공해주지도 않을 뿐만 아니라 시간 낭비이기도 하다. 조합론 *combinatorics*은 종종 "계산 없는 계산 기술 *the art of counting without counting*"이라고 표현된다. 이 램지 문제를 풀기 위해, 조합론 학자들은 32,768가지의 경우의 수를 모두 헤아리는 일 따위는 하지 않는 것이다.

서로 알거나 모르는 사람의 수가 3이 아니라 4라고 해보자. 파티의 초청객 수는 몇 명이 되어야 하겠는가? 에어디쉬, 그레이엄, 동료 램지 이론가들은 18명의 초청객이면 필요 충분하다고 증명했다. 그러나 그 숫자를 4에서 5로 올리면 아무도 얼마나 많은 초청객을 불러야 하는지 알지 못한다. 정답은 43과 49 사이의 숫자일 것이라고 알려져 있다. 지난 20년 동안 알려진 것은 이 정도이고, 그레이엄은 정확한 숫자는 앞으로 백년 정도가 지나야 알 수 있을 것이라고 내다보았다. 6의 경우는 더욱 어려운데 정답은 102와 165사이에 있는 숫자일 것으로 알려졌다. 경우의 수가 높아질수록 가능성의 폭은 그만큼 더 넓어진다.

에어디쉬는 사람들에게 아무 것이나 물어보는 악귀의 이야기를 해주기 좋아했다. 그런데 그 악귀는 사람들이 자신의 물음에 틀리게 대답하면 그 사람을 잡아먹는다는 것이다. 에어디쉬는 말한다.

"가령 악귀가 5사람의 경우를 가지고 램지 파티 문제를 물어본다고 하자. 그럴 때, 내 생각에 가장 좋은 방법은 전 세계의 수학자들에게 하던 일을 멈추고 이 문제에 뛰어들어 모든 경우의 수를 계산하도록 하는 것이다. 모든 경우의 수는 10에 200회 거듭 제곱을 한 것이 된다(1 뒤에 0이 200개 붙는 것). 그러나 악귀가 6사람의 경우를 묻는다면 가장 좋은 생존방식은 악귀가 당신을 공격하기 전에 당신이 먼저 악귀를 공격하는 것이다. 6의 경우는 컴퓨터를 가지고도 해결할 수 없을 정도로 너무 많은 경우의 수가 나오는 것이다."

110대의 컴퓨터를 동시에 운용하여 풀어낸 가장 복잡한 램지 파티 문제는 4명의 아는 사람 혹은 5명의 낯선 사람을 보장하는 데 필요한 최소한의 초청객 수였다. 1993년에 발견된 그 해답은 25명이었다.

그레이엄의 기록적인 크기의 숫자(기네스북에 오른)도 이와 유사한 문제를 푸는 과정에서 나왔다. 특정 숫자의 사람들을 상정하고 그 사람들을 가지고 모든 가능한 위원회를 만든다고 생각하자. 또 그 위원회들을 가지고 가능한 모든 짝을 만든다고 하자. 그리고 그 짝을 이룬 모든 위원회를 제1 그룹 혹은 제 2 그룹 어느 한 쪽에 배정한다고 하자. 위원회를 어떤 그룹에다 배정하든 간에, 그레이엄이 확실히 보장하고자 하는 목표는, 모든(위원회의) 짝이 같은 그룹에 들어가면서 모든 사람이 짝수 위원회에 소속하게 되는 그러한 4개의 위원회이다. 이러한 위원회 4개를 틀림없이 확보하기 위해 필요한 사람의 숫자는 얼마인가? 그레이엄은 그 숫자가 6일 거라고 추측하고 있으나, 그레이엄과 기타 사람들이 증명할 수 있는 것은 다음의 사실뿐이었다. 기네스북에 오른 기록적인 숫자의 사람이 있다면 그러한 위원회 4개가 확실히 존재한다는 것이다. 이처럼 구체적인 케이스를 관찰한 것에 바탕을 둔 추측에 의한 숫자와 수학적 논증에 의한 숫자는 엄청난 간격을 보이고 있다. 이러한 사실은 램지 이론이 얼마나 어려운 문제인가를 잘 보여주고 있다.

수학 경시대회에서 종종 제시되는 램지 이론의 간단한 사례는 1에서 101까지의 정수를 취하여, 원하는 순서대로 아무렇게나 배열하는 것이다. 이 숫자를 어떻게 배열하든 간에 증가하는 수열, 혹은 감소하는 수열의 11개 정수를 발견할 수가 있다. 그레이엄은 말한다.

"반드시 정수를 계속적으로 선택해야 할 필요도 없어요. 건너뛸 수도 있습니다. 첫 번째 정수를 고르고 19번째 것을 고르고 이어 22번째 것을 고르고 또 38번째 것을 골라도 상관없어요. 어떻게 고르든 그 수열을 증가하는 것이거나 감소하는 것이거나 둘 중 하나예요. 그러나 정수를 1에서 100까지만 고른다면 사정은 달라집니다. 예를 들어볼까요? 나는 먼저 91, 92, 93을 가지고 시작하여 100까지 적겠습니다. 그런 다음 81, 82, 83을 써넣고 90까지 적겠습니다. 그리고는 71, 72, 73을 써넣고 80까지 적겠습니다. 자 이제 제가 하는 말씀을 이해하시겠지요?"

아직도 이해하지 못하는 분들을 위해 1에서 100까지의 배열을 다음과 같이 적어보겠다.

91, 92, 93, 94, 95, 96, 97, 98, 99, 100, 81, 82, 83
84, 85, 86, 87, 88, 89, 90, 71, 72, 73, 74, 75, 76,
77, 78, 79, 80, 61, 62, 63, 64, 65, 66, 67, 68, 69,
70, 51, 52, 53, 54, 55, 56, 57, 58, 59, 60, 41, 42,
43, 44, 45, 46, 47, 48, 49, 50, 31, 32, 33, 34, 35,
36, 37, 38, 39, 40, 21, 22, 23, 24, 25, 26, 27, 28,
29, 30, 11, 12, 13, 14, 15, 16, 17, 18, 19, 20, 1, 2, 3,
4, 5, 6, 7, 8, 9, 10

위의 숫자 배열에서 보듯이 10개의 연속되는 숫자들은, 가령 81에서 90까지, 또는 41에서 50까지이다. 그러나 이 숫자의 덩어리 왼쪽이나 오른쪽에는 11번째로 연속되는 증가하는(혹은 감소하는) 숫자를 발견할 수가 없다. 감소하는 수열을 위해서는 90을 기준으로 하여 왼쪽으로 한번 짚어나가 보라. 또는 80을 기준으로 왼쪽으로 짚어나가 보라. 그렇게 하면 10개의 숫자 다음에는 감소하는 숫자가 아니라 증가하는 숫자를 발견하게 될 것이다.

그러나 101이라는 정수를 원하는 곳 아무데나 넣어보라. 당신은 101개의 숫자들을 당신이 원하는 방식으로 재배열할 수도 있을 것이다. 그러면 증가하는 수열 혹은 감소하는 수열이 11개 정수로 구성됨을 알 수 있을 것이다. 그레이엄이 말하는 바에 따르면, 램지 이론은 이러한 결과의 일반화라는 것이다. $n+1$의 증가하는 혹은 감소하는 수열을 보장하기 위해서, n^2+1개의 숫자가 필요하다는 것이다. 그리고 n^2개의 숫자를 가지고서는 보장하지 못한다는 것이다.

옛날 자동차 번호판 이름이 램지였던 그레이엄은 이렇게 생각한다. 에어디쉬와 그가 램지 이론 분야에서 작업한 내용이 물리학, 엔지니어링, 기타 실제 부서(가령 그가 일하는 AT&T 같은 곳)에서 실용적으로 쓰이려면 몇 세기는 더 흘러가야 한다. 그레이엄은 말한다.

"실제 적용은 그리 중요한 문제가 아니에요. 나는 수학을 전체적인 관점에서 바라봐요. 수학은 궁극적인 구조와 질서를 표상해요. 나는 수학은 곧 통제라고 봐요. 저글러(공던지기 곡예사)는 자신의 상황을 완벽하게 통제하기를 좋아해요. 저글링에는 이런 잘 알려진 격언이 있습니다.

'곤란한 점은 공이 저글러가 던진 곳으로만 간다는 사실이다.'

그러니까 저글러 자기 자신이 문제라는 겁니다. 달의 위상이 문제가 되는 것도 아니고 다른 사람의 잘못 때문도 아니라는 겁니다. 그건 체스와 비슷해요. 체스는 모든 것이 공개리에 진행됩니다. 수학도 모든 것이 공개되어 있어요. 그래서 당신 스스로 발견하기만 하면 되는 겁니다. 소수 정리는 사람들이 여기에 있기 전에도 똑같은 정리였고, 또 사람들이 가버린 뒤에도 여전히 똑같을 겁니다. 그게 소수 정리입니다."

에어디쉬는 이렇게 말했다.

"어떻게 보면 수학은 인간의 행위 중 유일하게 무한한 것이다. 인간은 궁극적으로 물리학이나 생물학에 관련된 것을 모두 알게 될지도 모른다. 그러나 인간은 수학에 관해서만큼은 모든 것을 알아낼 수가 없다. 왜냐하면 수학의 주제는 무한이기 때문이다. 숫자 그 자체가 무한인 것이다. 바로 그때문에 수학이 나의 유일한 관심사인 것이다."

사람들은 하나님의 책의 장(章)을 재구성할 수 있을 뿐이고, 그 책의 처음과 끝을 주관하는 것은 SF뿐인 것이다. 그레이엄은 말한다.

"정수의 문제점은 우리가 소규모의 숫자들만 다룬다는 것입니다."

연구된 정수 중 가장 큰 숫자를 만들어내어 세계 기록을 세운 사람(그레이엄)이 이렇게 말하다니 이상한 느낌이 든다. 그레이엄은 계속 설명한다.

"정말 신나는 사건은 엄청나게 큰 숫자, 혹은 우리가 구체화시키지 못하고 또 구체적인 방식으로 생각조차 해보지 못한 커다란 숫자에서 발생하는 건지도 모릅니다. 그러니 정말 중요한 행위는 실제로 접근 불가능이고 우리는 뒷북만 치고 있는지도 모릅니다. 원래 인간의 두뇌라는 것은 비를 피하게 해주고, 딸기가 어디 있나 발견하고, 살해당하지 않도록 경계하는 등의 행위에 동원되면서 진화되었던 것입니다. 우리의 두뇌는 엄청나게 큰 숫자를 파악하고 그런 숫자의 차원에서 사물을 파악하도록 진화된 게 아닙니다. 나는 가끔 다른 은하계에 사는 어떤 존재, 어린아이의 존재를 상상해 봅니다. 그 어린아이가 친구들과 어울려 놀이를 합니다. 그러다가 그 아이는 잠시 그 놀이가 따분해집니다. 그래서 숫자, 소수, 쌍둥이 소수 추측의 간단한 증명 따위를 생각합니다. 그러다가 그런 숫자 헤아리는 일도 지겨워져서 다시 놀이로 돌아가는 것입니다."

우리 지구인들은 숫자를 어느 정도 이해하고 있는 것일까? 모든 결과물—가령 정수와 그 두 배 사이에는 반드시 소수가 발견된다는 에어디쉬의 증명 따위—은 정수를 우주적으로 이해하는 목적을 향해 아주 조금 전진한 것에 불과하다. 에어디쉬는 말한다.

"우리가 그런 것을 완전히 이해하려면 수 백만 년이 걸릴 겁니다. 그러나 그때조차도 완벽한 이해는 되지 못할 것입니다. 왜냐하면 우리는 무한과 맞서서 싸우고 있으니까요."

엡지 (Epszi)의 수수께끼

EPSZI'S ENIGMA

Temetni tudunk

사람을 어떻게 매장할까— 그것은 우리가 아는 사항이다

— 오래된 마그야르 격언

하얀 머리에 검은 안경, 후줄근한 양복의 키 작은 신사⋯ 에어디쉬는 헝가리 억양으로 영어를 말하고 그만의 독특한 용어를 가지고 있다. 가령 여자를 두목, 남자를 노예, 어린 아이를 엡실런(그리스 문자인 이 철자는 수학에서는 극소량을 나타낸다)이라고 부르는 것이다. 또 미국은 샘, 소련은 조, 신은 위대한 독재자라고 부른다.

— 제프 베이커(오리거니언 편집기자 겸 문학평론가)

EPSZI'S ENIGMA

부다페스트에서 학교 다닐 때의 폴 에어디쉬

때는 1930년이었다. 14세의 부다페스트 소년 앤드류 바조니 *Andrew Vázsonyi*는 수학 천재의 소질을 보이고 있었다. 그의 아버지는 시내에서 가장 훌륭한 구두 가게를 소유하고 있었는데 마을 사람들을 대부분 다 알고 있었다(적어도 그 사람들의 신발 치수는 알고 있었다). 그 아버지는 수학 천재가 될지도 모르는 아들에게 알맞은 놀이 친구를 붙여주어야겠다고 생각했다. 에어디쉬가 수학신동이라는 명성은 이미 널리 알려져 있었다. 그의 사진이 유명한 고교 수학 잡지에 실렸던 것이다. 그래서 바조니의 아버지는 17세의 에어디쉬를 구두가게로 불러서 앤드류와 함께 놀도록 했다.

그후 오랜 세월이 지나 67세가 된 바조니는 이렇게 회상했다.

"왜 우리를 가게에서 만나게 했는지는 잘 모르겠습니다. 내가 그의 집으로 가거나 아니면 그가 우리 집으로 올 수도 있었는데 말입니다. 물론 그 당시 우리 집은 옹색하기는 했습니다만. 아버지의 가게는 매우 좁고 또 깊었어요. 우아한 마호가니를 댄 가게였는데 양쪽 벽에는 천장까지 구두박스가 쌓여져 있었어요. 가게 맨 뒤쪽에 쇠로 된 돈통, 책상, 전화 등이 놓인 아버지의 조그마한 사무실이 있었습니다. 에어디쉬와 나는 거기서 주로 만났어요.

에어디쉬는 처음부터 "기괴한" 소년이었다(이것은 구두 가게의 세일즈우먼인 캐티의 말이다). 그는 가게 문에다 반드시 노크를 했는데, 당시 헝가리에서는 노크를 하는 관습이 없었다. 그런 기이한 공손함을 내보인 다음, 그는 온갖 형식적인 안부인사를 생략해버린 채, 뒷방으로 달려갔다.

"네 자리 숫자를 한번 말해봐."

에어디쉬가 요구했다.

"2,532." 바조니가 대답했다.

"그 숫자의 제곱은 6,411,024야. 하지만 나도 이제 나이가 들었는지 세제곱은 말하지 못하겠는걸. 이봐, 피타고라스 정리의 증명을 몇개나 알고 있나?" 에어디쉬가 물었다.

"한 개." 바조니가 대답했다.

"난 서른 일곱개를 알고 있어. 너는 직선 위의 점들이 가부번(번호를 부여할 수 있는) 집합이 아니라는 것을 알고 있나?"

에어디쉬는 바조니에게 증명을 가르쳐준 다음, 이만 가봐야겠다고 말했다.

"에어디쉬가 가봐야겠다고 말하는 것은 곧 달려가겠다는 뜻이었어요." 바조니는 회상했다. "그는 걸어가는 적이 없었어요. 커다란 원숭이처럼 거리를 달려가는데 어깨를 구부정하게 숙이고 몸을 양옆으로 흔들면서 팔을 위아래로 내질렀어요. 그러면 사람들이 늘 고개를 돌리고 빤히 쳐다보았지요. 우리는 늘 함께 스케이트를 타러 갔는데, 스케이트 타는 모습도 꼭 원숭이 같았어요. 나는 빙판에서 여자 아이들을 만나기로 되어 있었기 때문에 영 창피스러웠지요. 물론 그는 여자애들 따위에는 관심도 없었어요. 나이가 들면서 원숭이 같은 걸음걸이는 많이 없어졌지만 그래도 여전히 이상했어요. 그는 늘 빨리 움직였어요. 벽을 향하여 갑자기 뛰어가다가 벽 바로 앞에서 재빨리 멈춰서서 몸을 획 돌려 뒤로 뛰어나오곤 했어요. 한번은 너무 빨리 달려서 제때에 멈춰서지 못한 적이 있었어요. 그는 벽에 쾅 부딪쳐서 부상을 당했어요.

"나는 아직도 우리가 처음 만났을 때 그가 왜 그런 식으로 행동했는지 잘 모르겠어요. 네 자리 숫자의 제곱수를 물어본다든가 각종 증명을 물어본 것 따위 말입니다. 나는 그를 점점 더 잘 알게 되면서 그가 허세부리기와는 상관없는 사람이라는 걸 알았습니다. 그의 인생관이 허세 따위와는 거리가 있었어요. 그래서 그가 왜 그런 증명 따위를 쉴새 없이 지껄였는지 지금도 이해할 수 없어요. 그런데 나중에 알고보니 그는 이해할 수 없는 인물로 악명이 높더군요."

에어디쉬는 그 집 계단을 나서면서 상대방이 그의 말을 다 이해했을 거라고 생각했을 것이다. 그러나 실은 그렇지 못했던 것이다. 그의 비상한 머리에는 아주 쉽게 보이는 것도 그를 둘러 싸고 있는 보통 사람들에게는 그리 쉽지 않았던 것이다. 바조니는 선 위의 점들에 대한 에어디쉬의 증명에 대해서 당황했던 기억을 가지고 있다.

"나는 그 당시 폴 투란을 알고 있었어요. 그는 우리 아버지 가게 위층에 있는 아파트에서 살았어요. 에어디쉬와 처음 만난 직후 나는 투란을 만나기 위해 위층 아파트로 올라갔어요. 투란은 에어디쉬가 내게 말해준 증명이 불완전하다고 말하더군요. 물론 투란이 틀렸을 수도 있지요.

"에어디쉬와 나는 아주 신속하게 친구가 되었어요. 거의 매일 만나는 사이가 되었지요. 스케이트도 같이 타러 가고 정기적으로 투란의 집으로 놀러 가 탁구도 치고, 또 하이킹도 같이 갔지요. 만날 때마다 주로 수학 얘기를 했어요. 당시 에어디쉬에 대해서 온갖 좋지 못한 소문이 나돌고 있었어요. 나의 어머니가 그런 소문을 내게 말해주었어요. 그가 호모이기 때문에 여자들에게 이상한 태도를 보인다는 둥, 에어디쉬의 어머니가 아직도 그에게 옷을 입혀주고 목욕을 시켜준다는 둥 … 하지만 호모라는 얘기는 헛소리였습니다."

✤

에어디쉬는 1913년 3월 26일 부다페스트에서 태어났고 양친은 모두 고등학교 수학선생이었다. 그의 어머니 안나가 그를 낳기 위해 병원에 입원해 있었을 때, 각각 다섯살, 세살이었던 두 누나가 패혈성 성홍열에 걸려서 당일로 사망했다. 에어디쉬는 말했다.

"그건 내 어머니가 얘기조차 하기 싫어했던 사건이었어요. 누나들의 이름은 클라라, 마그다였어요."

에어디쉬까지 포함한 세 아이들 중 딸들이 더 총명했던 것으로 알려져 있다. 그의 사촌인 프레드로는 이렇게 말했다.

"그 어떤 어머니라도 그런 충격에서 회복하지는 못할 거예요. 실제로 그녀는 결코 그 충격을 극복하지 못했습니다."

✤

죽음과 비극은 오랫 동안 헝가리적 특성의 일부분을 이루어왔다. 역사가 존 루카치 *John Lukacs*는 에어디쉬가 젊은 시절에 겪었던 위령일*All Souls' Day*에 대해서 이렇게 묘사했다.

"이 성스러운 날 수천명의 사람들이 손에 꽃을 들고 부다페스트 묘지들을 찾았다. 헝가리 국민들은 그 어느 때보다 이 날을 더욱 뜻깊게 새긴다. *Temetni tudunk* – 이 짧은 마자르 격언은 정확하게 번역하자면 영어 단어 10개 이상을 동원해야 한다(그렇게 해도 완전한 번역은 만들어낼 수가 없다). 그 뜻을 번역하면 이렇다. 사람을 어떻게 매장할까 —그것은 우리가 아는 사항이다."

이 격언은 헝가리가 1, 2차 세계 대전의 대파괴—양대 전쟁은 어이없게도 모두 헝가리의 국경 부근에서 발생했다—를 경험하기 훨씬 이전에 만들어진 말이다.

헝가리처럼 폭력으로 얼룩진 나라도 없다. 9세기에 동부 유럽의 스텝 지역으로부터 유목민인 마자르 *Magyar* 전사(戰士)들이 카르파티아 산맥을 넘어왔다. 그들은 유목적인 생활방식을 버리고 다뉴브 강 분지의 중심지에 정착했는데, 이 지역이 현재의 헝가리가 되었다. 온-오구르 *On-Ogur*("열개의 화살을 가진 부족")족으로도 알려진 마자르 족은 능숙한 궁수들이었고 또 투창사들이었다. 그들은 바바리아에서 삭소니아에 이르기까지 이웃 독일 지역을 침략했다.

기독교로 개종한 지 얼마 되지 않는 마자르 족은 일련의 침입자들에게 대항하여 자신들의 새로운 영토를 방어했다. 그들은 1241년까지 이 영토를 잘 보전했는데, 이 해에 들어와 징기스칸의 제국에서 파견된 수십만 명의 몽골 기사(騎士)들이 마자르 부족의 절반 이상을 학살했고 또 나머지 사람들은 노예로 삼았다. 이 때의 대학살로부터 헝가리는 결코 회복되지 못했다. 에어디쉬는 한때 자기 나라의 역사에 대해서 생각에 잠기더니 이런 농담을 던졌다.

"헝가리의 문제점은, 모든 전쟁에서 엉뚱한 편에 붙었다는 것입니다."

헝가리는 몇몇 왕국의 지배를 받았고 특히 터키의 거듭되는 침략으로부터 나라를 제대로 방어해내지 못했다. 1525년 8월 29일에 벌어진 모하치 전투 *Battle of Mohacs*에서, 술탄 술레이만 1세 *Sultan Suleyman I*가 이끄는 터키군은 마자르 왕을 살해하고 그의 군대를 패퇴시켰다. 그런 다음 지독한 약탈을 자행하여 약 20만의 인민을 학살하고 10만명을 노예로 삼았으며 이 나라의 금은보화를 몽땅 쓸어가버렸다. 온 마을이 통째로 파괴되었고 삼림이 불태워졌으며 농지가 피폐해졌다.

1541년 오토만 제국의 영주들은 마자르 영토를 3등분하여 역사적인 헝가리 왕국을 멸망시켰다. 그들은 이 영토의 북부 지역과 서부 지역을 합스부르크 가에 양도했고, 트랜실바니아를 독립 무슬림 국가로 만들었으며, 부다와 페스트의 쌍둥이 도시를 자기들 영토로 만들어버렸다. 1699년 투르크족은 마침내 이 쌍둥이 도시에서 철수했고 그 대신 합스부르크 왕가가 이 도시들을 관장하게 되었다. 1867년 헝가리는 오스트리아–헝가리의 2원 왕국이 창설되면서 일부 독립을 회복했다. 헝가리는 이 왕국에 속하면서 독립 의회와 반(半) 자치권이 부여되었다. 그렇지만 오스트리아의 프란츠 조제프 *Franz Joseph*가 통치하는 합스부르크 왕국의 일부분에 불과했다. 1873년 왕궁이 있는 언덕 위의 도시 부다와 다뉴브 강 양안의 늪지를 개발해서 만든 도시인 페스트는 서로 합병하여 공식적으로 부다페스트라는 하나의 도시가 되었다.

에어디쉬가 태어난 당시의 부다페스트는 세련된 현대 도시였고 유럽 최대의 증권거래소와 세계에서 가장 웅장한 의회 건물을 가진 도시였다. 일급 호텔, 가든 레스토랑, 심야 카페 등 부다페스트는 파리와 비엔나에 버금갔다. 이런 장소들은 "불법 거래, 간통, 말장난, 유언비어와 시가(詩歌)들이 벌어지는 온상이었고 지식인들과 압제에 저항하는 인사들이 만나는 사교의 장소"였다. 그것은 구 세계의 도시였고 그 도시의 여자들은 아름다움 때문에, 남자들은 신사도 덕분에 칭송을 받았다. 마자르 산문으로 문학작품을 써낸 작가 기울라 크루디 *Gyula Krúdy*는 이 도시에 대하여 이렇게 썼다.

"부다페스트는 결코 쾌적한 도시는 아니다. 그러나 유혹적인 도시이다. 혈색 좋고 경쟁심 많은 젊은 유부녀와도 같다. 그 여자의 바람기는 누구나 다 알고 있고 신사들은 기꺼이 허리를 숙여 그녀의 손에 키스하고 싶어하는 것이다."

크루디는 1896년에 헝가리의 시골 지방에서 부다페스트로 이주해 왔는데 이 해에 유럽 최초로 이 도시의 지하철 시스템이 개통되었다. 크루디의 부다페스트 찬양은 끝간 데를 모른다.

이 도시의 극장에서 벌어지는 무용은 최고이며, 군중 속의 모든 사람들이 자신을 신사라고 생각한다. 설혹 엊그제 감옥에서 나온 사람이라고 할지라도… 의사들의 치료술은 놀랍고, 변호사들은 세계적이며, 가장 작은 방을 임대해 사는 사람도 자기만의 화장실이 있다. 가게주인들은 창의적이고 경찰관들은 치안을 유지하며, 사람들은 유쾌하고 가로등은 새벽까지 빛난다. 수위들은 단 하나의 유령도 건물 안으로 들여놓지 않고, 전차는 아무리 먼 곳이라도 한 시간 이내에 승객을 목적지까지 데려다주며, 시청의 사무원은 국가의 공무원들을 깔보며, 여자들은 연극 잡지를 열심히 읽는다. 거리 구석에서 만난 짐꾼은 사람들에게 상냥하게 인사를 하며, 여인숙 주인들은 모자를 손에다 벗어 들고 숙박객에게 음식의 기호(嗜好)를 묻는다. 마부는 하루 종일 숙박객을 기다려주며 가게의 점원아가씨는 손님의 부인이 이 세상에서 제일 아름답다고 말한다. 나이트 클럽이나 유흥업소의 여자들은 손님의 정치적 견해를 끝까지 들어주며 손님이 사고를 목격하고 진술하면 그 다음날 조간 신문에 그 손님의 칭찬 기사가 실린다. 유명한 인사가 카페 정원에서 타구(唾具)를 사용하고, 손님들에게는 종업원들이 외투를 공손히 입혀준다. 당신이 이 도시를 영원히 떠날 때 장의사들이 32개의 금이빨을 환히 드러내 보인다.

세계 제 1차 대전 이전에 에어디쉬나 바조니 가족 같은 유대인 가족의 부다페스트 생활은 다른 유럽 도시의 그것에 비해 쾌적한 편이었다. 합스부르크 왕가는 1867년에 헝가리 유대인들을 해방시켰고 마자르 통치계급도 유대인의 이민을 장려했다. 수적으로 소수였던 마자르족은 유대인을 동화시켜 그들의 편으로 만들려 했던 것이다. 이러한 동화 정책을 장려하기 위하여 합스부르크 왕가는 유명한 유대인들에게는 귀족 작위를 수여했다. 예를 들면 수학자 존 폰 노이만 *John von Neumann*의 아버지인 은행가 막스 폰 노이만 *Max von Neumann*은 1913년에 귀족 작위를 수여받았다. 바조니는 이렇게 말했다.

"합스부르크 왕가는 반(反)유대적이지 않았다. 이 말의 속뜻은 그들이 헝가리에서 필요 이상으로 유대인을 미워하지는 않았다는 것이다."

합스부르크 통치 시절 바조니의 집안은 아주 유명해졌는데 그 집안의 아저씨 한 사람이 1916년에 즉위한 찰스 4세 *Charles IV*의 내각에 각료로 입각했다. 많은 동화(同化)된 유대인 가족이 헝가리식 이름을 채택했다. 바조니 가의 원래 이름은 바이즈펠트 *Weiszfeld*였고 헝가리어로 "숲으로 가득 찬"이라는 뜻이고 에어디쉬는 원래 가문 이름이 엥글랜더 *Englander*였다.

에어디쉬의 조부모는 열렬한 유대교도였지만, 그의 부모는 유대교를 열심히 믿는 유대인은 아니었다. 에어디쉬와 함께 세 편의 공동논문을 작성한 라슬로 바바이 *László Babai*는 이런 말을 들려주었다. 에어디쉬의 아버지가 한창 연애에 열중하고 있던 시절, 욤키프르(유대교의 속죄의 날)에 그녀(에어디쉬의 어머니)를 방문했다. 그랬더니 그녀는 단식을 하면서 모파상의 소설을 읽고 있더라는 것이다. 아버지가 그녀에게 그건 좀 역설적인 행동이 아니냐고 지적하자 그녀도 동의했다. 안나는 눈물을 흘리면서 자신의 유대교 전통을 포기했던 것이다.

마자르 동화 정책을 통하여 많은 유대인 가족들이 경제적으로 부유하게 되었다. 1910년 현재 유대인은 헝가리 인구의 5퍼센트를 차지했으나 농지의 37.5퍼센트를 소유했다. 또 전체 변호사의 51퍼센트, 의사의 60퍼센트, 재정전문가의 80퍼센트를 점유했다. 그러나 헝가리는 유대인의 천국은 아니었다. 사회적으로 유대인의 번영에 대한 반감이 확산되고 있었다. 그러나 그런 반감이 본격적으로 불타오르기 직전, 1914년 6월 28일에 대사건이 터져서 헝가리 전국을 격동시켰고 전국민이 공동의 적을 향해 뭉치게 되었다.

보스니아로 국빈 방문을 하는 과정에서, 합스부르크 왕가의 황태자인 프란츠 페르디난트 대공 *Archduke Franz Ferdinand*이 세르비아 애국자인 가브릴로 프린시프 *Gavrillo Princip*에 의해서 암살당한 것이다. 오스트리아-헝가리 제국은 곧바로 세르비아에 전쟁을 선포했고, 세르비아를 지지하는 러시아는 오스트리아-헝가리를 상대로 전쟁을 선포했다. 이렇게 하여 전 유럽이 제 1차 세계 대전 속으로 휩쓸리게 되었다. 에어디쉬가 겨우 한돌 반이었던 1914년 8월에, 에어디쉬의 아버지 러요시 *Lajos*는 러시아의 대공세 때 포로로 잡혀 시베리아로 압송되어 그곳에서 6년 동안 억류되었다.

아버지는 감옥에 가 있고 어머니는 학교에 나가 수업을 하는 동안, 에어디쉬는 독일인 여자 가정교사에 의해 양육되었다. 그는 엉금엉금 기는 어린 아이일 적에도 달력을 들여다 보며 얼마나 많은 날이 지나가야 어머니가 휴가를 받아 집으로 돌아올 수 있는지 헤아리면서 숫자에 능숙해지게 되었다. 네살 적에 그는 "기차를 타고 태양까지 도착하려면 얼마나 걸릴까 하는 황당한 계산"을 하면서 혼자 놀았다. 그는 어머니의 친구들에게 몇 살이냐고 물어본 다음, 그들이 지금껏 몇 초를 살아왔는지를 계산해보여 그들을 즐겁게 해주었다. 그는 당시에 역사, 정치, 생물학 등의 과목은 개인수업을 받았지만, 자신의 목표가 수학자임을 명확히 깨달았다.

그가 글을 읽을 줄 알게 되자 어머니는 그에게 의학 서적을 건네주었고, 그는 그 책들을 열심히 공부했다. 어머니는 아들이 의사가 되었으면 하는 은근한 희망을 품었던 것 같다. 에어디쉬의 유년 시절 대부분 어머니는 그가 학교에 가면 어린시절에 치명적인 전염병이 옮을까봐 걱정이 되었다. 에어디쉬는 고등학생이 될 때까지 집에서 가정교사와 함께 공부를 했다. 그러나 고교 시절에도 1년은 집에서 하고, 1년은 학교에서 공부했는데, 이것은 그의 어머니가 자주 마음을 바꾸었기 때문이었다.

1918년 대전이 끝나자 패전국 헝가리는 일대 혼란에 빠져들었다. 주로 러시아에 잡혀 있던 약 734,000명의 전쟁포로는 행방이 묘연했고, 사망한 포로 수만도 431,000명이나 되었다. 에어디쉬와 어머니는 아버지가 죽었는지 살았는지도 알 수 없었다. 1918년 10월 31일 오스트리아—헝가리 제국은 무혈 아스터 혁명 *Aster revolution*에 의해서 해체되었다. 제국 군대는 민주개혁에 대한 지지를 표시하기 위해 제국 휘장을 뜯어내버리고 붉은 색, 하얀 색 아스터 꽃으로 제복을 장식했다. 그들은 위령일 내내 부다페스트 시내를 행진하며 혁명을 축하했다. 1918년 11월 16일, 이와 같은 기대와 환호 속에 발족한 민주 헝가리 공화국은 겨우 넉달 동안 지탱되었을 뿐이었다. 세계 제 1차 대전을 종식시키는 공식 평화조약이 없는 상태에서, 루마니아, 체코슬로바키아, 유고슬라비아 쪽에서 무장 침략자들이 무시로 헝가리 변방지역을 침략해왔고, 신생 민주정부는 이들을 격퇴시킬 힘이 없었다.

1919년 3월 21일, 트란실바니아 출신의 유대인인 벨라 쿤 *Béla Kun*이 무혈 쿠데타를 성공시켜 하룻밤 사이에 헝가리 공화국을 헝가리 소비에트 공화국으로 바꾸어놓았다. 쿤은 러시아 전쟁포로 출신인데 포로 시절 레닌의 열렬한 추종자가 된 인물이다. 아더 쾨슬러 *Arthur Koestler*는 자서전 『창공의 화살 *Arrow in the Blue*』에서 당시 상황을 이렇게 적었다.

"「마르세예즈 *Marseillaise*」와 「인터내셔널 *Internationale*」의 격렬한 곡이 다뉴브 강가에 있는 이 음악을 사랑하는 도시를 뒤덮었다. 비엔나 사람들이 요한 슈트라우스의 월츠에 맞춰 춤을 춘다면, 부다페스트 사람들은 이제 「마르세예즈」에 맞추어 행진을 했다."

그러나 쿤 정부는 헝가리 공화국 정부보다 더 단명했다. 쿤 정부의 각료는 무능했고, 심지어 재무장관이 어떻게 수표를 배서하는지도 모른다는 소문이 나돌았다. 부다페스트 시민들은 서서히 굶어죽어 가고 있었고 그런데도 쿤은 식량 부족 사태를 해결하지 못했다. 쾨슬러는 이렇게 적고 있다.

"부다페스트 사람들은 주로 아이스크림을 먹으며 살고 있는 것 같았다. 배급표와 붉은 정부에서 찍어낸 지폐로 살 수 있는 것으로는 양배추, 얼어버린 순무, 그리고 아이스크림 뿐이었다… 우리는 백일 동안 아침, 점심, 저녁 모두 아이스크림을 먹어야 했다. 이 때문에 나는 코뮌 *Commune*을 좋게 생각할 수가 없었다. 게다가 아이스크림은 바닐라 맛 딱 한 가지밖에 없었는데, 나는 바닐라를 싫어했다."

쿤의 군인들은 총질은 해대지 않았지만 평범한 민간인들의 아파트에서 숙식을 해결했다. 쾨슬러의 어머니는 두 명의 군인을 집에서 쫓아냈다. 그러나 열한 살 난 에드워드 텔러 *Edward Teller*의 집은 쾨슬러 집처럼 운이 좋지 못했다.(텔러는 나중에 공산주의에 적극 반대하면서 수소폭탄을 제작하게 된다). 텔러의 집에 유숙한 군인 두 명은 소파에서 잠을 자면서 집에서 키우는 고무나무에다 오줌을 누었다. 텔러는 쿤 정부에 반대하는 사람들이 가로등에 목이 매달리는 교수형을 당했다는 소문을 들었으나 그런 시체를 직접 보지는 못했다.

부다페스트에는 레닌 보이스 *Lenin Boys* 라는 깡패 집단이 있었는데 전직 깡패, 군인, 탈주한 소비에트 죄수 등으로 구성되어 있었다. 이들은 5백명이나 되는 양민을 학살했고, 부르조아 정치가, 사업가, 가톨릭 사제 등을 괴롭히거나 고문했다. 특히 레닌 보이스는 가톨릭 교회를 멸시했다. 텔러의 어머니 일로나는 유대인이었는데 집안의 여자 가정교사에게 이렇게 말했다.

"나는 이 사람들이 하는 짓을 보면 몸서리가 쳐져요. 이 사태가 끝나면 엄청난 보복이 있을 거예요."

쿤 정부가 농지를 농민들에게 재분배해주겠다는 당초의 약속을 어기고 모든 농지를 국유화하자, 지방에서의 쿤 정부에 대한 지지는 바닥으로 떨어졌다. 레닌이 도와주지 않자 쿤은 외국 군대의 침략에 무대책이 되었다. 루마니아 군대는 헝가리 깊숙이 침입해왔고 1919년 7월말에는 부다페스트 외곽 50마일 지점까지 진격했다. 겨우 133일 동안 집권했던 쿤은 비엔나로 달아났다(그리고 결국에는 러시아로 도피했는데 1937년 스탈린에 의해 배반자라는 단죄를 받고 총살되었다). 쿤의 뒤를 이어 미클로스 호르티 *Miklos Horthy*가 집권했다. 오스트리아 – 헝가리 제국 시절 제국 해군의 제독을 지낸 호르티는 백마를 타고 부다페스트에 입성하여 이 도시를 "죄많은 도시"라고 매도하면서, 전후(戰後) 유럽 최초의 파시스트 체제를 수립했다. 그는 그후 1945년까지 헝가리의 독재자로 군림했다. 그의 통치가 강력하기는 했지만 그런 호르티도 세계 제1차 대전의 승전국들이 내세운 징벌적인 평화 조약을 지키지는 못했다. 1920년 6월 4일 트리아논 조약 *Treaty of Trianon*이 맺어져 헝가리는 사분오열되었다. 국토의 68퍼센트와 인구의 59퍼센트가 뜯겨져 나갔다. 마자르어를 말하는 1천만 국민 중에 3분의 1에 해당하는 사람들이 루마니아, 체코슬로바키아, 유고슬라비아 등이 합병한 땅에서 살게 되었다.

쿤의 짧은 집권 기간 동안에, 에어디쉬의 어머니는 재직중인 고등학교의 교장으로 승진되었다. 우익 그룹이 공산정부에 대해서 총 파업으로 맞서자고 요구해왔을 때, 그녀는 학교에 그대로 남아 있었다. 쿤을 존경해서가 아니라, 학생들의 교육은 단 한순간도 중단되어서는 안 된다는 신념 때문이었다. 안나 에어디쉬는 그런 결단으로 인해 교장직을 잃게 된다. 호르티 정부가 들어서자 그녀는 아무 이유없이 해고되었고 그후 26년 동안 공립학교에서 가르칠 수 없게 되었다. 그러나 26년이 지나서 공산당이 다시 집권하게 되자 복권이 되었다.

호르티는 집권하자마자 백색 공포 *White Terror*를 자행하기 시작했다. 불과 며칠 전에 벌어졌던 적색 공포 *Red Terror*보다 10배는 더 끔찍하고 훨씬 더 조직적인 공포였다. 일로나 텔러의 공포 *Ilona Teller's fears*가 현실이 되어 나타난 것이었다. 부다페스트에서 공산주의 협조자들을 일소하겠다는 무장 파시스트 깡패들의 목표는 주로 유대인에 집중되어 있었다. 유대인들이 같은 유대인인 쿤에게 심정적으로 동정할 것이라는 예단 때문이었다. 5천명의 양민이 학살되었고 수많은 사람들이 고문을 당했으며 수만명의 유대인들이 망명을 떠났다.

에드워드 텔러, 존 폰 노이만, 물리학자 레오 실라르드 *Leo Szilard*, 물리학자 유진 비그너 *Eugene Wigner* 등이 헝가리를 떠나 독일로 갔다. 독일은 당시 과학자들의 메카였는데, 이들은 얼마 안 있어 히틀러에 의해 쫓겨나 미국으로 피신했다. 이렇게 볼 때 벨라 쿤은 자기도 모르게 헝가리 과학자들을 미국으로 보내는 데 일조를 하여 미국의 핵에너지 연구가 크게 발전하도록 도와준 셈이 되는 것이다. 이 네 명의 과학자는 원자폭탄을 만드는 데에도 과학적 창조력을 지원해주었다.

안나 에어디쉬는 부다페스트에 그대로 머물렀지만 아들의 안위를 걱정했다. 그들의 아파트 발코니에서 거리의 유대인들이 매를 맞는 것을 보았기 때문이다(비그너는 헝가리를 탈출하기 전에 군중들의 공격을 받았었다). 폴 에어디쉬는 회상했다.

"유대인인 어머니는 내게 이렇게 말한 적이 있었습니다.

'유대인이라고 해서 이처럼 어렵게 살아야 하는구나. 그러니 우리는 세례를 받아야 할 필요가 있지 않겠니?'

나는 어머니에게 대답했습니다.

'그건 어머니 좋을 대로 하세요. 하지만 난 태어날 때 그대로 남겠습니다.'

당시 6,7세밖에 되지 않은 어린 아이가 그런 말을 했기 때문에 어머니는 놀랐을 겁니다. 사실, 유대인이냐 아니냐는 내게 그리 중요한 문제가 아니었어요. 그후로도 마찬가지고요."

어린 에어디쉬에게 정말로 중요한 것은 생존권을 충실히 지키고 자신의 원칙을 절대로 타협하지 않는 것이었다. 그렇게 함으로써 인생이 불편해지고 또 위험해진다고 해도 그런 원칙을 지키고 싶어했다. 그는 평생을 통하여 각종 성향의 "파시스트적" 권위에 맹렬히 도전했다. 그 권위가 무장 깡패 집단이든, 한심한 대학관리든, 미국 이민국이든, 헝가리 비밀경찰이든, FBI든, 로스앤젤레스 교통경찰이든, 혹은 SF 그 자신이든 개의치 않았다.

에어디쉬는 파시스트인 사람은 싫어했지만 그 단어는 좋아하여 자기 마음에 들지 않는 모든 것에다 그 단어를 써먹었다. 에어디쉬와 공동논문을 작성한 적이 있는 멜빈 헨릭슨 *Melvin Henriksen*은 이렇게 회상했다.

"폴과 나는 동료 수학자의 집에 놀러갔었는데 마침 그 집에 고양이가 몇마리 태어났어요. 폴은 그 중 한 마리를 집어들었는데 새끼 고양이가 할퀴자 아무 말없이 고양이를 박스에다 도로 놓았어요. 그러더니 '파시스트 고양이!' 하고 말하더군요. 그 집 여주인이 새끼 고양이를 어떻게 파시스트라고 하느냐고 힐난하자 그는 이렇게 대답하더군요. '당신이 생쥐 입장이 되어 보았다면 내 말을 이해할 겁니다.' 이처럼 에어디쉬는 파시스트라는 말을 잘 써먹었어요."

에어디쉬와 어머니는 무사히 백색 테러를 견뎌냈고 1920년이 되자 그의 아버지가 살아서 돌아왔다. 아버지는 아주 수척해져 있었지만 그래도 행복해했다.

"아푸카!(아버지!) 정말 수척해 보이세요!"

에어디쉬가 소리쳤다.

전쟁 포로 수용소에서 시간을 죽이기 위해 러요시는 영어책을 가지고 영어를 독학했다. 이제 아버지가 아들에게 영어를 가르쳐주었다.

"그 때문에 내 발음이 엉망이 되었습니다. 영어를 모국어로 말하는 사람의 발음을 들어본 적이 없는 아버지로부터 영어를 배웠기 때문이죠."

그러나 영국이나 미국에서 살게 되었을 때에도 에어디쉬의 영어 발음은 그리 좋아지지 않았다. 에어디쉬와 13편의 공동논문을 쓴 존 셀프리지 *John Selfridge*는 이렇게 회상했다.

"그의 영어 연설을 처음 들었던 때가 생각납니다. 1946년이었는데 당시 나는 시애틀 대학의 신입생이었습니다. 에어디쉬가 연설을 한다고 해서 스탠포드까지 내려갔던 거지요. 나는 아주 흥분했습니다. 하지만 에어디쉬의 발음에 익숙지 않아 그의 연설을 전혀 알아듣지 못했습니다. 딱 한 마디, '여기 좀 더우니까 창문을 열어도 되겠습니까?'는 알아들을 수 있었어요. 그의 발음에 익숙했던 내 친구들은 그가 아주 흥미로운 문제에 대해서 연설을 했다고 하더군요."

에어디쉬를 다룬 미국의 한 다큐멘터리물은 그의 엉성한 영어에 대해서 구체적 사례를 들어놓았다. 그는 날고기를 먹을 때마다 이렇게 물었다고 한다.

What was that when it was alive?(살아 있었을 때 이것은 무엇이었습니까?)

그러나 그의 실제 발음은 이렇게 나왔다고 한다.

"Vot vuz zat ven it vuz live ?"

다시 헝가리 얘기로 돌아가자.

백색 테러는 마침내 파시스트 체제에 반대하는 모든 세력을 침묵시킬 수 있었다. 그래서 호르티는 폭력을 철회하고 유대인을 다스리기 위한 법령을 반포했다. 1920년 악명 높은 숫자 제한 *Numerus Clausus* −전후 유럽에서 최초로 도입된 주요 반 유대 정책−은 유대인 아이의 대학 입학을 6퍼센트로 제한했다. 유대인이 전체 인구에서 차지하는 비율은 그것밖에 되지 않는다는 것이었다. 열두살이 되었을 때 에어디쉬는 자신의 종교 때문에 결국에는 헝가리를 떠나야 할 것이라고 생각하게 되었다. 그러나 1928년에 들어서 제한정책이 다소 완화되어 전국 규모 경시대회에서 우승한 학생은 종교와 관계없이 무시험으로 대학에 진학할 수 있게 되었다. 그렇게 해서 17세의 에어디쉬는 1930년 부다페스트의 파즈마니 페테르 *Pázmány Péter*대학에 입학했고 4년 뒤 수학 박사 학위를 딴 상태로 이 대학을 졸업했다.

1930년대 초, 반유대주의는 점점 더 기승을 부리기 시작했다. 이 시기에 에어디쉬, 바조니, 기타 젊은 유대인 수학자들은 매주 함께 모여 가십을 나누고, 정치 얘기를 하고, 또 가장 중요한 수학 얘기를 했다. 일요일이면 그들은 부다페스트 교외의 언덕으로 하이킹을 갔다. 바조니는 말했다.

"오래 걷는 하이킹이었지요. 우리는 베를린 플레이스에서 만나서 주글리게트까지 전차를 타고 갔습니다. 주로 네 다섯명이 함께 갔는데 많을 때에는 스무명도 되었습니다."

젊은 수학자들은 도심의 공원 어노니머스 청동상 옆에서 만나기도 했다. 어노니머스('無名'이라는 뜻)는 12세기 헝가리 왕들의 연대기를 편찬한 무명 역사가를 가리키는 말이다. 이 젊은 수학자들은 여기서 아이디어를 따와서 자기들 그룹을 '어노니머스' 그룹이라고 불렀다. 바조니는 당시를 이렇게 회상했다.

"우리가 그룹으로 만날 때에는 경찰이 나타나서 불심검문을 하면 어쩌나 하고 걱정을 했어요. 호르티 독재 시절에서는 그룹 미팅이 금지되어 있었거든요. 또 자유롭게 말을 할 수도 없었어요. 온사방에 스파이가 깔려 있다고 생각했으니까. 그래서 에어디쉬가 그 자신만의 은어를 만들어내게 된 겁니다. 당시 우리들 대부분은 문자 그대로 공산주의자였어요. 호르티 체제에 반대하는 사람들은 모두 공산주의자로 분류되었으니까."

그러나 공산주의자라는 단어를 소리내어 말하는 것은 위험했다. 그래서 에어디쉬는 공산주의자를 가리켜 '긴 파장의 사람들'이라는 은어를 썼다. 전자장 스펙트럼에서 붉은색 파장은 길기 때문이다. 또 호르티 지지자와 기타 파시스트 동조자들은 '짧은 파장의 사람들'이라고 불렀다. 이 당시 에어디쉬는 어린 아이나 자그마한 물건을 "엡실런" 혹은 "엡실런 제곱"이라고 부르기 시작했다. 알코올은 "독약", 음악은 "소음", 여자는 "두목"이라고 불렀다. 헝가리 아내들이 남편을 가리켜 주로 두목이라고 부르는데 이것을 반대로 적용한 것이었다. 에어디쉬는 술을 마시고 싶을 때는 이렇게 말했다.

"독약 한 엡실런만 주시오."

"술, 여자, 노래"가 "독약, 두목, 소음"이 되었다.

그러나 그의 세계에서 모든 아이는 성별과 관계없이 두목이었다. 에어디쉬는 이렇게 말했다.

"여자는 두목이고 남자는 노예지만, 어린아이들은 두목 그 자체예요. 그랬더니 어느날 누가 내게 이렇게 묻더군요. '그럼 노예 아이(남자 아이, 역자 주)는 언제 노예가 되는 거요? 아이는 처음부터 두목이었는데 언제 노예가 된다는 말입니까?' 나는 이 질문에 이렇게 즉시 답했어요. '그 아이가 두목의 뒤를 쫓아다닐 때 그렇게 되지요.' 재미있지 않습니까?"

바조니는 에어디쉬의 은어에 대해서 회상했다.

"그 은어는 아주 전염성이 강했어요. 그래서 전세계 수학자 클럽에 퍼져나갔지요."

호르티 체제가 붕괴되고 난 다음에 그의 은어들은 전세계로 퍼져나갔다. 시간이 흘러가면서 에어디쉬는 소련을 가리키는 "조", "조의 왕국" 미국을 가리키는 "샘" "샘의 땅" 같은 은어를 덧붙였다. 그가 뉴브스(뉴스)라고 발음하는 국제 뉴스는 "샘과 조의 쇼"가 되었다. 또 미국의 FBI와 소련의 OGPU(소련의 비밀경찰 KGB의 전신)를 합성하여 만든 FBU라는 비밀 경찰조직이 있는데, 이 비밀조직이 조와 샘 사이에서 첩자들을 맞교환한다고 우스개 소리를 하기도 했다.

1940년대에 들어와 그는 하나님을 SF라고 부르기 시작했다. 그는 이렇게 말했다.

"이 세상에서 이처럼 사악한 일이 많이 벌어지는 걸 보면, 하나님이 그리 선량한 분인 것 같지 않아. 만약 그 분이 존재한다면 말이야."

에어디쉬는 아나톨 프랑스 *Anatole France*의 소설 『천사들의 반역 *The Revolt of the Angels*』을 긍정적으로 평가했다. 이 소설은 하나님을 악인으로, 악마를 인자한 존재로 묘사하고 있다.

에어디쉬는 수학계 이외의 분야에서도 자신의 은어를 주저하지 않고 사용했다. 예를 들면 미시간 주 앤아버에 있는 단체인 여성유권자동맹의 회장 바바라 피라니언 *Barbara Piranian*을 만났을 때 이렇게 물었다.

"당신네 두목들은 언제 노예들로부터 선거권을 가져갈 겁니까?"

"그럴 필요 없어요. 우리는 아무튼 그들에게 투표하는 방법을 가르쳐주니까요." 바바라가 대답했다.

하지만 모든 외부인사들이 바바라처럼 호의적으로 에어디쉬의 은어에 반응한 것은 아니다. 런던 소재 유니버시터 칼리지의 통계학 교수인 세드릭 스미스 *Cedric Smith*는 자신의 신혼시절 에어디쉬와 겪었던 일을 털어놓았다. 에어디쉬가 스미스의 집으로 전화를 걸었는데 마침 그의 장모가 전화를 받았다. 에어디쉬는 그녀를 스미스의 신혼 아내로 착각했다.

'안녕하시오. 당신의 노예는 어디로 갔습니까? 그는 아직도 설교를 합니까?'

에어디쉬는 당신 남편은 어디 갔느냐, 아직 강의를 하고 있느냐는 뜻으로 이렇게 말했다. 그러나 상대방의 결결한 목소리를 영 못마땅하게 생각했던 스미스의 장모는 이렇게 내질렀다.

"우린 노예 따윈 없어요."

어노니머스 청동상 앞에 모인 젊은 수학자들은 에어디쉬식 은어를 구사하면서 정치와 가족 얘기를 하다가 마침내 수학 얘기를 했다. 다음은 바조니의 회상.

"우리는 모두 수학에 중독되어 있었어요. 하지만 그중에서도 에어디쉬가 제일 중독자였지요. 그는 소수 *prime numbers*의 세계에서 살고 있었어요. 소수야말로 그의 세계였어요. 그는 소수와는 아주 끈끈한 인연을 맺고 있었어요. 그는 스무살이던 시절, 위대한 소수 정리를 에라토스테네스의 체 *sieve of Eratosthenes* 같은 기본적인(elementary) 방법으로 증명하고야 말겠다고 말했어요. 그리고 그는 20년 후에 그 일을 해 냈지요. 소수는 평생 그의 마음을 사로잡았어요."

1932년 말 어노니머스 그룹에 두 명의 회원이 새로 들어왔다. 에스터 클라인 *Esther Klein*은 독일의 괴팅겐 대학에서 한 학기를 보내고 헝가리에 돌아와 있었고, 게오르기(조지) 세케레시 *György*(George) *Szekeres*는 화학과를 졸업했으나 수학을 공부하기 위해 시험관을 내던진 남자인데, 이 두 사람이 새로 가입했던 것이다. 세케레시는 이렇게 회상했다.

"당시 폴은 젊은 대학생이었지만 이미 몇 건의 승리를 확보한 상태였어요. 늘 수학 문제로 머리 속이 가득 차 있었고 그의 언행은 이미 하나의 전설이 되어 있었어요. 우리가 논문에다 이름을 서명할 때마다 그는 우리에게 일장연설을 했어요. 그래서 이 일장연설의 버릇은 우리들 사이에서 습관이 되고 말았지요. 그래서 심지어 오늘날까지도 그 당시 그룹 멤버들에게 전화를 하면 약간 연설조로 말하는 버릇이 있어요. 폴이 나에게 자신의 증명 혹은 문제를 들어보라고 말할 때는 늘 이런 식이었어요.

'게오르기 세케레시, 당신의 현명한 마음을 열어보이시오.'

아무튼 재미있는 시절이었습니다."

이런 주말 모임에서 클라인이 평면 기하학의 아주 기이한 문제를 하나 내놓았다. 평면 위에 다섯개의 점이 있다고 가정하고, 그중 어느 세 점도 일직선 상에 있지 않으면, 다섯개의 점 중 네 개는 늘 볼록 4각형을 만든다는 것을 증명하라는 것이었다.

4각형은 변이 네 개인 도형을 나타내는 일반적인 용어로서 정사각형, 직사각형, 평행사변형은 모두 4각형에 해당된다. 클라인이 말하는

"볼록(convex)"이란 4각형 안에 있는 어느 점에서도 그 사각형 안에 있는 다른 점을 직접 볼 수 있는 것을 의미한다. 따라서 정사각형은 볼록 4각형이지만, 화살촉 모양의 네 점은 아니다. 이 모양은 한 쪽 날개에 있는 점은 다른 쪽 날개에 있는 점을 직접 볼 수가 없기 때문이다. 볼록 사각형을 정의(定義)하는 또 다른 방식은 오목한 형태가 없다고 말하는 것이다.

클라인은 모든 다섯 점은 볼록 4각형을 보장하는 3가지의 일반적 케이스로 분류될 수 있다고 함으로써 그 정리를 증명했다.

첫번째 케이스는 5 점이 볼록 5각형을 이루는 경우이다. 그러면 나머지 4점은 볼록 4각형을 이루게 된다.

두번째 케이스는 5점 중 1점이 4점의 가운데 있는 경우이다. 이 경우 외곽에 있는 네 점이 볼록 4각형을 이루게 된다.

세번째 케이스는 3점이 외곽에서 3각형을 구성하고 나머지 2점이 그 3점 안에 있는 경우이다. 3각형 안에 있는 2점을 연결하면 그 선이 3

각형을 양분하면서 3각형의 2점이 그 선의 어느 한쪽에 놓이게 된다. 이렇게 하여 4점은 볼록 4각형을 형성한다.

에어디쉬와 세케레시는 그 우아한 증명에 매혹되었고 그리하여 그 결과를 여러 변을 가진 다각형으로 확대하려고 시도했다. 이 그룹에 속해 있던 다른 수학자인 엔드레 마카이 *Endre Makai*는 곧 볼록 5각형을 보장하기 위해서는 9점이 필요하다는 것을 증명했다. 반증에 의하면 8점은 한 점이 모자란다는 것이었다.

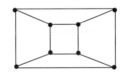

이러한 구체적 사례들로부터 강력한 일반화가 곧 만들어졌다.

$2^{n-2}+1$개의 점이 있을 때마다 n개의 변을 가진 볼록 다각형이 보장되는가? $2^{n-2}+1$이라는 공식은 볼록 4각형의 경우에는 항상 유효하다. 즉 n = 4이면 2^2+1은 5가 되는 것이다. 마찬가지로 n = 5일 때 즉 볼록 5각형의 경우에는 2^3+1의 공식이 주효하여 9라는 답이 나온다. 그러나 세 헝가리 수학자는 이 일반화의 증명을 얻어낼 수가 없었다.

세케레시는 이렇게 회상했다.

"우리는 곧 간단한 논증으로는 통하지 않는다는 것을 알게 되었어요. 새로운 타입의 기하학 문제가 우리 그룹에서 제기되었다는 흥분을 억누를 수가 없었고 그 문제를 풀려고 모두 열성적이었어요. 나로서는 이 문제가 엡지—에어디쉬는 에스터 클라인을 엡지 즉 엡실런이라고 불렀다—에 의해서 제기되었다는 것이 큰 자극이었습니다. 그래서 어떻게든 그 문제를 내가 먼저 풀려고 애썼습니다. 몇주일 뒤 나는 폴을 만나서 의기양양하게 소리쳤습니다.

'폴 에어디쉬, 그대의 현명한 머리를 열어라.'

그리고 나는 내 증명을 말했습니다."

세케레시는 n이 주어졌을 때 주어진 n에 대한 볼록 n각형에 관한 필요조건에 대해서는 증명을 해보였지만, 그 증명은 $2^{n-2} + 1$보다 훨씬 큰 값, 그러니까 그보다 훨씬 많은 점이 있어야 한다는 것을 보여주었다. 아무튼 세케레시는 이 업적으로 클라인의 마음을 사로잡게 되었고 그 몇년 뒤에 그녀와 결혼했다.

그래서 에어디쉬는 이 문제를 「해피엔드 문제 *Happy End Problem*」라고 명명했다. 이 이름은 수학계에서 그대로 통용되게 되었다.

하지만 에어디쉬가 여자를 쫓아다니는 사람이 아니었던 것은 수학계를 위해서는 다행한 일이었다. 그는 곧 세케레시의 결과를 개선했다. 그러나 추정 가치와 에어디쉬의 입증 가치 사이에는 여전히 커다란 간격이 있었다. 에어디쉬는 71개의 점이 늘 볼록 5각형을 보장한다고 증명했으나 17 점($2^4 + 1$)이면 충분하다고 추정되었던 것이다. 이것이 에어디쉬의 최초 램지 결과였다. 즉 상당히 많은 점들이 집합을 이룰 때, 볼록 다각형은 불가피하다는 것이다. 그러나 그 당시 에어디쉬, 클라인,

세케레시 등은 램지의 이름을 듣지 못하고 있었다. 60년 후 클라인과 세케레시는 여전히 행복한 결혼생활을 하고 있다. 그들은 오스트레일리아의 시드니에 살고 있는데, 비록 어노니머스 시절처럼 맹렬히 연구하지는 않지만, 그래도 꾸준히 증명과 추측을 하고 있다.(에어디쉬는 오스트레일리아를 늘 "네드"라고 불렀는데 19세기의 용맹했던 오스트레일리아 비적 네드 켈리 *Ned Kelly*의 이름을 따서 그렇게 불렀던 것이다).

「해피엔드 문제」는 사랑에 빠진 남녀 커플에게는 그 비밀을 열어 보이는 특징이 있다. 이 문제에 대해서는 1996년 11월까지 아무런 진전이 이루어지지 않았다. 그러다가 그 시기에 그레이엄과 그의 아내가 이 문제를 다루어 보기로 마음먹게 되었다.

그레이엄은 당시 상황을 이렇게 설명했다.

"우리는 에어디쉬 추도 예배에서 세케레시를 만났는데 60년의 세월이 흘렀으니 이 문제에 뭔가 발전이 있어야 될 거 아니냐는 의견의 일치를 보게 되었어요. 그때 팬(아내)과 나는 뉴질랜드의 수학 회의에 참가하기로 되어 있었어요. 그 비행기 여행은 만 하루가 걸렸는데, 그 시간을 이용하여 우리 부부는 그 간격을 메워보려고 시도했어요. 우리는 점(point)의 상한(上限) 개수를 한 점 내리는 데 성공했어요. 물론 절대적인 기준에서 보자면 이런 업적은 그리 대단한 건 아니죠. 하지만 60년만에 이 문제에서 진일보가 있게 되었다는 건 흥분할만 했죠. 아무튼 이 문제는 이토록 까다롭습니다. 우리가 만들어낸 요만큼의 발전을 위해서도 여러 가지 새로운 아이디어가 필요했어요. 그러니 누가 알겠습니까? 누군가가 이 아이디어를 새로 검토하여 이 문제에 획기적인 발전을 성취할지. 수학의 진보는 이런 방식으로 이루어지는 것이니까요. 수학계에는 이런 오래된 격언이 있습니다.

공격할만한 가치가 있는 문제는

저항함으로써 그 가치를 입증한다.

Problems worthy of attack,

Prove their worth by fighting back.

「해피엔드 문제」는 정말 저항을 해왔습니다."

그레이엄이 희망한 대로 에어 뉴질랜드 비행기 속의 성공이 알려지자 마자 그 핵심적인 아이디어를 좀더 연구해서 상한선을 더욱 내려놓았다. 1997년 봄에 그레이엄은 이렇게 말했다.

"이 클라인—에어디쉬—세케레시 문제는 참 재미있어요. 팬과 나는 1포인트를 내렸습니다. 그래서 추측 개수가 여전히 17개인 채로 볼록 다각형을 보장하기 위해서는 여전히 70개의 점이 필요한 것으로 되어 있지요. 그러다가 대니얼 클라이트맨 *Daniel Kleitman*과 라이어 팩터 *Lior Pachter*가 5점을 내려서 이제 65점이 되었습니다. 그것도 60년이 지나서 말입니다! 그런데 어제 이 숫자를 절반으로 내렸다는 소식이 실린 신문을 받았습니다. 정말 대단하죠! 그들은 이걸 아주 멋진 방식으로 해냈습니다. 아직도 간격이 크기는 하지만 이제 필요한 점의 범위는 37에서 17 사이가 되었습니다. 그리고 우리는 여전히 이 문제에 열심히 매달리고 있습니다. 이렇게 해서 수학의 발전이 이루어지는 것이지요. 폴은 이런 우리가 자랑스러울 겁니다. 우리는 그가 요구하는 방식으로 이 문제에 접근하고 있으니까요. 우리가 처음 이 문제를 접했을 때 아무런 대책도 없었습니다. 하지만 폴은 우리에게 그래도 뭔가 해보라고 재촉했지요. 문제에 대들어서 그 비밀의 문을 조금이라도 열어보라고 말이에요. 그렇게 하다보면 누군가가 그 문을 조금 더 열게 된다는 거였지요."

✤

「해피엔드 문제」가 일차적으로 해결된 해인 1934년에 에어디쉬는 정치적인 이유로 헝가리를 떠났다. 그는 말했다.

"나는 유대인이었고 헝가리는 준파시스트 국가였습니다."

그는 만체스터 대학에서 4년간 박사 후 과정 연구원으로 근무하기 위해 영국으로 갔다. 그를 평생 따라다니게 되는 역마살이 최초로 드러난 곳도 거기였다. 에어디쉬의 공동 연구자인 벨라 볼라바시 *Béla Bollabás*는 이렇게 썼다.

"1934년부터 그는 한군데에서 일주일 이상 머무른 적이 없었다. 툭하면 만체스터 대학을 떠나, 케임브리지, 런던, 브리스톨, 기타 대학에 가서 머물렀다. 그동안 그는 죽 독일로 가고 싶어했다. 그러나 독일에 파시스트 정권이 들어서면서 갈 수가 없게 되었다. 그는 농담삼아 이렇게 말했다.

'전통적인 유대식 건배가, 「내년에 괴팅겐에서」로 바뀌어야 하겠군.'"

영국에 도착한 지 이틀째 되던 날, 에어디쉬는 케임브리지 대학에서 근대 해석적 정수론의 아버지라고 불리워지는 G.H.하디를 만났다. 하디도 에어디쉬와 마찬가지로 일체의 권위를 싫어했고 또 신에 대해서 불경한 태도를 갖고 있었다. 하디는 어릴 적부터 호전적인 무신론자였고 어른이 되어서는 일체의 예배 장소에 발을 들여놓기를 거부했다. 케임브리지 대학의 보직 교수를 뽑기 위해 대학 내 예배당을 빌려쓰는 행사에도 참가를 거부했다.(그의 입장을 감안하여 케임브리지 대학은 대학 세부규칙에 특별 예외조항을 두었다. 그래서 하디는 대리인에 의해 의무를 수행할 수 있게 되었다. 그런 예외 규정이 없었더라면 하디는 예배당에 출석해야만 했을 것이다.)

하디는 에어디쉬와 마찬가지로 SF를 상대로 게임을 했다. 또 SF의 존재도 철저히 믿지 않았다. 스칸디나비아에서 영국으로 오는 험한 뱃길에서, 하디는 정수론의 중요한 미해결 문제인 리만 가설 *Riemann Hypothesis*을 자신이 풀었다고 거짓 주장하는 엽서를 친구에게 썼다. 하디는 "개인적인 적"이라고 여겼던 SF가 자기를 죽게 내버려두지 않을 것이라고 생각하여 그런 장난 편지를 쓸 수가 있었다. 「리만 가설을 하디가 마침내 증명했는데 그만 배타고 오다가 죽어버렸다」라고 사람들이 추측하는 것조차 SF는 싫어할 것이라고 하디는 생각했다.

하디는 종교를 무시했지만, 수학을 대하는 그의 태도는 거의 종교적인 것이었다. 「옥스퍼드 매거진 *Oxford Magazine*」에 실린 그의 부고 기사는 이렇게 되어 있다.

"그는 수학적 진리가 우주를 밝고 명쾌하게 기술한다는 깊은 확신을 갖고 있었다. 그 우주의 구조는 너무나 아름답고 미묘하여 실제의 자연계는 그와 비교해 볼 때 추악하고 혼란스러워 보이기까지 했다 … 그의 친구들은 그의 이런 경건한 태도 때문에, 그에게는 수학이 하나의 종교였다고 생각하게 되었다."

만약 기인(奇人)을 위한 「명예의 전당」이 있다면 하디와 에어디쉬는 그 전당에 첫 번째로 들어갈 인물들이다. 하디는 젊은 시절부터 자의식이 강했던 인물이고 두 번씩이나 자살을 하려고 했다. 중고교 시절에는 전체 수석을 해서 졸업생들 앞에서 상을 받는 것이 싫어서 일부러 시험지의 답안을 틀리게 적어넣기도 했다. 그는 시계를 차고 다니는 것

에어디쉬는 헝가리를 떠나 해외로 간 둘째날에 영국의 가장 위대한 정수론 학자인 G.H. 하디를 만났다. 하디는 응용수학을 혐오했다.
"나의 수학적 발견은 직접적으로나 간접적으로나 좋든 나쁘든 실생활의 용도에는 전혀 영향을 미치지 않을 것입니다."

을 싫어했고 만년필이나 전화기 등 기계식 물건을 멀리했다. 그는 사진을 찍는 것은 물론 거울에 자기 모습을 비춰보는 것도 싫어했다. 그래서 면도를 할 때에도 거울을 쓰지 않고 손으로 만져서 면도를 할 정도였다.

호텔에 투숙하여 객실에 들어가면 제일 먼저 하는 일이 타월로 거울을 가리는 것이었다. 그는 자신이 괴물같은 얼굴을 갖고 있다고 생각했지만, 실제로는 해맑은 소년처럼 잘 생긴 얼굴이었고 50대에 들어서서도 그 용모는 변하지 않았다. 버트란드 러셀은 그의 "밝은 눈"을 찬양했고 동료인 존 에덴서 리틀우드 *John Edenson Littlewood*는 그를 "미남"이라고 생각했다. 콜럼비아 대학의 수학자인 제임스 뉴먼 *James Newman*은 하디를 이렇게 묘사했다.

"조각처럼 깎아낸 것 같은 뚜렷한 이목구비, 불그스레한 혈색, 이마 위로 흘러내리는 몇가닥의 고수머리 등 그는 정말로 우아하게 생긴 미남자였다."

소설가 C.P.스노 *Snow*는 하디의 구리빛 피부를 칭찬했다.

"하디의 피부는 미국 인디언들처럼 구리빛이었다. 높은 광대뼈, 근엄하면서도 고집스런 느낌의 가느다란 코, 등 그의 얼굴은 정말 잘 생긴 얼굴이었다."

하디가 제일 좋아하는 것은 수학이었고 그 다음 좋아하는 것은 크리켓 경기였다. 그는 자신의 수학 논문에서 크리켓 경기를 비유적으로 언급했다. 그는 한 중요한 논문에서 이렇게 언급했다.

"극대 정리(maximal theorem)를 함수—이론적 적용과 관련시키는 문제는 크리켓 게임의 용어로 표현하면 쉽게 이해할 수 있다 … 가령 한 타자가 특정 시즌의 특정 이닝에서 배트를 휘두른다고 해보자."

훌륭한 수학 증명에 대한 하디의 칭찬은 "하나님의 책에 있는 바로 그것"이 아니라 "홉스의 수준"이라는 것이었다. 홉스는 서리(Surrey)팀에 소속된 크리켓 선수 잭 홉스 *Jack Hobbs*를 가리키는 것이다. 오스트레일리아의 타자인 돈 브래드먼 *Don Bradman*이 홉스의 기록을 깨뜨리자, 하디는 이 칭찬의 말을 바꾸어야 할 필요가 생겼다.

"브래드먼은 지금것 존재했던 그 어떤 타자보다 한 급 위이다. 만약 아르키메데스, 뉴턴, 가우스가 예전처럼 홉스 수준에 남아 있어야 한다면 그들보다 한 급 높은 수준을 상정해야만 하는데, 나로서는 그렇게 하기가 어렵다. 그러니 이들은 차라리 브래드먼 급으로 옮겨가는 게 낫겠다."

제임스 뉴먼은 이처럼 수학자를 크리켓 타자에 비유하는 것에 대해서 논평했다.

"이런 비유는 헝가리 사람들에게는 잘 이해가 되지 않을 것이다."

그러나 미국 수학자인 뉴먼 역시 그런 비유를 잘 이해하지 못하는 것은 마찬가지였다.

하디는 에어디쉬에 비해 수학을 연구하는 방식이 아주 절제되어 있었다. 그는 하루 네 시간, 그러니까 오전 9시에서 오후 1시까지만 수학 연구를 했다. 오후에는 크리켓과 테니스를 했고 저녁에는 러셀, 스노 같은 사람, G.E. 무어 *Moore*같은 철학자, 알프레드 노스 화이트헤드 *Alfred North Whitehead*같은 논리학자, 존 메이나드 케인즈 *John Maynard Keynes*같은 경제학자, G.M. 트레벨리언 *Trevelyan* 같은 역사가, E.M. 포스터 *Forster* 같은 소설가, 리튼 스트래치 *Lytton Strachey*같은 전기작가, 레너드 울프 *Leonard Wolf*같은 출판사 사장 등과 어울려 시간을 보냈다. 트리니티 칼리지에서 하디는 「아포슬 *Apostles*」이라는 유명한 학생토론 그룹의 회원이었다. 이 그룹에서 호모 – 아포슬에서는 "고등남색"이라고 불렀다 – 는 용인되었을 뿐만 아니라 보다 수준높은 정신적 사랑으로 취급되었다. 호모가 회원 가입의 필수조건은 아니었지만, 아포슬 그룹의 지배적인 분위기가 되었다. 그래서 여자를 좋아하는 남자도 무시당하지 않기 위해 일부러 호모인 척했다. 남자 친구도 여자 친구도 없는 것으로 알려진 하디는 분명 섹스와는 무관한 사람이었지만, 리틀우드가 말했듯이, "실적없는 호모"였다.

하디는 어려서부터 신동이었다. 그는 두 살일 때 1백만까지 숫자를 쓸 수 있었으며 그 뒤에 교회에 가서는 찬송가 번호들 중에서 소수 약수를 발견함으로써 시간을 보냈다. 그는 또한 뛰어난 운동선수였다. 그의 친구 C.P. 스노는 하디에 대해서 이렇게 말했다.

"그는 50대였을 때에도 대학 2진급의 테니스 선수들을 이길 수 있었습니다. 60대에 들어서서도 크리켓 네트에다 예리한 쇼트를 찔러넣는 것을 보았습니다. 그의 관심사는 아주 폭넓었는데, 한 친구에게 보낸 연하장 속에 나와 있는 6개의 신년 결심을 보더라도 잘 알 수 있습니다. 그 결심은 이런 것이었습니다.

(1) 리만 가설을 증명하는 것

(2) 오발Oval의 마지막 테스트 매치의 4이닝에서 211개의 낫 아웃 *not out*을 기록하는 것

(3) 신이 존재하지 않는다는 증명을 발견하여 일반대중에게 납득시키는 것

(4) 에베레스트 산에 올라가는 첫번째 사람이 되는 것

(5) 영국과 독일로 구성된 연방 소비에트 공화국의 첫번째 대통령으로 선언되는 것

(6) 무솔리니를 살해하는 것."

뉴턴의 시대 이래, 영국의 수학은 물리학에 자리를 내주었다. 사실 영국의 순수수학은 하디가 탄생한 해인 1877년에는 침체된 상태였다. 강력한 해석적 방법과 아름다운 패턴에 대한 안목을 갖고 있는 하디는 20세기의 첫 25년 동안에 영국을 순수수학의 종주국으로 만들어놓았다. 이것은 단 한 시즌에 맨 꼴찌 크리켓 팀을 우승팀으로 만들어놓은 업적과 맞먹는다. 에어디쉬와 마찬가지로 하디는 공동 연구의 대가였지만 그보다는 훨씬 작은 인원으로 일을 했다. 그런 대신 집중도는 엄청나게 높았다.

1911년 하디는 리틀우드와 공동 연구하기 시작했는데, 이것은 수학사상 전례가 없는 파트너십이었다. 35년의 기간 동안 두 사람이 펴낸

100편의 공동 논문은 "시시한" 것이 단 한 건도 없었다.

하디와 에어디쉬가 서로 만났을 때, 당시 57세인 하디의 해석능력은 퇴조하고 있었다. 6년 뒤인 63세 때 하디는 『수학자의 변명 *A Mathematician's Apology*』이라는 수학사상 가장 유명한 문학작품을 내놓았다. 이 작품은 점점 사라져가는 창조적 능력을 우울하게 시인하고 있다. 이 책은 이렇게 시작한다.

"전업 수학자가 수학에 대해서 말한다는 것은 우울한 경험이다. 수학의 기능은 뭔가를 해내고, 새 정리를 증명하고, 수학에 뭔가를 새롭게 덧붙이는 것이지, 수학자들이 무엇을 해야 한다고 말하는 것이 아니기 때문이다."

하디는 이렇게 말하고 난 다음, 수학은 젊은 사람의 게임이라고 말하고 있다.

"갈루아 *Galois*는 스물한 살에, 아벨 *Abel*은 스물 일곱살에, 그리고 리만은 마흔살에 죽었다 … 나는 쉰 지난 사람에 의해서 수학적 진보가 이루어진 경우를 보지 못했다."

당시 21세이던 에어디쉬는 너무 어려서 자신이 하디의 추측에 가장 강력한 반증이 될 수 있음을 알지 못했다.

에어디쉬는 하디에게 당신의 가장 훌륭한 수학적 업적이 무엇이라고 생각하느냐고 물었다. 하디는 지체없이 대답했다.

"라마누잔 *Ramanujan*의 발견이었습니다."

리틀우드와의 공동연구 이외에, 하디가 집중적으로 공동 연구한 것은 전설적인 인물 스리니바사 라마누잔 아이양가르 *Srinivasa Ramanujan Aiyangar*와 함께 보낸 4년 동안이었다.

라마누잔은 독학으로 수학을 공부한 가난하고 병약한 인도인이었

1919년의 여권 사진. 수학을 독학한 인도의 천재 스리니바사 라마누잔은 에어디쉬에게 커다란 영감을 주었다. 그러나 두 사람은 서로 만난 적은 없었다. "나에게 있어서 방정식은 신의 생각을 표현하지 않는다면 아무런 의미도 없습니다." 라고 라마누잔은 말했다.

는데 1914년 하디가 그의 영국 진출을 주선해주었다. 당시 라마누잔은 26세였다. 에어디쉬는 하디에게 라마누잔에 대해서 자세히 말해달라고 요청했다. 에어디쉬와 라마누잔은 직접 만난 적은 없지만 수학적으로는 서로 마주친 적이 있기 때문이었다.

에어디쉬가 라마누잔을 처음 알게 된 것은 1931년이었다. 당시 그는 한 숫자와 그 배수 사이에는 언제나 소수가 있다는 체비셰프의 정리를 날카롭게 증명해냈다. 당시 그의 헝가리 동료는 라마누잔이 1919년에 비슷한 증명을 발견해냈다고 그에게 일러주었다. 그래서 에어디쉬는 관련 자료를 찾아보았는데 라마누잔의 우아한 접근 방법에 깊은 감명을 받았다.

하디가 에어디쉬에게 설명해준 라마누잔 발견 경위는 이러했다. 어느날, "1913년 1월 16일 마드라스"라는 소인이 찍힌 편지가 하디의 책상에 전달되었다. 그 편지에는 하디에게 친숙한 수학 공식들과 다소 생소한 기호 등이 적혀진 여러 페이지가 동봉되어 있었다. 그 편지는 이렇게 시작되었다.

존경하는 선생님,

선생님께 제 자신을 소개하고 싶습니다. 저는 마드라스에 있는 항만 관리소의 회계과에서 연간 20파운드의 작은 급료를 받고 있는 사무원입니다. 저의 나이는 대략 스물세 살쯤 됩니다. 대학교육은 받지 못했지만 일반적인 학교 교육은 받았습니다. 학교를 졸업하고는 여가

시간을 이용하여 수학을 연구하고 있습니다. 저는 혼자서 새로운 길을 개척하고 있습니다… 저는 발산하는 급수에 대해서 특별 연구를 했으며 내가 얻은 결과는 현지 수학자들에 의해 "획기적"이라는 평가를 받고 있습니다.

하디는 그 편지가 사기일지 모른다고 생각했으나 계속 읽어나갔다.

최근에 나는 선생님이 쓰신 「무한의 순서 *Orders of Infinity*」라는 글을 접하게 되었습니다. 그 글 36페이지에서 특정 수보다 작은 소수의 개수를 표현하는 분명한 표현 방식이 아직 발견되지 않았다는 진술을 읽었습니다. 나는 실제적인 값을 아주 근사하게 표현하는 방식을 발견하였으며, 그 오류는 거의 무시할 만한 수준입니다.

라마누잔은 전설적인 소수 정리 *Prime Number Theorem*의 보다 우수한 버전을 발견했다고 주장하는 것이다. 하디는 그 주장을 읽고 나서 껄껄 웃음을 터뜨리며 편지를 한쪽으로 밀쳐 놓았다. 그러나 그 이상한 공식이 하루 종일 하디의 머리 속에서 맴돌았다. 저녁에 하이 테이블 *High Table*에 나가서 그는 리틀우드와 함께 그 편지를 검토했다.
    광인이냐 천재냐?
    리틀우드는 그런 생각을 했다. 2시간 반에 걸쳐 수학계에서 가장 성공한 그 팀은 그 공식을 검토했다. 그리고 결론은 천재라고 나왔다.
    나중에 밝혀졌지만 라마누잔은 수학을 독학했다. 공공 도서관에서 조지 슈브리지 카 *George Shoebridge Carr*라는 싸구려 저술가가 쓴 『순수수학에 있어서의 기본 결과의 개요 *Synopsis of Elementary Results in*

Pure Mathematics』라는 책을 빌려서 공부를 했다. 그 책은 학생들의 입학시험에 좋은 수학 점수를 올리도록 해주는 참고서였다. 이 책에는 약 6,000개의 공식이 들어 있었으나 증명은 하나도 없었다. 라마누잔은 이 책에 들어 있는 공식들을 모두 새롭게 해석하여 그 자신 특유의 표기법을 만들어냈다. 그는 종이를 살 돈도 없어서 흑판 위에다 계산을 했고 그 결과를 자신이 갖고 있는 비밀 노트에다 옮겨 적었다.『개요』라는 책에는 증명이 들어있지 않았기 때문에 라마누잔은 공식적인 수학 논증이라는 개념을 알지 못했다. 그래서 직관에 의지하여 그때 그때 임기응변으로 해나갔는데, 그는 정말 직관 하나만큼은 풍부한 사람이었다. 그러나 소수는 에어디쉬의 친구이기도 하면서 동시에 라마누잔의 친구이기도 하였다.

하디는 그에게 답신을 보내면서 수학적 형식성의 대가(大家)답게 그의 멋진 추측을 입증하라고 라마누잔에게 요구했다. 하디로서는 증명이야말로 전부라고 할 수 있었다. 버트란드 러셀은 이렇게 회상했다.

"그는 내가 5분 안에 죽으리라는 증명을 발견할 수 있다면 내가 죽어서 슬프기는 하지만, 그런 슬픔은 증명을 얻었다는 기쁨으로 상쇄되고도 남았을 것이라고 말했어요. 나는 그의 그런 태도를 완전히 이해했고 그런 말을 전혀 섭섭하게 생각하지 않았습니다."

라마누잔은 하디의 답신을 받고서 기뻐했다. 그는 다른 두 명의 영국 수학자들에게도 자신의 발견 결과를 보냈으나 회신을 받지는 못했다. 그러나 증명이라는 문제가 불거지고 보니, 라마누잔은 도대체 하디가 무엇을 요구하는 것인지 잘 이해가 되지 않았다. 그가 진실이라고 확신하는 주장에 대해 보조 논리를 다시 말해야 한다는 것은 별로 재미없는 일이었다. 그는 같은 일을 두번 하기에는 인생이 너무나 짧다고 느꼈다. 그러나 얼마나 짧은 것인지에 대해서는 그 자신도 제대로 알지 못했다.

6년 뒤 하디는 라마누잔을 설득하여 영국에 오게 했다. 그리고 라마누잔은 1920년 32세의 나이로 폐결핵에 걸려 사망했다. 미망인이 된 아내와의 사이에 자녀는 없었다. 그는 수학적 사상이 가득 들어찬 노트 세 권을 남겼는데, 전문가들은 오늘도 그 사상을 해독하기 위해 애를 쓰고 있다. 정수론 학자들은 1974년에 "잃어버린" 것으로 간주되던 그의 네 번째 노트가 발견되자 흥분했다. 이 노트에는 수 백 개의 통찰력 높은 공식이 제시되어 있는데, 모두 증명은 없다. 그래서 이것들은 마치 하나님이 직접 내려준 것 같은 인상을 준다.

하디와 라마누잔의 협력관계가 지속되던 기간 중에 두 사람은 순수수학계를 완전히 뒤집어놓았다. 그것은 동양과 서양의 만남, 신비주의와 형식주의의 만남이었고 아무도 그 환상적인 커플의 힘을 당해내지 못했다. 라마누잔은 밤마다 나마기리 *Namagiri* 여신의 환상을 보면서 전광석화 같은 통찰력을 발휘했다. 이 여신의 도움으로 라마누잔은 평민의 해외여행을 금하는 브라만의 금족령에 반항했고 그리하여 하디를 만날 수 있었다. 라마누잔은 말했다.

"방정식이 하나님의 생각을 표현하는 것이 아니라면 내게는 아무런 의미도 없습니다."

라마누잔은 SF의 책을 훔쳐보았고 하디는 그 훔쳐본 내용을 증명으로 만들어냈다.

"딱 한 사람(리틀우드)을 빼놓고, 나는 이 세상 누구보다도 라마누잔에게 많은 신세를 입었습니다. 그와의 협력 관계는 내 인생의 가장 낭만적인 사건이었습니다." 하디는 말했다.

그러나 정작 라마누잔 자신은 영국 생활이 행복하지 못했다. 그는 향수병에 걸려서 외로움을 느꼈고, 인도 음식을 그리워했으며, 영국 날씨를 못마땅하게 여겼고, 끊임없이 아팠다. 새롭고 심오한 수학적 진실을 발견했음에도 불구하고 그는 계속 스트레스를 느꼈다. 공식적인 유럽의 수학교육을 받은 적이 없었기 때문에, 그는 이미 증명된 정리들을 계속 발견했고 이것이 하나의 스트레스가 되었다. 1918년 초 라마누잔은 런던 지하철 철로에서 달려오는 기차를 향해 몸을 던졌다. 그의 전기작가인 로버트 캐니절 *Robert Kanigel*은 이렇게 적었다.

"그 다음에 벌어진 일은 거의 기적이나 다름없었다. 역사 경비원이 그를 발견하고… 스위치를 잡아당겼다. 그리하여 기차는 그의 바로 앞 몇 피트 지점에서 끼익 소리를 내며 급정거했다. 라마누잔은 피투성이가 되었고 정강이에 깊은 상처를 입었지만 그래도 살아남았다. 그는 체포되어 런던 경시청에 넘겨졌다."

그는 그후 다시 자살을 시도하지 않았지만 전과 같지 않았다. 폐결핵이 그의 몸을 파괴하기 시작했던 것이다.

하디는 수학자를 1에서 100까지의 스케일로 평가하기를 좋아했다. 그는 자기 자신에게는 25, 리틀우드에겐 30, 위대한 데이비드 힐버트에게는 80, 라마누잔에게는 100을 주었다.

"하디가 자기자신에게 25를 준 것은 겸손의 표시였지만, 라마누잔에게 100을 주었다는 것은 그가 얼마나 라마누잔의 업적을 높이 평가했는가를 보여준다." 에어디쉬가 말했다.

다음은 라마누잔에 대한 하디의 회상이다.

"그는 거의 비상하다고 말해야 할 정도로 수의 특징에 대해서 잘 기억하고 있었다. 심지어 리틀우드는 모든 양(陽)의 정수는 라마누잔의 개인적 친구라고 말할 정도였다. 한번은 푸트니에 있는 그를 찾아간 적이 있었다. 나는 번호판이 1729인 택시를 타고 갔었다. 나는 그에게 그 번호가 좀 멋없는 번호이며 불길한 징조가 아니기를 바란다고 말했다. 라마누잔은 그 번호가 아주 흥미로운 숫자라고 말했다. 그것이 두 세제곱 수의 합계를 두 가지 다른 방식으로 표현할 수 있는 최소 숫자라고 설명했다."

라마누잔은 다음의 사실을 간파한 것이었다.

$$1729 = 12^3 + 1^3 = 10^3 + 9^3$$

에어디쉬는 하디가 해주는 라마누잔 얘기를 좋아했다. 에어디시는 인도에서 두번 강연을 했는데 그때마다 강연료를 라마누잔의 미망인에게 기증했다. 그는 미망인을 단 한번도 만나본 적이 없었다. 하디도 에어디쉬가 말하는 것을 듣기 좋아했다. 하디와 그의 영국 동료들은 에어디쉬의 엉성한 헝가리식 영어 발음을 재미있게 생각했다. 가령 *"pineapple upside down cake"*(파인애플을 거꾸로 넣은 케이크)라는 영어를 에어디쉬가 발음하면 *"pinnayopp—play oopshiday dovn tsock-ay"*가 되었다.

에어디쉬는 라마누잔처럼 점근(漸近) 공식 *asymptotic formula*을 발견하는 것을 좋아했다. 소수 정리도 이 공식의 가장 유명한 사례이다. 점근 공식은 특정한 성질을 가지고 있는 임의의 커다란 정수 n아래에 있는 숫자의 개수를 추정하게 해준다. 정수의 크기가 커지면 커질수록 — 바꾸어 말해서 커다란 정수 n을 취하면 — 진리치(실제 개수)의 퍼센티지에 대한 추정은 점점 더 정확해진다. 소수 정리는 n까지에 이르는 정수 속에 포함된 소수의 개수를 추정하게 해준다. 가우스가 발견한 바와 같이, n이 커지면 커질수록 소수 개수에 대한 추정은 점점 더 정확해진다. 그리하여 추정치와 진리치는 점점 가까워지게(점근적으로) 된다. 다시 말하면 일치하게 된다.

n 미만의 정수	소수의 실제 개수	가우스의 추정 소수 개수	오류율
1,000	168	145	16.0
1,000,000	78,498	72,382	8.4
1,000,000,000	50,847,478	48,254,942	5.4

라마누잔은 하디에게 처음 보낸 편지에서 가우스의 소수 정리를 개선했다고 주장했는데 그것은 착오였다. 하지만 가우스가 생각해내지 못한, 기타 다른 종류의 점근 공식을 내놓았던 것이다.

케임브리지 대학에 머물던 첫 해에 라마누잔은 합성수 *composite numbers*에 대해서 연구했다. 합성수는 소수는 아니고 소수를 가지고 합성해낸 수를 말한다. 6은 소수 2와 3의 곱으로 만들어진 수이기 때문에 합성수이다. 15도 3과 5의 곱이기 때문에 역시 합성수이다.

라마누잔은 고합성수 *highly composite numbers*라는 개념을 도입했다. 이 수는 소수와는 아주 다른 모습을 갖는 그런 수를 말한다. 소수는 두 개의 약수(1과 자기 자신)를 갖는 반면, 고합성수는 최대한의 약수를 갖는다. 고합성수는 자기보다 작은 어떠한 합성수보다 더 많은 약수를 갖는 수를 말한다. 12는 6개의 약수(1, 2, 3, 4, 6, 12)를 갖고 있고, 12보다 작은 어떠한 합성수보다 많은 약수를 가지므로 12는 고합성수이다. 8개의 약수(1, 2, 3, 4, 6, 8, 12)를 갖고 있는 24 역시 고합성수이다.

라마누잔은 6,746,328,388,800까지의 고합성수를 모두 열거했다. 이 리스트는 2, 4, 6, 12, 24, 36을 위시하여 2와 50,000사이에 있는 25개의 고합성수를 포함하고 있다. 그가 29,331,862,500을 간과했다는 점을 빼놓고 이 리스트는 정확했다. 라마누잔은 임의의 큰 정수 n에 이르기까지의 고합성수의 개수를 파악해내는 멋진 점근 공식을 발견했다. 30년 뒤인 1944년에 에어디쉬는 이 공식을 개선하는 데 성공했다.

유클리드 시대 이래 수학자들은 모든 합성수가 소인수의 곱으로 표현될 수 있다는 것을 알았다.

$$2^a \times 3^b \times 5^c \times 7^d \cdots$$

여기서 지수 a, b, c, d 는 정수 값을 갖는다. 라마누잔은 고합성수를 소수의 곱으로 표현하여 관찰하였다. 예를 들면 이런 것이다.

$$6 = 2^1 \times 3^1$$
$$12 = 2^2 \times 3^1$$
$$24 = 2^3 \times 3^1$$

그는 위의 세 사례에서 마지막 거듭제곱 지수는 1이라는 것을 발견했다. 그리고 이것이 모든 고합성수에서도 진리라고 생각했다.(여기에는 4와 36의 딱 두 가지 예외가 있는데 이것은 각각 2^2와 $2^2 \times 3^2$로 표현될 수 있다). 그는 또 이 소인수 분해에서 2는 3보다 같은 수준 혹은 더 높은 수준의 거듭 제곱이라는 것을 알았다. 라마누잔은 이러한 발견을 일반화하여 고합성수의 소인수 분해에서 첫번째 나오는 제곱 지수 a가 두번째 제곱지수 b와 같거나 크며 마찬가지로 b도 c와 같거나 크다고 주장했다. 이것은 그가 검토한 모든 경우에 적용되었다. 예를 들면 다음과 같다.

$$332,640 = 2^5 \times 3^3 \times 5^1 \times 7^1 \times 11^1$$

$$43,243,200 = 2^6 \times 3^3 \times 5^2 \times 7^1 \times 11^1 \times 13^1$$

$$2,248,776,129,600 = 2^6 \times 3^3 \times 5^2 \times 7^2 \times 11^1 \times 13^1 \times 17^1 \times 19^1 \times 23^1$$

라마누잔은 고합성수 연구 결과를 52페이지의 논문으로 제출했고 케임브리지 대학은 1916년 3월 그에게 학사 학위를 수여했다. 대학 당국은 그의 편의를 위해 필요과목을 이수해야 한다는 의무를 철회했었다. 그는 렌즈콩과 액체버터를 먹으며 자기 방에 혼자 앉아서 소수의 비밀을 탐구하는 것을 더 좋아했던 것이다. 그가 연구한 단순한 문제들은 끝이 없었다.

"하디는 이렇게 말하기를 좋아했어요. 아무리 바보라고 할지라도, 가장 현명한 사람이 대답하지 못하는 소수에 관한 질문을 할 수가 있다." 에어디쉬는 말했다.

1917년 하디와 라마누잔은 소위 반복수 *round numbers*에 대한 공동 논문을 작성했다. 반복수는 다른 유사한 규모의 합성수에 비해 이상할 정도로 많은 소인수를 가진 합성수를 가리킨다. 어떤 숫자의 반복성을 측정하는 한 가지 방법은 그 숫자의 소인수 분해에서 소인수가 나타나는 횟수를 헤아리는 것이다.

이 방법에 의하면 소인수 분해가 $2^6 \times 5^6$으로 나오는 1백만은 12(두 지수 6과 6의 합)의 반복성 숫자를 가지고 있다. 991,991과 1,000,010

사이의 합성수는 평균 4개의 소인수를 가지고 있다. 그래서 소수 약수를 3배나 더 많이 가지고 있는 1백만은 아주 반복성이 높은 것이다.

숫 자	반복성	소인수 분해
999,991	3	$17 \times 59 \times 997$
999,992	6	$2^3 \times 7^2 \times 2,551$
999.993	2	$3 \times 333,331$
999,994	3	$2 \times 23 \times 21,739$
999,995	2	$5 \times 199,999$
999,996	5	$2^2 \times 3 \times 167 \times 499$
999,997	2	$757 \times 1,321$
999,998	4	$2 \times 31 \times 127^2$
999,999	7	$3^3 \times 7 \times 11 \times 13 \times 37$
1,000,000	12	$2^6 \times 5^6$
1,000,001	2	$101 \times 9,901$
1,000,002	3	$2 \times 3 \times 166,667$
1,000,004	5	$2^2 \times 53^2 \times 89$
1,000,005	4	$3 \times 5 \times 163 \times 409$
1,000,006	3	$2 \times 7 \times 71,429$
1,000,007	2	$29 \times 34,483$
1,000,008	8	$2^3 \times 3^2 \times 17 \times 19 \times 43$
1,000,009	2	$293 \times 3,413$
1,000,010	4	$2 \times 5 \times 11 \times 9,901$

하디와 라마누잔은 반복성에 대한 점근 공식을 제시했다. 22년 뒤에어디쉬는 마크 캑 *Mark Kac*(현대 확률 이론의 창시자)과 함께 작업하면서 숫자의 반복성과 확률 이론의 핵심인 종모양 곡선(정규 분포)사이에 깊은 연관이 있음을 발견했다. 소수 이론과 확률 이론은 같은 다양한 주제가 실제로는 서로 연결되어 있다는 사실은 수학의 폭과 위력을 증언해주는 것이다.

하디와 라마누잔의 가장 유명한 공동논문은 분할 이론 *theory of partitions*이었다. 이것은 특정 정수 n을 양(陽)의 정수의 합으로 나타내는 것이다. 가령 5라는 정수는 다음과 같이 7가지 방식으로 "분할"될 수 있다.

$$5 = 5$$
$$5 = 4 + 1$$
$$5 = 3 + 2$$
$$5 = 3 + 1 + 1$$
$$5 = 2 + 2 + 1$$
$$5 = 2 + 1 + 1 + 1$$
$$5 = 1 + 1 + 1 + 1 + 1$$

n이 커질수록 분할의 수는 늘어난다. n = 10일 때 분할 수는 42이고 n = 50일 때는 204,226, n = 100일 때는 190,569,292이다. 그리고 n = 200일 때는 분할 수가 무려 3,972,999,029,588로 늘어난다.

1918년, 분할 이론을 다룬 42페이지 짜리 논문에서 하디와 라마누잔은 정수 n의 분할 개수에 대한 정확한 점근 공식을 제시했다. 1942년 에어디쉬는 하디와 라마누잔이 그들이 제시한 공식의 첫번째 항을 유도하기 위해 중장비를 필요로 하지 않는다는 것을 보였다. 즉 그 조건이 "기본적인" 방식에 의해 발견될 수 있다는 것이었다.

기본적인 방식이라고 해서 반드시 간단한 방식을 의미하는 것은 아니다. 이 경우, 기본적이라는 뜻은 공식의 증명이 제한된 수, 즉 실수 *real number*에만 국한된다는 의미이다. 실수는 정수, 유리수 *rational number*, 그리고 무리수 *irrational number*로 구성된다. 정수는 0을 위시하여 모든 양의 정수(1, 2, 3···)와 모든 음의 정수(−1, −2, −3···)를 포함한다. 비율 *ratio*이라는 단어에서 파생한 유리수는 2/3 혹은 3/5와 같은 분수를 가리킨다. 소수점 이하의 숫자로 표시하면 유리수는 끝이 나거나 아니면 같은 패턴으로 순환한다(가령 1/4은 0.25가 되고, 1/3은 0.3333333···, 1/7은 0.142857142857142857142857···이 된다). 한편 무리수는 순환하지 않는 무한 소수이다. 무리수는 $\sqrt{2}$(1.4142135623···)이나 π(3.1415926535···) 등을 포함한다. 실수에서 인정되지 않는 것은 $\sqrt{-1}$같은 허수 *imaginary number*이다. 이것은 제곱을 해도 여전히 −1이 된다.

$\sqrt{-1}$이 허수가 되는 이유는 두 양수, 혹은 두 음수의 곱은 늘 양수가 된다는 기존의 상식을 뒤집기 때문이다.

에어디쉬는 허수에 대해서 아무런 철학적 반대도 가지고 있지 않았다. 그는 자신의 연구 대상을 보다 친숙한 정수, 유리수, 무리수에만 국한시키는 것을 더 좋아했다. 에어디쉬는 기본적 방식의 대가였다. 그가 1934년 하디를 방문했을 때, 하디는 소수 정리가 기본적인 방식으로는 풀려지지 않을 것이라고 믿고 있었다. 만약 풀려진다면 기존의 정수론 교과서는 모든 폐기되고 처음부터 다시 씌어져야 할 것이라고 말했다. 하디는 1949년에 사망하게 되는데, 그 몇 달 후에 에어디쉬와 셸버 그 *Selberg*는 기본적인 방법으로 소수 정리를 정복하였다.

✦

에어디쉬의 영국 체제 4년은 수학적으로는 유쾌한 기간이었다. 그는 당시를 이렇게 회상했다.

"하지만 나는 심한 향수병에 시달리고 있었습니다. 그래서 1년에 세번 부활절, 성탄절, 여름방학 동안에 부다페스트에 갔다 왔지요."

귀향하면 그는 부모님을 찾아 뵈었고 또 바조니 같은 친구들과 어울려 놀았다. 바조니는 특히 에어디쉬의 부재를 아쉬워했다.

"수학적으로 볼 때 에어디쉬의 부재는 내게 정말 아쉬웠습니다. 나는 애기 상대가 없었어요. 우리 동아리 중에서 애기 상대는 그가 유일했습니다. 내가 아주 좋아했던 수학 분야인 사영기하학 *projective geometry*－형태를 평면 위에 투영해 놓고 그 성질을 연구하는 기하학－에 대해서 제대로 아는 사람은 에어디쉬밖에 없었거든요. 수학에는 하나의 유행이 있어요. 각 시대의 사람들이 재미있게 여기는 분야가 있거든요. 19세기는 타원함수에 대한 연구가 많았습니다. 그러다가 수십년 동안 타원함수는 인기가 없다가 최근에 들어와 π의 소수점 이하 자리수 계산과 관련하여 다시 인기가 생겨나고 있습니다만 …

"내가 사영기하학에 덤벼들었을 때 그 분야는 이미 한물간 상태였어요. 나는 다른 사람들이 별로 관심없는 분야에 소질이 있었으니까 축복받은 거지요. 아니면 저주받았다고 할 수도 있고요. 하지만 에어디쉬는 그 한물간 분야에 대한 나의 관심을 꾸준히 지켜봐주었어요."

1936년 에어디쉬가 부다페스트를 방문했을 때 바조니는 고전적인 그래프 정리인 오일러의 쾨니스베르크 정리 *Königsberg theorem of*

*Euler*를 연구중이었다. 바조니는 그 정리를 무한 그래프에다 확장시킬 수 있었다. 바조니는 이렇게 회상했다.

"나는 필요조건은 확보했지만 충분조건은 아직 마련하지 못한 상태였어요. 당시 거의 매일 에어디쉬를 만나는 실정이었는데 그만 전화로 나의 발견을 그에게 말해버리는 치명적인 실수를 저질렀어요. 왜 치명적이라고 했느냐면 그가 20분 뒤에 내게 전화를 걸어 그 충분 조건을 말해주었거든요. 젠장, 이렇게 되면 할 수 없이 그와 공동논문을 써야겠구만, 하는 말이 저절로 내 입에서 튀어나왔지요. 하지만 당시에는 에어디쉬 번호 1이 얼마나 영광인지는 잘 모르고 있었습니다."

그러나 에어디쉬가 다시 영국으로 돌아갔을 때, 빈 공백이 찾아왔다. 바조니는 신음 소리를 내지르며 당시 얘기를 했다.

"나는 투란이 연구 중이던 것을 계속 따라 갈 수가 없었어요. 그보다 더 화급한 문제가 발생했거든요. 내 목숨을 구하는 문제 말입니다. 나는 헝가리에서 도망칠 방법을 열심히 궁리해야만 되었어요."

샘과 조화의 갈등

PROBLEMS WITH SAM AND JOE

위대한 수학자 데이비드 힐버트 David Hilbert에 관련하여 자주 인용되는 이야기가 있다.

어느 날 한 학생이 더 이상 수학 수업에 나오지 않았다. 그 학생이 수학을 그만두고 시

인이 되기로 했다는 얘기를 듣자 힐버트는 이렇게 대답했다.

"잘했어 – 그 친구는 수학자가 될 정도의 상상력은 없었으니까."

— 로버트 오서맨 *Robert Osserman*

목성이 마치 사람과 같은 모습일 것이라고 노래하는 시인들은 도대체 어떻게 된 사람들

인가? 만일 목성이 메탄과 암모니아로 이루어진 거대한 회전체라는

얘기를 해준다면 그들은 입을 꾹 다물 것인가?

— 리처드 파인만 *Richard Feynman*

1921년 경. 당시 8세이던 에어디쉬를 찍은 이 사진을 어머니는 특히 좋아했다고 한다.

PROBLEMS WITH SAM AND JOE

1938년 3월 13일 오스트리아가 히틀러에게 항복함으로써 제 3제국은 헝가리의 서쪽 국경까지 진출하게 되었다. 그 국경은 부다 페스트에서 불과 1백 마일 정도밖에 떨어지지 않은 가까운 거리였다.

"그 봄에 헝가리로 돌아가는 것은 너무나 위험했어요. 여름 방학 때는 살짝 들어갈 수 있었습니다. 하지만 9월 3일의 그 뉴스—체코 위기 —는 불길하더군요. 그래서 그날 저녁으로 영국에 되돌아와 3주 반 뒤에 는 미국으로 가게 되었습니다." 에어디쉬가 말했다.

그는 먼저 뉴저지 주의 프린스턴 대학으로 가서 그곳 고등학문 연구소의 급료 낮은 연구원 자리를 얻었다. 그러나 1년 뒤 연구소 지도부 는 그가 무례하고 파격적인 행동을 많이 한다고 해서 연구비를 6개월간 만 연장해주었다. 이런 홀대에도 불구하고 1975년 에어디쉬는 과거를 회상하면서 1930년대 후반에 고등학문 연구소에 머무를 때가 가장 생 산적인 시기였다고 말했으니, 하나의 아이러니가 아닐 수 없다. 세계 평 화와 안정이 그의 수학적 천재에 필수 요건이 아님은 확실한 것 같다.

1939년 에어디쉬 주위의 세계는 붕괴하고 있었고 그의 가족과 친 구들의 신변 안전이 그의 마음을 불안하게 만드는 문제가 되었다. 1939

년 9월 1일, 히틀러는 폴란드를 공격했고 이로써 세계 제2차 대전이 발발했다. 그 당시 호르티는 독일 군대가 헝가리를 경유하여 폴란드로 가는 것을 거부했지만, 나치에 대항하려는 그의 의지는 차츰 흔들리고 있었다.

1940년대에 에어디쉬는 집합론 학자인 스타니스로프 울람 *Stanislaw Ulam*과 협력하고 있었다. 울람과는 1935년 영국 케임브리지 대학에서 만난 사이였다. 에어디쉬와 마찬가지로 신동이었던 울람은 스무살이 되기도 전에 무한 집합의 성질에 대한 주요 결과를 증명했었다. 그의 미망인인 프랑수아즈 울람은 이렇게 회상했다.

"에어디쉬의 고등학문 연구소 펠로십이 갱신되지 않았다는 얘기를 들은 남편은 그에게 매디슨에 있는 위스콘신 주립대학의 강의를 주려고 했어요. 당시 남편은 이 대학에서 학생들을 가르치고 있었거든요."

에어디쉬는 그 제의를 고맙게 받아들였다. 울람은 나중에 자서전에서 당시의 에어디쉬에 대해서 이렇게 적어놓았다.

"1941년 당시 스물일곱이었던 에어디쉬는 향수병에 걸린 상태에서 끊임없이 헝가리에 남아 있던 어머니 걱정을 했다."

1941년 6월 22일 호르티가 나치에 가담하여 소련을 공격하는 운명적인 결심을 해버리자 미국과 헝가리의 우편 연락은 두절되어 버렸다. 그래서 에어디쉬는 더 이상 어머니와 편지교환도 하지 못하게 되었다. 울람의 회상은 이렇게 이어진다.

"에어디쉬가 위스콘신 대학으로 오게 된 것은 우리의 오랜 – 중간에 간헐적으로 떨어져 있기도 했지만 – 우정의 시발점이 되었다. 재정적으로 매우 궁핍했기(그의 말로는 '거지'였기) 때문에 그는 남의 집을 방문하여 최대한 버틸 때까지 버티었다. 그가 가끔 우리 집을 방문해

오면 우리는 함께 엄청난 양의 연구를 하였다. 수학 연구를 중단하는 것은 신문볼 때, 라디오로 전쟁 상황의 뉴스를 들을 때뿐이었다."

에어디쉬의 출현은 울람에게 깊은 영향을 주었다. 울람은 이렇게 회상한다.

"중키보다 약간 작은 키의 에어디쉬는 극단적으로 신경질적이고 또 동요를 잘 하는 사람이었다… 그는 늘 위 아래로 팔짝팔짝 뛰면서 팔을 흔들어댔다. 그의 눈빛은 늘 수학을 생각하는 사람의 눈빛이었다. 세계 정세와 정치에 대해서 비판적인 논평을 늘어놓거나 어둡게만 보았던 인간사에 대한 얘기를 할 때를 빼놓고는 그저 수학 생각뿐이었다. 무슨 좋은 생각이 떠오르면 갑자기 의자에서 벌떡 일어나 손뼉을 친 다음 다시 의자에 앉았다."

울람은 1943년 위스콘신 대학을 떠나 뉴멕시코 주의 로스알라모스에 거주하는 물리학자 그룹에 가담했다. 당시 그들은 비밀리에 원자폭탄을 만들고 있었다. 수학을 실제로 적용해보는 일은 울람에게 새로운 도전이었다. 울람은 로스알라모스에 있던 물리학자 오토 프리시 *Otto Frisch*에게 말했다.

"나는 전적으로 추상적인 기호에 의존하여 작업을 하던 순수수학자였습니다. 하지만 이제는 아주 영락하여 구체적인 숫자, 그것도 소수점 이하까지 다 나오는 숫자를 가지고 보고서를 작성하고 있습니다. 이건 정말 수치스러운 일입니다! 나는 원자폭탄의 움직임을 예측하는 고도의 수학적 지식을 갖추고 있고 또 그것을 활용할 줄도 아는데 말입니다."

울람은 에어디쉬에게도 전쟁지원 노력에 참가하라고 권유했다. 그리고 같은 헝가리인인 에드워드 텔러에게 편지를 보내라고 말했다. 텔러는 이미 1935년에 미국에 이민 온 사람이었다. 에어디쉬는 "에드워드 교수에게"(이 경우 성을 사용하여 "텔러 교수에게"라고 하는 것이 보통이다. 역자 주) 편지를 보냈지만, 전쟁이 끝나면 부다페스트로 되돌아 갈 것이라고 말하는 바람에 자격심사에서 탈락했다. 그는 관계당국 사람들을 곯리는 일을 좋아했다. 또다른 헝가리 이민이면서 로스알라모스에서 일하는 피터 랙스 *Peter Lax*에게 에어디쉬는 이런 짧은 엽서를 보냈다.

"피터, 내 스파이에 의하면, 샘이 원자 폭탄을 제조한다고 하네. 사실인가?"

로스알라모스에서 근무했던 수학자 리처드 벨만 *Richard Bellman*의 이야기에 따르면 에어디쉬는 알라모스에 참가하려는 운동을 벌이기 위해 산타페까지 왔었다. 다음은 벨만의 회상이다.

"에어디쉬는 아주 강력한 반파시스트주의자였습니다. 자신의 훌륭한 재능이 폭넓게 쓰일 것으로 예상되었던 로스알라모스에서 일하고 싶어했어요. 그러나 불운하게도 그는 전쟁 후 원자폭탄에 대해서 발설하지 않겠다고 약속하는 서류에 서명하기를 거부했어요. 로스알라모스에 엄청나게 많은 외국 학자들이 근무하고 있었기 때문에 사실 그런 서류는 웃기는 형식적 절차에 불과했지요. 우리는 그를 라폰다의 저녁 식사에 초대했습니다. 베티 조 *Betty Jo*나, 피터 랙스, 존 케메니 *John Kemeny* 등 헝가리 출신 사람들이 참가했어요. 에어디쉬는 헝가리에 남아 있는 피터와 존의 친척들 얘기를 헝가리말로 했어요. 그런 다음 커다란 목소리의 영어로 이렇게 묻더군요.

'원자폭탄 일은 어떻게 되어 가나?'

정말 에어디쉬 아니면 생각도 할 수 없는 질문이었지요."

설혹 그가 헝가리 향수병에 걸리지 않았고 또 전후에 침묵을 지키겠다는 약속을 했다고 할지라도 에어디쉬는 로스알라모스에 초대되지 못했을 것이다. FBI가 이태 전 여름에 있었던 그의 체포 사실에 대한 서류를 확보해놓고 있었기 때문이다.

에어디쉬는 롱아일랜드의 군사무전 송신소 근처를 이유없이 배회한 혐의로 체포 되었었다. 그가 FBI요원에게 잡혀간 사실은 뉴욕 주간지에 기사로 실렸다. 1941년 8월 15일 「데일리 뉴스」는 '*3명의 외국인을 단파 송신소 근처에서 체포*'라고 헤드라인을 뽑았다. 「포스트」지는 보다 신중하게 '*FBI, 스파이 위협을 물리치다*'라는 헤드라인을 내걸고 3명의 외국 학생들에 대한 사건기사를 흥미롭다는 어조로 전했다.

리버헤드, 롱아일랜드, 8월 15일 – 어제 사우샘프턴에 있는 매케이 송신소 근처를 배회한 것으로 알려진 3명의 수상한 외국인 학생은 혐의가 없는 것으로 밝혀졌다고 FBI가 밝혔다. 그 세 학생을 밤늦게까지 심문한 FBI는 확실한 진상을 파악했다고 보아야 할 것이다.

송신소의 직원들은 경찰에 전화를 걸어서 일본인 학생과 두 명의 학생(하나는 헝가리인, 다른 하나는 영국 학생)이 200피트의 탑을 스케치하고 있다고 신고했다. 송신소 직원에 의하면 학생들이 차를 타고 돌아가던 중 검거되어 조사를 받았다고 한다.

한 학생의 아버지는 검열관

세 학생은 나중에 14마일 떨어진 곳인 이스트햄프턴에서 검거되었다. 그들은 자신을 가쿠타니 시즈오(29), 폴 에어디쉬(28), 아더 해롤드 스톤(22)이라고 밝혔다.

가쿠타니는 자신이 프린스턴 대학원의 수학과에 다니는 학생이라고 밝혔다. 에어디쉬는 수학의 펠로십을 가지고 있었다… 스톤은 아버지가 영국 우편검열관이라고 밝혔고 역시 프린스턴 대학에서 수학중이라고 밝혔다.

필름은 사용되지 않아

세 학생은 시카고의 학술대회에 참석하러 가는 중이라고 밝혔고 길 가던 중에 잠시 멈춰서 롱아일랜드 해변을 잠시 보기로 했다는 것이다. 세 명은 매케이 회사의 단파 송신장비에 대해서는 별로 관심이 없었다고 밝혔다.

이것이 사건의 전부이다. 그들은 학생이었다. 그들은 송신장비에는 아무런 관심도 없었다. 그들의 차 안에서 발견된 약간 수상한 카메라에는 10장의 필름이 들어 있었으나 하나도 사용되지 않았다.

에어디쉬는 이 사건에 대해서 나중에 이렇게 회상했다.

"그건 해프닝에 불과한 사건이었어요. 그 일로 미국을 원망할 생각은 조금도 없어요. 매카시 시대가 도래하기 훨씬 전의 일이었으니까 당국자들도 합리적으로 행동했어요. 하지만 그 송신소의 경비원은 너무 신경이 예민해서 바보 같은 짓을 했어요."

스톤은 에어디쉬와 가쿠타니를 데리고 롱아일랜드를 돌아보던 중이었다. 그들은 「출입금지」라는 표지판을 보지 못한 채, 무선 송신장비(실제로는 비밀 레이더 장비로 추측됨)까지 차를 몰고 갔던 것이다.

세 사람은 차에서 내려 기지개를 펴면서 바다를 쳐다보았다. 그들은 서로의 모습을 카메라에 담아 주기도 했다. 그들이 구경을 마치고 차에 들어가는 순간, 경비원이 어서 떠나가라고 말했고 그래서 그 지시를 따랐다. 그랬는데 경비원은 갑자기 의심하는 마음을 품게 되었고 세 명의 일본인이 스케치를 했고 사진을 찍었으며 "의심스러운 태도를 보이며 급히 떠나갔다"고 신고를 해버렸다. 에어디쉬는 당시를 이렇게 회고했다.

"일본인은 한 사람밖에 없었어요. 우리가 스케치를 한 것도 없고요. 또 사진도 서로의 모습을 찍어준 것뿐이었어요."

그들은 해변에 서 있는 동안 계속해서 수학 얘기를 했는데, 경비원은 그들의 말을 단 한 마디도 알아듣지 못했기 때문에 더욱 의심을 했던 것 같다. 에어디쉬의 회상은 계속된다.

"그건 아무 일도 아니었습니다. 그런데도 당국은 9개 주에다 비상을 걸어서 우리를 찾았어요. 우리는 그런 상황을 전혀 눈치채지 못했기 때문에 롱 아일랜드의 끝까지 갔었어요… 그리고 점심 때 체포가 되었지요. 그 당시 우리를 잡으러 왔던 형사 두 사람은 그 상황이 우스꽝스럽다는 것을 알았을 거예요. 우리들의 대화를 듣고서 뭔가 잘못되었다는 것을 직감했을 거니까 말이에요. 하지만 그때는 이미 늦었어요. 이미 FBI가 개입했기 때문이죠."

FBI는 어떻게 「출입금지」라는 표지판을 못 볼 수가 있느냐고 다그쳤다.

"나는 생각을 하고 있었습니다." 에어디쉬가 대답했다.

"무엇을?"

"수학을요."

저녁 무렵 모든 것이 해명되었다. 다음은 에어디쉬의 회상.

"그래서 우리는 석방이 되었습니다… 그 사실은 당시의 여러 신문

에 실려 있어요. 단지 뉴욕의 「데일리 뉴스」만 기분 나쁘게 보도를 했
더군요. 그들은 우리가 해군기지 근처에서 보트의 노를 젓고 있었다고
보도했어요. 그건 날조된 기사였지요."

1943년 에어디쉬는 퍼듀 대학의 시간강사 자리를 얻었다. 울람의
당시 회상에 따르면, 그는 더 이상 한푼도 없는 상태는 아니었고 또 빚
을 모두 갚기도 했다. 퍼듀 대학에서도 그는 사직당국과 또 한차례 충
돌이 있었다. 그는 밤이든 낮이든 먼 거리를 산책하는 것을 좋아했는데
어느 날 자정에 산책하는 그를 경찰이 불러세웠다. 그가 신분증도, 자동
차 면허증도 심지어 이름이 적힌 문서조차도 없는 것을 보고 경찰은 더
욱 의심이 깊어졌다.

"당신은 지금 뭘 하고 있는 겁니까?" 경찰이 물었다.

"생각을 하고 있습니다."

"무슨 생각?"

"수학 생각."

경찰관은 당황하는 표정을 지으면서 그를 보내주었다.

퍼듀 대학의 수학과에 있을 당시 에어디쉬는 스타였다. 마이클 골

롬은 당시를 이렇게 회상한다.

"수학적인 천재 때문에 우리 그룹에 많은 도움을 준 것도 있지만, 에어디쉬는 또 우리 사교 생활에도 많은 보탬이 되었습니다. 우리는 국제적 중심지에서 멀찍이 떨어진 중서부 농업지대의 한 자그만 마을에 갇혀 있다는 고립된 느낌을 갖고 있었어요. 그런 와중에 그를 맞이하게 된 거지요. 유럽의 문화센터에 대한 경험도 많고, 국제적 명성의 수학자들과도 친하고, 과학 문화와 세계정치에도 해박한 그를 맞이하게 되었으니 아주 잘 된 일이었지요."

퍼듀 대학의 수학과 교수들은 일주일에 한번씩 다른 과 교수들과 모임을 갖고 비공식적인 대화를 나눈 다음, 이어서 자유로운 토론을 했다. 한번은 그날 강의를 하기로 되어 있는 연사가 모임에 나오지 않았다.

"그런데 다른 대체 프로그램도 준비된 게 없었어요. 그러자 에어디쉬가 강의를 하겠다고 일어섰어요. 그는 즉석에서 아무런 메모도 없이 꿀벌의 색채 감각에 대한 최근 연구조사에 대한 흥미로운 보고서 얘기를 했어요. 우리는 그 강의를 재미있게 경청하는 한편 그의 그런 즉석 연기에 놀라기도 했어요. 우리는 폴이 그런 문제에까지 흥미가 있으리라고는 생각하지 못했거든요." 골롬이 말했다.

에어디쉬의 비수학적 지식의 깊이가 만만치 않다는 사실을 알고 있는 사람은 퍼듀 대학의 수학과 교수들 뿐만이 아니었다. 비록 숫자가 그의 최대 연구분야이기는 하지만, 그는 그밖의 모든 사항에 대해서도 약간의 흥미를 갖고 있었다. 에어디쉬는 결코 백치 같은 학자는 아니었다. 하루에 19시간씩 수학공부를 하기 이전인 젊은 시절에 그는 역사, 과학, 정치에 대해서 폭넓게 읽었고 한번 읽은 것은 잘 잊어버리지 않았다. 그래서 몇년 뒤 고대사 지식이나 과학 지식으로 사람들을 놀라게 만들곤 했다.

야노시 파흐는 에어디쉬가 라요시 엘레케스 *Lajos Elekes*를 소개받던 때를 기억했다. 두 사람은 마트라하자에 있는 헝가리 과학원 영빈관에서 만났다.

"당신의 직업은 무엇입니까?"

에어디쉬는 잘 모르는 사람을 만날 때마다 반드시 그렇게 물었다. 그러나 아이를 동반한 어른을 만났을 때는 아이에 대해서 먼저 물었다.

"저 엡실런은 몇살입니까? 두목입니까 아니면 노예입니까?"

엘레케스가 15세기의 전설적인 헝가리 장군인 야노시 훈요디 *Janos Hunyadi*에 대한 책을 쓰고 있는 역사가라고 대답하면, 대부분의 사람들은 그만 입을 다물게 마련이었다. 그러나 에어디쉬는 그 대답을 듣자 곧 엘레케스에게 1444년 바르나 전투에서 헝가리 군대가 터키군에게 결정적으로 패한 이유를 물었다.

✢

세계 제 2차 대전이 발발하고 나서 첫 2년 반 동안, 헝가리 유대인들은 그런대로 살만했다. 호르티가 히틀러의 비위를 맞추기 위해서 법적, 경제적 제한 조치를 취했고 또 산발적인 반유대인 폭력이 있기는 했지만, 그것은 그리 큰 문제가 되지는 않았다. 그러나 1944년 3월 19일 나치가 헝가리를 침략하면서 사정이 확 바뀌었다. 나치는 번개와 같은 속도로 헝가리 유대인들을 조직적으로 숙청했다. 윈스턴 처칠은 이 조치를 "세계 역사상 가장 잔악한 행위"라고 주장했다.

1944년 7월 7일, 437,000명 이상의 유대인(이중 5만명은 부다페스트 출신)이 아우슈비츠로 압송되었다. 그해 겨울 부다페스트 게토*ghetto*에 남아 있던 16만명의 유대인 중 2만명이 살해되었거나 기아, 추위, 질병으로 사망했다. 에어디쉬의 어머니도 강제로 이곳 게토에 이송되었다.

1945년 2월 14일, 소비에트 군대는 부다페스트를 해방시켰다. 1941년 이래 부모님의 소식을 듣지 못하던 에어디쉬는 1945년 8월에 전보를 받았다. 그의 어머니는 생존해 있었고 그의 사촌 마그다 프레드로도 아우슈비츠에서 살아 남았다. 그러나 나머지 뉴스는 우울한 것이었다.

"나치는 어머니의 다섯 형제 중 네 명을 학살했습니다. 나의 아버지는 1942년 심장마비로 사망했습니다." 에어디쉬가 말했다.

1988년까지 헝가리를 장악하게 되는 소비에트 당국은 나치 폭력을 쓸어내고 대신 그들의 폭력을 자행했다. 라즐로 바바이는 이렇게 썼다.

"스탈린은 굴라그(GULAG)에 보낼 전쟁포로의 쿼타(할당된 수)를 채우라고 지시를 내렸다. 해방군은 *malenkii robot*('작은 노동')의 인원수를 채우기 위해 길거리에서 사람들을 마구 잡아갔다. 이들의 상당수는 되돌아오지 못했다. '노동 회사'와 니일라스(Nyilas:헝가리 나치 갱단)의 시련에 대한 기억이 생생한 투란은 부다페스트 길거리에서 소비에트 순찰대에 의해 검문을 받았다. 검문장교는 그에게 신분증을 요구했다. 며칠전 니일라스의 검거에서 간신히 도망친 투란은 정규 신분증이 없었다. 그러나 그는 1935년에 에어디쉬와 함께 펴낸 논문의 사본을 가지고 있었다. 그 논문은 「톰스크 수학, 기계공학 연구소의 뷸레틴」에 게재된 것이었다⋯ 검문장교는 전쟁 전에 소비에트 저널에 그 논문이 실렸다는 사실에 감동받아 투란을 보내주었다."

투란은 이 때의 경험을 에어디쉬에게 이렇게 말했다.

"정수론이 실제로 효용을 발휘한 경우라고나 할까."

그보다 28년 뒤 에어디쉬도 로스앤젤레스에서 정수론 덕분에 미국 사직당국의 손길을 피하게 되었다. 그는 횡단 보도에서 교통신호를 무시하고 건너다가 단속이 되었다. 돈도 신분증도 없는 그를 보고, 경찰은 감옥에 쳐넣겠다고 윽박질렀다. 그는 경찰관에게 그의 두터운 논문집인 『계산의 기술 *The Art of Counting*』을 보여주었다. 그의 활짝 웃는 얼굴이 표지 전면에 나와 있었다. 경찰관은 어깨를 한번 들썩하더니 그 사진을 신분증으로 인정해주었다. 그리고 UCLA에 봉직중인 램지 이론가 브루스 로스차일드 *Bruce Rothschild*가 벌금을 대납해주었다.

울람은 전쟁 기간을 무사히 헤쳐나오지는 못했다. 1945년 겨울 그는 로스앤젤레스에 있는 병원 응급실로 급히 보내졌다. 증상은 격렬한 두통, 가슴마비증세, 어눌한 말씨 등이었다. 울람은 나중에 이렇게 썼다.

"나는 갑자기 어떤 생각이 떠올랐다. 감옥에서 헴록(독 당근으로 만든 독약)을 마시고 난 직후의 소크라테스의 용태를 묘사한 플라톤의 글이 생각났던 것이다. 간수는 그에게 걸어보라고 했다. 다리에서 시작된 마비감각이 머리에까지 올라오면 그때는 죽는 것이라고 말하면서…"

의사들은 울람의 두뇌에 심한 염증이 발생했다고 진단했다. 보통 때는 회색인 뇌가 밝은 핑크색을 내고 있다는 것이었다. 의사들은 그에게 항생제를 주었고 두압(頭壓)을 낮추기 위해 두개골에 구멍을 뚫었다. 두뇌의 염증이 가라앉고 수술후 며칠간 의식불명 상태에 있던 울람이 의식을 회복하자, 담당의사는 그의 정신능력을 체크하기 위해 8 더하기 13은 얼마냐고 물었다. 다음은 울람의 회상.

"의사가 그런 질문을 내게 던졌다는 사실은 나를 당황하게 만들었죠 그래서 나는 머리를 흔들었습니다. 그러자 의사는 이렇게 물었어요.

'20의 제곱근은 얼마인가?'

'약 4.4 정도 됩니다.'

그러나 의사는 아무 말이 없었어요. 그래서 내가 다시 확인했지요.

'그렇지 않습니까?'

담당의사였던 닥터 레이니는 안심이 된다는 듯 웃음을 터뜨리며 대답했어요.

'실은 나도 잘 모릅니다.'"

로스알라모스 당국자들도 울람의 정신 건강에 대해서 걱정을 많이 했다. 혹시 그가 의식불명의 상태였을 때 원자폭탄의 제조 비밀을 발설하지 않았을까 겁을 내기도 했다. 또 방사능에 너무 노출되어 뇌염이 발생한 것이 아닐까 하는 추측도 했다. 하지만 그들은 그가 방사능 물질에 접촉된 적이 그리 많지 않다는 결론을 내렸다.

병원에 몇주 입원한 끝에 그는 회복되어 퇴원을 하게 되었다. 그의 아내 프랑수아즈는 남편을 퇴원시키는 길에 명랑쾌활한 에어디쉬를 만나게 되었다.

"스탠, 당신이 이렇게 다시 살아나게 되어 여간 기쁘지 않구려. 난… 혹시나 당신의 부고 기사를 써야 되는 게 아닐까 걱정했었지. 그러면 공동 논문은 어떻게 하고 말이야. 이제 집으로 갈 건가? 잘 되었어. 나도 자네와 함께 가겠네."

프랑수아즈는 깜짝 놀랐다. 에어디쉬가 아무래도 남편을 지치게 만들 것 같았기 때문이다. 50년 뒤 그녀는 당시를 이렇게 회고했다.

"집으로 차를 타고 가는 동안 에어디쉬는 쉴새없이 남편과 수학에 관한 대화를 나누었어요. 그리고 집에 도착해서는 남편에게 체스를 하자고 했어요. 처음에 나는 깜짝 놀랐지요. 하지만 에어디쉬의 미친 척하는 행동에는 나름대로 이유가 있더군요. 그런 정신적 도전행위로써 남편이 수학적 자신감을 갖도록 도와 주려는 것이었어요."

스탠은 처음에는 체스 게임에 대해서 불안하게 생각하면서 규칙을 잊어버렸다는 변명을 둘러대었다. 에어디쉬의 고집에 억지로 게임을 시작한 울람은 첫판을 이겼다. 그러나 그가 일부러 져주었을지 모른다는 생각이 들었다. 에어디쉬는 다시 한번 더 두자고 말했다. 당시의 상황을 스탠은 자서전에서 이렇게 밝히고 있다.

"나는 피곤했지만 한번 더 두기로 했다. 그리고 또 이겼다. 그러자 이번에는 에어디쉬가 '그만 두세, 너무 피곤하니까' 하고 말했다. 나는 그의 어조에서 그가 정말 긴장하고 게임에 임했다는 것을 알았다."

에어디쉬는 울람의 집에 2주 정도 머물면서 그에게 계속 수학적인 질문을 던졌다. 프랑수아즈는 이렇게 말했다.

"2주 체류는 내게 좀 힘겨웠어요. 두 남자 모두 돌봐주어야 했으니까요. 하지만 남편은 그가 옆에 있는 것을 좋아했어요. 남편에게 수학적 자신감을 다시 회복하도록 도와준 에어디쉬에게 평생 잊지못할 고마움을 느끼고 있어요."

40년 뒤 에어디쉬는 정말로 울람의 부고기사를 썼다. 1984년 울람이 사망하자 50년 동안 지속되어온 두 사람의 수학적 협력관계는 끝나게 되었다. 에어디쉬는 이렇게 썼다.

"울람은 언제나 늙는다는 사실을 두려워했고 또 70이 넘어서도 테니스를 잘 친다는 사실에 자부심을 느꼈다. 그는 노년과 망녕이라는 최대의 액운을 피한 행운아였다. 그는 아직도 증명을 하고 추측을 할 수 있는 상태에서, 공포나 고통을 느낄 겨를도 없이 갑작스러운 심장마비로 사망했다… 1001번째 되는 날 밤에 왕은 '오 왕이시여, 만수무강하소서' 라는 인사를 받는다. 수학자나 과학자는 이보다 더 사실적인 인사를 받는다. '오 수학자시여, 당신의 정리가 영원히 사시기를.' 나는 스탠이 이런 운명을 누리리라고 기대하고 소망한다."

에어디쉬에게 아주 소중한 분야인 기본 정수론 *Elementary Number Theory*은 울람이 수학을 연구하던 초창기의 중요한 분야였다.

고등학교 시절에 울람은 홀수 완전수의 사냥에 나섰다(물론 그는 성공하지 못했지만, 지금껏 아무도 성공한 사람은 없다). 도티지(dotigy: 신동 *prodigy*을 경멸하여 부르는 에어디쉬와 울람의 조어)였던 울람은 우연한 계기로 다시 기본정수론의 세계로 돌아왔다. 죽기 한 해 전인 1983년 울람은 어떤 과학 학술대회에 참석하여 "아주 따분하고 지루한 논문 발표"를 꼼짝없이 듣게 되었다. 그는 낙서를 하면서 그 시간을 때우고 있었는데 1에서부터 시작하여 시계반대방향의 나선형으로 연속적인 정수들을 써나갔다.

```
100   99   98   97   96   95   94   93   92   91
 65   64   63   62   61   60   59   58   57   90
 66   37   36   35   34   33   32   31   56   89
 67   38   17   16   15   14   13   30   55   88
 68   39   18    5    4    3   12   29   54   87
 69   40   19    6    1    2   11   28   53   86
 70   41   20    7    8    9   10   27   52   85
 71   42   21   22   23   24   25   26   51   84
 72   43   44   45   46   47   48   49   50   83
 73   74   75   76   77   78   79   80   81   82
```

그는 소수들(굵은 숫자)이 대각선을 이루며 생겨난다는 사실을 주목하고 놀라워했다.

이런 우연한 발견에 영감을 얻은 울람은 연속되는 정수의 사각 나선 *square spirals*을 작성했다. 로스알라모스의 매니악 II 대형 컴퓨터는 첫 9천만 소수를 기억하고 있었고, 무기연구소는 사상 초유의 컴퓨터 그래픽 시설을 가지고 있었다. 울람과 두 명의 로스알라모스 동료인 마크 웰스 *Mark Wells*와 마이런 슈타인 *Myron Stein*은 매니악 II를 프로그램하여 1천만까지의 모든 정수를 4각 나선 다이어그램으로 짜도록 지시했다. 소수는 이상할 정도로 대각선을 선호하는 것으로 나타났다.

유클리드 이후 유수한 수학자들은 소수의 패턴과 소수를 발생시키는 공식을 알아내려고 시도했으나 성공하지 못했다. 과연 울람은 이 대각선 낙서를 가지고 뭔가를 만들어낼 수 있을까? 마틴 가드너는 1964년에 이렇게 썼다.

"수학의 여명 지대에서 울람의 낙서는 결코 가볍게 평가되어서는 안 됩니다. 에드워드 텔러에게 하나의 '아이디어'를 제공하여 최초의 열핵장치를 가능하도록 만든 것도 결국 울람이었습니다."

한 소규모 다이어그램에서 울람은 17을 정 중앙에 놓고 17에서 272까지의 모든 정수를 적어 넣었다.

또다시 소수는 대각선을 이루며 발생했다. 실제로 왼쪽 맨 아래에서 오른쪽 맨 위까지 대각선을 이루며 뻗어나가는 수는 모두 소수들이다.(227, 173, 127, 89, 59, 37, 23, 17, 19, 29, 47, 73, 107, 149, 199, 257). 소수를 추구하는 학자들에게는 이런 숫자들은 모두 낯익은 숫자이다.

272 **271** 270 **269** 268 267 266 265 264 **263** 262 261 260 259 258 **257**

213 212 **211** 210 209 208 207 206 205 204 203 202 201 200 **199** 256

214 161 160 159 158 **157** 156 155 154 153 152 **151** 150 **149** 198 255

215 162 117 116 115 114 **113** 112 111 110 **109** 108 **107** 148 **197** 254

216 **163** 118 81 80 **79** 78 77 76 75 74 **73** 106 147 196 253

217 164 119 82 **53** 52 51 50 49 48 **47** 72 105 146 195 252

218 165 120 **83** 54 33 32 **31** 30 **29** 46 **71** 104 145 194 **251**

219 166 121 84 55 34 21 20 **19** 28 45 70 **103** 144 **193** 250

220 **167** 122 85 56 35 22 **17** 18 27 44 69 102 143 192 249

221 168 123 86 57 36 **23** 24 25 26 **43** 68 **101** 142 **191** 248

222 169 124 87 58 **37** 38 39 40 **41** 42 **67** 100 141 190 247

223 170 125 88 **59** 60 **61** 62 63 64 65 66 99 140 189 246

224 171 126 **89** 90 91 92 93 94 95 96 **97** 98 **139** 188 245

225 172 **127** 128 129 130 **131** 132 133 134 135 136 **137** 138 187 244

226 **173** 174 175 176 177 178 **179** 180 **181** 182 183 184 185 186 243

227 228 **229** 230 231 232 **233** 234 235 236 237 238 **239** 240 **241** 242

18세기에 오일러는 n² + n + 17이라는 공식을 내놓았다. n에 0에서 15까지의 수를 넣으면 소수를 얻을 수가 있다. 사실, 다음의 16개의 소수는 울람의 작은 다이어 그램에서 대각선을 형성했던 소수들이기도 하다.

n	$n^2 + n + 17 =$ 소수
0	$0^2 + 0 + 17 = 17$
1	$1^2 + 1 + 17 = 19$
2	$2^2 + 2 + 17 = 23$
3	$3^2 + 3 + 17 = 29$
4	$4^2 + 4 + 17 = 37$
5	$5^2 + 5 + 17 = 47$
6	$6^2 + 6 + 17 = 59$
7	$7^2 + 7 + 17 = 73$
8	$8^2 + 8 + 17 = 89$
9	$9^2 + 9 + 17 = 107$
10	$10^2 + 10 + 17 = 127$
11	$11^2 + 11 + 17 = 149$
12	$12^2 + 12 + 17 = 173$
13	$13^2 + 13 + 17 = 199$
14	$14^2 + 14 + 17 = 227$
15	$15^2 + 15 + 17 = 257$

위의 오일러 공식에서 n에 16을 넣으면 합성수인 289(17^2)가 나온다. 그래서 오일러는 또다른 공식인 $n^2 + n + 41$을 내놓았다. n에 0에서 39까지의 숫자를 넣으면 오로지 소수만이 나온다. 그러나 이 공식에 n = 40을 넣으면 1,681, 즉 41의 제곱이 나와서 소수를 만들어내지 못한다.

매니악 II는 오일러의 $n^2 + n + 41$ 공식이 1천만 이하에서 소수를 얻는 데에는 놀라울 정도로 위력을 발휘하여 47.5퍼센트라는 근사한 성적을 내고 있다. 울람은 오일러의 공식만큼이나 맞히는 확률이 높은 또 다른 공식들을 발견했다. 그러나 에어디쉬와 같은 소수 팬들에게는 실망스럽게도 울람의 낙서는 결과적으로 큰 성과를 거두지는 못했다. 소수들이 대각선을 선호하는 것은 분명해 보이지만, 정수론 이론가들은 오일러의 공식을 포함하여 그 어떤 공식도 소수만을 산출해내지는 못한다는 것을 증명했다.

그래서 울람은 이 환상적인 추적을 포기했고 생애 말년에는 핵시대의 원로 정치가로서 과학과 도덕의 관계를 강연하는 일에 열중했다. 그는 한때 이런 질문도 받았다. 로스알라모스에서의 그의 노력이 핵폭탄 제조의 불가능성을 증명했다면 이 세상은 어떻게 되었겠는가? 그는 이렇게 대답했다.

"이 세상은 자살적 전쟁과 전면적 파괴의 위험이 없는, 더욱 살기 안전한 세상이 되었을 것입니다. 불운하게도 불가능성의 증명은 물리학 분야에서는 존재하지 않았습니다. 오히려 수학은 순수 논리의 가장 아름다운 사례를 제공하고 있습니다."

✤

에어디쉬는 동료들이 수학적 예민함을 유지하도록 돕는 것을 자신의 개인적 사명으로 여겼다. 그들이 울람처럼 병이 들었을 때, 그는 그들의 마음에 자극을 주어 정상을 회복하도록 했다. 그러나 모든 동료들이 울람처럼 성공적으로 회복했던 것은 아니었다. 일부 동료는 병이 들었다가 수학적 자신감을 회복했지만 일부 동료는 그렇지 못했다.

존 포크맨 *Jon Folkman*은 산타 모니카에 소재한 싱크탱크인 랜드 연구소에 근무하던 장래가 유망한 수학자였다. 그는 1960년대 후반 뇌종양이라는 진단을 받았다. 종양이 너무 크게 자라 있어서 수술의 예후(豫後)가 좋지 않았다. 담당의사들은 그 종양을 성공적으로 잘라낼 가능성이 별로 없다고 말했다. 설혹 잘라낸다 하더라도 식물인간이 될지 모른다고 보았다. 이러한 불리한 예측에도 불구하고 수술은 성공적으로 끝났다. 그레이엄은 말한다.

"에어디쉬와 나는 수술 후에 병원에 문병을 갔습니다. 우리가 병실에 들어서자 마자 에어디쉬는 존에게 수학 문제를 퍼부었습니다. 그는 방금 전에 수술을 받은 몸이었지만 수학문제들을 잘 풀어냈습니다! 비록 천천히 대답하기는 했지만 정확한 대답이었어요. 그러나 퇴원 후 그의 성격은 변했습니다. 그는 우울해졌고 자신의 수학 능력이 전만 못하다고 생각하게 되었어요. 그러나 나타난 증거만으로 볼 때 그의 수학 능력은 전보다 오히려 더 나았어요. 자기 자신을 시험하기 위해 그는 학술대회에 제시된 미해결의 문제를 살펴보면서 그것들을 하나씩 하나씩 풀어나갔어요. 그건 정말 놀라운 일이었어요. 존은 가우스와 마찬가지로 아주 높은 학문적 수준을 자기 자신에게 부과했기 때문에 자신의 탁월한 일부 업적도 발표하지 않았어요. 그러던 어느날 그는 권총을 사서 자살했습니다. 겨우 서른 한 살이었습니다. 그건 아주 슬픈 일이었지요. 랜드 연구소에서 그의 상사였던 레이 풀커슨 *Ray Fulkerson* 박사는 부하의 고뇌를 미리 알아보고 조치를 취하지 못한 자신의 잘못이라고 말했어요. 풀커슨은 종종 이렇게 말하곤 했습니다.

'존의 자살은 늘 내 마음에 걸려.'

그러더니 풀커슨 박사도 나중에 자살했습니다."

심지어 위대한 수학자들조차도 불안정한 증세로 고통을 받았다. 그들은 자신의 능력이 저하된 것은 아닐까, 혹은 자신들의 증명이 생각보다 훨씬 떨어지는 수준이 아닐까 하고 걱정하는 것이다. 버트란드 러셀은 언젠가 한번 G.H.하디에게 자신의 "끔찍한 꿈" 얘기를 털어놓았다. 다음은 하디의 회상이다.

"꿈속에서 러셀은 서기 2100년 경 대학 도서관의 맨 꼭대기층에 있었다. 도서관 사서가 엄청나게 큰 양동이를 들고서 서가 사이를 오가고 있었다. 그는 서가에 꽂힌 책들을 하나 하나 꺼내어 어떤 것은 서가에 도로 꽂아 넣고 어떤 것은 양동이에다 버렸다. 마침내 사서는 3권 짜리 커다란 책 앞에 왔다. 러셀은 그 책이 자신의 대작인 『수학 원리 *Principia Mathematica*』임을 알아보았다. 사서는 그 중 한 권을 꺼내어 몇 페이지 넘겨 보더니 그 책 속에서 사용된 기이한 기호들 때문에 약간 당황하는 표정을 지었다. 그러다가 책을 닫더니 손에 들고서 그대로 꽂아놓을까, 버릴까 망설이고 있었다…"

오스트리아의 논리학자인 쿠르트 괴델도 자신감을 상실해버린 수학의 천재였다. 에어디쉬는 괴델을 정상으로 회복시키려고 온갖 노력을 아끼지 않았다. 에어디쉬는 프린스턴 대학의 고등학문 연구소에서 괴델을 만났는데, 괴델은 1933년에서 1976년까지 이 연구소를 자신의 주된 거주지로 삼고 있었다. 에어디쉬는 말했다.

"괴델과 나는 대화를 많이 나누었습니다. 그는 정말로 뛰어난 재능이 있었습니다. 그는 모든 것을 다 알고 있었고 심지어 자신이 연구하지 않는 것에 대해서도 훤했습니다. 그런 그가 출판한 업적은 별로 많지 않다는 것이 정말 이상합니다. 훨씬 많은 저작을 내놓을 수도 있었을 텐데 말입니다. 그의 관심이 자꾸 형이상학 쪽으로 흘러가는 것 같아서 나는 늘 그와 언쟁을 했습니다. 우리는 라이프니츠에 대해서 많이 연구했는데 그때마다 나는 괴델에게 말했습니다.

'당신은 수학자가 되어서 사람들에게 연구 대상이 되어야지, 당신 자신이 그처럼 열심히 라이프니츠를 연구해서는 안 되네.'"

1931년 비엔나 시절, 당시 25세의 젊은 괴델은 수학의 근본을 뒤흔 들어버림으로써 과학계를 놀라게 했다. 산수의 법칙 *the laws of arithmetic*을 포함할 정도로 강력한 형태적 수학 체계는 그 어떤 것이라 할지라도 그 체계의 일관성을 증명하지 못한다는 사실을 증명했던 것이다. "『수학원리』와 관련 체계에서의 형식적으로 증명 불가능한 명제에 대하여 *On Formally Undecidable Propositions of Principia Mathematica and Related Systems*"라는 논문으로, 괴델은 버트란드 러셀의 수학적 기반을 흔들어놓았다.(바로 이 때문에 꿈속에 나온 도서관의 사서는 『수학원리』를 일관성있는 수학적 진리라고 보지 않고 역사적 골동품으로 생각하는 것이다).

러셀은 이미 또 다른 논리학자인 프리드리히 루드비히 고트로브 프레게 *Friedrich Ludwig Gottlob Frege*에게 치명타를 입힌 바 있는데, 그런 러셀이 이번에는 거꾸로 치명타를 맞았으니 정말로 절묘한 순환이라고 할 것이다.

20세기 초 수학의 기초에 대한 연구는 일대 유행을 이루었다. 프레게나 러셀 같은 수리 논리학자들은 아주 엄정한 방식으로 수학이라는 학문을 재정립하고자 했다. 이 방식의 핵심은 그 어떤 것도 당연시하지 않고 단 몇 개의 자명한 공리로부터 모든 것을 증명해보자는 것이다. 기본산수 *elementary arithmetic*를 구축하는 데 있어서 논리수학자들은 덧셈의 교환 법칙 *commutative law of addition*, 즉 합해지는 숫자의 순서에 구애받지 않는 가산법 같은 공리로부터 시작했다. 바꾸어 말하면

a + b = b + a라고 보는 것이다(그러나 감산의 경우는 그렇게 되지 않는다. 즉 a−b는 b−a와 같아지지 않는다). 그들이 이런 자명한 명제마저도 진술했다는 것은 그들이 얼마나 엄정한 접근방식을 취하고 있는가를 보여준다.

그러나 그들은 여기서 한발 더 나갔다. 그들은 숫자 4와 같은 개념을 당연시하지 않고 그런 개별 숫자의 정의도 시도했다. 이런 형식적인 사고방식에 있어서, 숫자들은 집합의 관점으로 정의되었다. 가령 4라는 숫자는 무엇인가? 프레게는 이렇게 말한다. 주위를 한번 돌아다 보라. 그러면 어디에서나 4를 만날 수 있다. 카드의 같은 숫자 한 벌, 의자의 다리, 4개로 구성되는 모든 세트 등을 취하여 하나의 커다란 집합으로 보는 것이다. 이 집합들의 집합이 "4 *fourness*"의 개념을 형성한다.

이런 고통스러운 작업이 시작된 것은, 기하학에서 시작된 위기가 수학(산수)에까지 번지지 않을까 걱정한 나머지, 새로운 수학적 진실을 찾아보겠다는 일념 때문이었다. 몇개의 자명한 진리, 가령 두 점을 이으면 직선이 된다, 모든 직각은 같다, 직선은 양방향으로 무한히 뻗어나간다 등을 바탕으로 하여 유클리드는 13권으로 구성된 『기하학 원리』 제5권에서 평면 위의 점과 선에 관한 수백개의 기하학 정리를 증명했다. 가령 3각형의 내각의 합은 180도이다와 같은 것이 그런 정리이다. 유클리드는 이렇게 하여 기하학을 보다 견고한 반석 위에다 올려놓았다. 그는 불확실성 때문에 괴로워하는 영혼들에게 확실성의 위안을 제공했다. 여러 세기 동안 유클리드 기하학은 뉴턴, 다윈, 프로이트, 아인슈타인의 저작처럼 서구문화의 전통 속에서 그 자체의 생명을 유지했다. 스탠퍼드 대학의 수학과 교수인 로버트 오서맨은 그의 저서 『우주의 시학 *Poetry of the Universe*』에서 이렇게 적었다.

"당초 수학이나 기타 과학 분야에서 연구의 도구 및 모델로 간주되었던 『기하학 원론』은 서서히 표준 교육의 기본적인 한 부분이 되었다. 모든 젊은 학생들이 반드시 숙지해야 할 지적 장비(裝備)의 하나가 되었다… 비합리적인 믿음과 불확실한 추론으로 가득찬 이 세상에서 『기하학 원론』 속의 명제는 한 점 의혹이 없는 진리로 증명되었다… 놀라운 사실은 2천년이 흐른 뒤에도 『기하학 원론』 속에서 실제적인 '오류'를 발견해낸 사람은 아무도 없다는 것이다. 바꾸어 말하면 그 책 속의 진술은 모두 주어진 추론에서 논리적으로 도출된 것이라는 것이다."

유클리드 기하학은 2천년 이상 동안 학문의 세계를 지배해왔지만 왕궁의 밀실에서는 늘 불만의 숙덕거림 소리가 흘러나왔다. 유클리드의 자명한 진리 중의 하나로 여겨지는 평행선 공준은 자명한 진리가 아니라는 것이다. 평행선 공준 *parallel postulate*은 이런 것이다. 평면 위에 하나의 직선을 긋고 그 선 위에 있지 않은 점을 하나 찍었을 때, 그 점을 지나며 원래의 직선과 평행인 직선은 오직 하나 그을 수 있다. 이 공준은 그야말로 자명해 보인다.

그러나 일부 까다로운 경험론자들은 그 공준이 잘못되었다고 노골적으로 주장하지는 않았지만, 그 두 선이 공간 속에서 서로 만나지 않는다고 어떻게 그리도 자신할 수 있는가 라는 의문을 던졌다. 프랑스 수학자인 쟝 르 롱 달랑바르 *Jean Le Rond d'Alembart*는 약간 허풍을 떨면서 이것을 "기하학의 스캔들"이라고 불렀다. 수학자들이 평행선 공준과는 모순되는 공준을 내놓기 시작하자 그 상황은 점점 스캔들이 되어갔다.

1829년 니콜라이 이바노비치 로바체브스키 *Nicolai Ivanovich Lobachevsky*- 톰 레러 *Tom Lehrer*의 담시(譚詩)에서 로바체브스키는 표절자로 묘사되어 있으나 사실은 그렇지 않았다 – 는 평행선의 공리를 대체하는 낯선 주장을 제시했다. 한 직선과 그 선 위에 있지 않는 점이 있을 때 이 점을 지나고 원래 직선에 평행인 선은 최소한 2개 그릴 수 있다는 것이다.

1854년 게오르그 프리드리히 베른하르트 리만 *Georg Friedrich Bernhard Riemann*은 또다른 상반되는 주장을 했다. 평행선이라는 것은 애초부터 있을 수 없으며 모든 직선은 무한히 확장되면 결국 만나게 된다!

비록 상식에는 위배되지만 이러한 대체 기하학 *Alternative Geometry*은 유클리드 기하학 못지 않게 내적으로 일치되는 점이 있었다. 바꾸어 말하면 자기모순을 이유로 배척할 수가 없는 것이었다. 확실히 이런 새로운 기하학의 출현은 유클리드 기하학의 정리와는 정면으로 배치되는 것이다. 가령 리만 기하학에서 삼각형의 내각의 합은 180도보다 큰 것으로 되어 있다. 사실 삼각형의 크기에 따라 내각의 합에 편차가 있으며 삼각형의 크기가 작으면 작을수록 180도에 가깝게 된다는 것이다.

"말도 안 되는 소리!" 사람들은 생각했다. "실제로 콤파스를 꺼내서 실제 세상의 삼각형의 각을 재보면 180도가 된다는 것을 알리라."

사람들의 그런 반응에 대해서 리만은 이렇게 대답했다.

"그렇게 너무 자신만만해하지 마십시요. 실제 세상에서 당신이 측정해본 삼각형은 모두 자그마한 것들 뿐입니다. 우주라는 엄청난 공간에서 지구는 먼지 한 점에 불과하다는 것을 기억하세요. 지구가 이처럼 작기 때문에 당신이 측정해본 삼각형은 모두 180도인 것처럼 보이는 겁니다. 그리고 이 비좁은 지구에서조차도 측정의 부정확성을 감안할 때, 내각의 합이 179.99997이 아니라 180도라고 결론짓는 것도 속좁은 일일 겁니다."

학계에서 평행선 공준에 대한 대체 주장을 내놓은 것과, 오랜 시간의 시련을 견디어온 유클리드 기하학이 자연의 기하학이 아니라고 주장하는 것은 전혀 별개의 문제였다. 비유클리드 기하학은 유럽 전역의 카페 사회에서 엄청난 스캔들을 불러일으켰다.

표도르 도스토예프스키의 『카라마조프의 형제들』(1880)에 나오는 회의적인 인물인 이반은 유클리드 기하학을 지지한다.

일반 상식에서 통하는 얘기처럼, 만약 신이 존재하여 정말로 지구를 창조했다면, 그는 유클리드 기하학에 의거하여 지구를 창조했을 것이고 오직 3차원의 공간의식만을 가진 인간을 창조하셨을 것이다. 그런데도 불구하고 과거부터 지금까지 아주 유능한 기하학자들이나 철학자들이 이 우주가, 아니 이 존재가 유클리드 기하학에 의거해서 창조되었다는 사실을 부인하고 있다. 그들은 유클리드의 평행선 공준은 부정하면서 평행한 두 선이 언젠가는 무한 속에서 만나게 될 것이라고 주장하기까지 한다. 그래서, 내 친구여, 나는 그들의 말을 이해할 수 없는데 어떻게 신에 대해서 이해할 수 있겠는가 하는 결론을 내렸다네… 심지어 평행선이 서로 만나는 장면을 내가 목격하여 그것을 보았다고 말했다 할지라도 나는 그것을 받아들이지는 않겠네.

기하학이 이처럼 일대혼란에 빠진 것을 보고 프레게 같은 논리학자들은 산수를 보강하는 작업에 착수했다. 1902년 프레게는 방금 대작을 완수한 사람답게 만족스러운 마음으로 쉬고 있었다. 그의 책 『산수의 기초 *The Foundations of Arithmetic*』 제 2권이 인쇄 중이었고 이미 나온 제 1권이 수학계에 일대 선풍을 일으켰기 때문에 2권도 그런 대접을 받으리라는 기대를 모으고 있었다.

그러나 만족은 곧 절망으로 바뀌고 말았다. 그의 저작 중 핵심이라고 할 수 있는 집합의 집합 *a set of sets*이라는 개념이 필연적으로 역설 (paradox)을 포함한다는 러셀의 설명을 접수했기 때문이었다. 프레게는 나중에 이렇게 회상했다.

"자신의 저작이 막 완료된 순간에 그 저작의 기반이 붕괴되는 꼴을 보아야 하는 과학자처럼 더 비참한 처지도 없을 것이다. 나의 저작이 완료되어 인쇄를 하는 과정에서 내게 보내진 버트란드 러셀 씨의 편지는 나를 그런 처지로 밀어 넣었다."

러셀이 발견한 역설은 크레타 사람 에피메니데스 *Epimenides the Cretan*에 관한 고대 그리스의 모순과 비슷한 데가 있었다. 에피메니데스는 "모든 크레타 사람은 거짓말쟁이"라고 말했다. 만약 에피메니데스가 진실을 말하고 있다면 그는 거짓말을 하고 있는 것이 되며, 그가 거짓말을 하고 있다면 그는 진실을 말하고 있는 셈이 된다. 러셀은 그의 자서전에서 이렇게 쓰고 있다.

"에피메니데스의 역설과 본질적으로 같은 역설은 다음과 같은 방식으로 창조될 수 있다. 한 사람에게 '이 종이의 뒷면에 있는 진술은 거짓이다'라는 글이 앞면에 적힌 종이를 준다. 그 사람은 종이를 뒤집어 본다. 거기에는 이렇게 적혀져 있다. '이 종이의 뒷면에 있는 진술은 거짓이다.' 어른은 이런 사소한 일에 시간을 낭비하지는 않을 것이다. 그렇지만 나는 어떻게 해야 할 것인가?"

크레타의 역설에 대하여 러셀은 이렇게 기술했다.

클래스(류)는 때때로 그 자체의 구성원이기도 하면서 아니기도 하다. 예를 들어 차순갈의 클래스는 또다른 차순갈은 아니다. 그러나 차순갈이 아닌 물건의 클래스는 차순갈이 아니다. 그러나 부정(否定)이 되지 않는 경우도 있는 듯하다. 예를 들어 모든 클래스들의 클래스는 클래스이다… (이것은) 나로 하여금 클래스 자체의 구성원이 아닌 클래스를 생각하게 한다. 그리고 이런 클래스는 하나의 클래스를 구성하는 것처럼 보인다. 나는 나 자신에게 이 클래스는 그 자체의 구성원이냐 아니냐고 물어본다. 그 자체의 구성원이라면 클래스의 정의적(定義的)인 속성을 가져야만 하는데 이것은 클래스 그 자체의 구성원은 아니다. 만약 그 자체의 구성원이 아니라면 클래스의 정의적인 속성을 가지지 않을 것이고 그리하여 클래스의 구성원 그 자체가 된다. 이렇게 하여 대안이 그 정반대가 되어버리고 그 결과 모순이 형성된다.

몇 년 뒤 러셀은 이 역설에 대하여 아주 대중화된 설명을 내놓았다. 가령 자기 스스로 면도하지 않는 모든 사람을 면도해주는 세빌리아의 이발사를 생각해 보라. 정작 세빌리아의 이발사 자신을 자기 스스로 면도하는가? 만약 그렇다면 그는 면도를 하지 않는 것이고, 만약 그렇지 않다면 그는 면도를 해주는 것이 된다. 프레게는 아무리 애써보아도 러셀이 내놓는 모든 클래스들의 클래스에 대한 난처한 수수께끼를 풀 수가 없었다.

그 당시 수학계의 원로였던 데이비드 힐버트는 수학의 기초를 재구축하는 작업을 적극적으로 성원했고 그리하여 수학계에서 성가신 역설들을 영원히 축출하고자 했다. 힐버트는 이렇게 말했다.

"우리가 집합론에서 겪었던 역설들은… 다시는 발생하지 않을 것이다."

힐버트의 말은 하나의 복음처럼 받아들여졌다.

"모든 수학적인 문제들은 해결되어야 한다. 우리는 그 점에 대해서 확신하고 있다. 수학의 결정적 매력은 이런 것이다. 우리가 수학 문제에 열심히 매달릴 때 우리는 우리의 내부에서 늘 하나의 소리를 듣는다. 여기에 문제가 있으니, 그 해법을 찾으라. 너는 순수 사고에 의해서 그 해법을 찾을 수가 있다. 왜냐하면 수학에서는 모르는 채 넘어갈 수 있는 것 *ignorabimus*이 없기 때문이다."

러셀과 알프레드 노스 화이트헤드는 힐버트의 부름에 응답했다. 그들의 선배인 프레게와 마찬가지로 그들은 세 권 짜리 『수학원리』에서 제1원칙으로부터 시작하여 수학의 모든 측면을 재구축하려 했다. 이 책의 제1권은 1910년에 발간되었다. 이 저술의 프로젝트는 20년 동안 부드럽게 진행되어 나가다가 젊은 괴델에 의해 파탄에 이르렀다.

괴델은 그 어떤 복잡한 수학적 체계도 완비될 *complete* 수 없음을 증명했다. 바꾸어 말하면, 그 어떤 공리가 채택된다고 하더라도 의미있는 수학적 명제의 진위가 그 체계 안에서는 결코 증명 불가 할 수도 있다는 것이다. 그렇게 하여 에어디쉬가 상금을 내건 문제나 다른 수학자들의 추측들이 이제 증명으로부터 면제될 수도 있게 되었다.

괴델의 두 번째 발견사항은 첫번째 것보다 더욱 파괴적이었다. 어떤 복잡한 수학적 체계라 하더라도 그 체계가 일관성 있다 *consistent* 는 것을 증명하기가 불가능하다는 것이다. 바꾸어 말하면 일련의 공리들이 서로 모순되지 않는다고 확신할 수 없다는 것이다.

수학적 발견사항을 리히터 진도(震度) 스케일에다 비유하자면 괴델의 진도는 10이었다. 수학이 불완비 *incomplete*하거나 또는 일관성이 없을 수도 있다는 사실은 수학을 가장 논리적인 논리체계로 생각해왔던 사람들에게 치명타였다. 수학계에 종사하는 많은 사람들도 그렇게 생각했다. 그러나 괴델의 발견 이후에도, 대부분의 수학자들은 수학에는 모순이 없다는 믿음에 매달리고 있다. 그것을 증명할 수 없는데도 말이다. 정수론 학자인 앙드레 베유 *Andre Weil*는 이 상황을 이렇게 말했다.

"수학이 일관성을 갖고 있기 때문에 신은 존재하는 것이고, 우리 수학자가 그것을 증명할 수 없기 때문에 악마는 존재하는 것이다."

에어디쉬는 베유의 캠프에 소속된 사람이다. 그는 모순이 나타날 것이라고 믿지 않았다. 완전성에 대하여 굵직한 문제들이 쉼없이 공급되어 왔고, 그 문제들은 꾸준한 사고의 덕으로 해결 되었다. 몇몇 문제가 이론적으로 풀리지 않는다고 해서 무엇이 문제될 것인가? 에어디쉬는 문제를 푸느라고 너무 바빠서 수학의 철학적 기초 따위는 신경쓸 여가가 없었다.

그러나 러셀은 수학이 불완비하다는 사실에 크게 충격을 받았다.

나는 사람들이 종교를 믿는 것과 마찬가지로 수학에서 확실성을 원했다. 나는 그 어느 학문보다 수학에서 보다 확실한 확실성을 찾을 수 있다고 생각했다. 그러나 나의 스승들이 받아들이라고 말했던 많은 수학적 논증들이 오류임을 발견했다… 나는 끊임없이 코끼리와 거북이 우화를 생각했다. 수학 세계의 기반이 되는 코끼리를 구축한 그 순간에 나는 코끼리가 비틀거리는 것을 발견했고 코끼리가 쓰러지는 것을 막기 위해 거북이를 구축했다. 그러나 거북이도 코끼리만

큼이나 불안정했다. 이렇게 20년 동안 힘들게 노력해 오다가 나는 수
학적 지식을 명명백백한 것으로 만들려는 나의 노력이 부질없음을
깨달았다.

괴델은 천재이기는 했지만 수학적 정신건강의 모범은 아니었다. 유
령과 악귀와 가상(假想) 심장병에 시달린 그는 어른이 되어서 정신병원
을 여러번 들락날락했다. 우울증과 불안증세를 치료하기 위해서였다.
그는 언제나 식성이 까다로운 사람이었고 나이가 들어가면서 점점 적
게 먹더니 그의 아내 아델레가 해주는 음식 이외의 모든 음식을 거부했
다. 다른 사람들이 은밀히 그에게 독약을 먹이려 한다는 망상증세가 있
었던 것이다. 64세가 되었을 때 그의 몸무게는 겨우 86파운드밖에 되지
않았다.

아델레가 중요한 수술을 받기 위해 입원했던 1977년 중반, 그는 전
혀 음식을 먹지 않았고 그래서 그 다음해인 1978년 71세의 나이로 굶
어죽었다. 죽어가던 만년에 그는 자신의 업적이 또 다른 세빌리아 의
이발사 따위의 역설을 발견한 것 이상이 되지 못한다는 심각한 고뇌에
빠졌다. 그는 미래의 도서관 사서가 자신의 저서를 쓰레기 취급할지 모
른다는 러셀식 악몽에 시달렸던 것이다.

고등학문 연구소에 근무하던 사람들 중 자신이 종사하는 학문의
기반을 뒤흔든 사람은 괴델만이 아니었다. 그의 동료 연구원이며 친구
인 알버트 아인슈타인도 물리학의 기초을 여러 번 뒤흔든 사람이었다.
아인슈타인은 빛이 파동이 아니라 미소한 분자의 흐름이라는 것을 발
견했다. 그는 물체가 무한히 가속되는 것이 아니라 우주의 근본적 한계
와 부딪치게 되어 있다고 증명했다. 물체의 절대 최대속도는 진공에서

의 광속이며 그 속도는 초당 186,282마일이라는 것도 증명했다. 시간은 상대적이며 우주의 다른 편에서는 시계의 가는 속도가 다르다는 사실도 보여주었다. 모든 사람들의 상식을 뒤엎으면서 우리가 유클리드의 3차원 공간에서 살고 있는 것이 아니라 4차원에서 살고있음을 보여준 것은 아인슈타인과 수학자 헤르만 민코프스키 *Hermann Minkowski*였다.

4차원의 가능성은 유클리드의 평행선 공준이 붕괴되던 19세기에 이미 언급되었다. 두 개의 평행선이 서로 만날 수 있다는 이야기는 깜짝 놀랄만한 대체 기하학의 수문을 열었다. 겉보기와는 달리 이 세상의 삼각형의 내각이 실제로는 180도가 되지 않는다면 사람들이 4차원이 아니라 3차원에 살고 있다는 사람들의 감각은 어떻게 믿을 수 있단 말인가.

1884년 저명한 신학자이며 셰익스피어 연구가인 에드윈 애벗 애벗 *Edwin Abbott Abbott*은 익명으로 『평평한 땅 *Flatland*』의 제 2판을 내놓았다. 이 책은 문학적인 정신적 유희 *jeu d' esprit*로서 1차원적으로 사고하는 빅토리아조 사람들(계급신분을 철저하게 지키고 여자는 열등한 동물이라고 생각했던 사람들)을 교묘하게 풍자하고 2차원에 사로잡힌 사람들의 삶을 상상함으로써 역설적으로 4차원의 삶을 암시하고 있다. 애벗이 지은 이 얄팍한 책의 나레이터는 이렇게 시작하고 있다.

"나는 우리의 세상을 평평한 땅이라고 부른다. 우리가 이 세상을 그렇게 부르기 때문이 아니라, 공간에 사는 특전을 가진 나의 행복한 독자들에게 이 세상의 성질을 보다 분명히 하기 위해서이다."

2차원의 표면에만 국한되어 사는 지적인 팬케이크 같은 외계인을 상상해보라. 여기서 2차원이라는 것은 물리적으로 뿐만 아니라 감각적으로도 2차원인 세계를 말한다. 이 존재들은 표면을 "떠난" 그 어떤 것도 감각하지 못한다.

가령 둥근 물체가 「평평한 땅」에 내려와 그 위를 통과한다고 해보자. 평평한 땅에 사는 사람들은 무엇을 경험하겠는가? 그들은 그 물체가 다가오는 사실도, 그 물체가 견고하다는 사실도 깨닫지 못할 것이다. 그들은 먼저 하나의 점으로 그 물체를 인식할 것이고 그런 다음 그 물체의 절반이 「평평한 땅」을 통과해 갈 때, 무한히 확장되는 원을 느낄 것이다. 그랬다가 그 원이 다시 점으로 축소되는 것을 경험하리라.

공간의 땅(3차원 세계)에서 온 방문객이 「평평한 땅」의 사람들에게 3차원의 증거를 제시하면 그들은 화를 버럭 낼 것이다. 4차원의 증거를 제시당한 「공간의 땅」 사람들이 그러하듯이.

어떤 파티에 참석한 에어디쉬는 소파에 구부리고 앉아 『평평한 땅』을 읽고 있는 것이 목격되었다. 그 책은 어른이 된 그가 처음부터 끝까지 읽은 유일한 소설이었다. 아인슈타인이 강력한 주장을 폈음에도 불구하고 4차원은 우리 일반인들이 직관적으로 받아들이기 어려운 개념이다. 탁월한 물리학자인 아더 에딩턴 경 *Sir Arthur Eddington*은 이렇게 고백했다.

4차원의 이론이 아무리 설득력 있는 것이라 할지라도 우리들 내부에서 이렇게 속삭이는 목소리를 무시하기가 어렵다. "네 마음 속 깊숙한 곳에 물어봐라. 그러면 너는 4차원의 개념이 헛소리라는 것을 알게 될 것이다." 실제로 이 목소리는 물리학의 과거사에서 상당히 자주 등장했다. 내가 지금 이 글을 쓰고 있는 이 책상이 실은 텅빈 공간 속에서 엄청나게 빠르게 움직이는 전자의 집합이라는 얘기는 얼마나 공허한가! 전자 공간이란 태양계의 행성들 사이의 공간처럼 넓다는 얘기도 또한 얼마나 황당한가! 내 주위의 공기가 1평방 인치당 14파운드의 무게로 내 몸을 누르고 있다는 것은 얼마나 웃기는 얘기인가!내가 망원경으로 관찰하여 분명 지금 저기에 있는 저 별들의 별빛이 실은 5만년 전 것이라는 얘기는 또 어떤가!우리는 이렇게 황당하다고 외치는 목소리에 의해 현혹되지 말자.그런 목소리는 믿지 말아야 한다…

1935년부터 1955년 사망할 때까지 고등학문 연구소에 재직한 아인슈타인은 빛과 중력을 같은 현상이 서로 다르게 표출되는 것으로 다룬 통일이론을 정립하려고 했으나 성공하지 못했다. 그는 또한 아주 미소한 것을 다루는 물리학인 양자역학의 기초에 대해서도 작업했다.

아인슈타인은 직관(直觀)을 믿지 않는 사람으로 유명했지만, 양자역학의 역설적인 측면 때문에 괴로워했다. 가령 저 유명한 하이젠베르크의 불확정성 원리 *Heisenberg Uncertainty Principle*가 그것이다. 이 원칙은 소립자의 속도를 더 정확히 알면 알수록 그것이 어디로 움직일지 더욱 알 수 없게 된다는 것이다. 이 원리를 극단적으로 설명하면 이렇게 된다. 설혹 미립자의 속도를 정확하게 안다고 할지라도 그 미립자가 우주의 어디에 있는지 알아낼 수 없다. 이와 관련하여 아인슈타인은 신의 이름을 부르면서 저 유명한 말을 남겼다.

"신은 우주를 가지고 주사위 놀이를 하지는 않는다."

아인슈타인과 괴델은 절친한 친구였다. 에어디쉬와 마찬가지로 그도 괴델을 자신감의 위기로부터 구출해주려고 노력했다. 또 상당히 오랜 기간 자신의 상대성 이론에 관심을 갖게 하여 함께 중요한 논문을 공저하기도 했다. 아무튼 아인슈타인은 괴델의 고민을 해결해주기 위해 많은 노력을 기울였다.

괴델은 편집증세 때문에 수학의 기초에서만 모순을 발견한 것이 아니라, 기타 신성한 분야에서도 모순을 발견했다. 미국 시민권을 취득하는 절차의 일환으로 미국 헌법을 읽던 도중 괴델은 그 헌법 속에서 대통령보다는 독재자를 뽑을 가능성이 있는 모순을 발견했다고 주장했다. 괴델은 화가 났다. 그는 무솔리니나 히틀러 같은 독재자를 피하기 위하여 미국에 왔기 때문에 더욱 그러했다. 시민권을 취득하기 위해 인터뷰를 하는 동안, 아인슈타인은 괴델을 제지하기도 하였다. 그가 미국 헌법에서 발견한 모순 사항을 면접관에게 발설하는 것을 막기 위해 아인슈타인이 대화 도중에 끼어 들었고 또 그의 말을 가로 막기도 했다.

에어디쉬도 한동안 고등학문 연구소에서 괴델과 아인슈타인과 함께 지냈지만, 그들과 공동 연구한 적은 없었다. 그는 미소지으며 말했다.

"그들은 에어디쉬 번호 1은 아니지요. 나는 아인슈타인과 절친한 사이는 아니지만 그래도 그를 잘 알고 있었어요. 그의 집에서 점심 식사를 하면서 나는 그에게 소수 정리를 설명했어요. 물론 그는 내 말을 이해했고 또 멋지다고 말했지만, 더 자세한 내용을 설명해달라고는 하지 않았어요."

아인슈타인의 물리학은 아주 수학적이고 또 그는 현대의 가장 유명한 방정식인 $E = mc^2$를 만들어낸 사람이다. 이 방정식은 에너지와 질량이 동등하다는 사상을 표현하고 있다.(c는 빛의 속도).

아인슈타인과 에어디쉬가 나눈 대화는 주로 정치에 관한 것이었다. 사실 1940년대의 아인슈타인은 자신이 물리학보다 정치에 더 관여하고 있는 사실을 난처하게 생각했다. 그는 수학 조수인 에른스트 슈트라우스 *Ernst Straus*에게 이렇게 말했다.

"우리는 우리의 시간을 그렇게 나누어야 해요. 정치와 방정식에 공평하게 말이에요. 하지만 내가 볼 때 방정식이 더 중요해요. 정치는 현재의 관심사일 뿐이지만, 방정식은 영원한 거니까요."

한편 에어디쉬는 이런 의견을 제시했다.

"나는 아인슈타인이 없었더라도 원자폭탄은 만들어졌을 거라고 생각한다. 그가 기본적인 이해를 제공한 것은 사실이지만, 상대성 이론 없이도 그 폭탄은 만들 수 있는 것이다. 나는 1945년에 그에게 이렇게 물어본 적이 있다. '40년 전에, 당신의 공식 $E = mc^2$이 당신의 생전에 실용화하리라고 생각했나요?' '아니요. 생각하지 못했습니다. 언젠가는 실용화되리라 생각했지만 이렇게 빨리 되리라고는 생각하지 않았어요.'"

두 사람은 종교에 대해서도 토론했다. 다음은 에어디쉬의 회상.

"아인슈타인은 인격화된 신은 믿지 않는 게 확실했다. 이건 내가 그에게 직접 물어보았기 때문에 아는 사실이다."

에어디쉬는 아인슈타인보다 에른스트 슈트라우스에게 더 가까웠다. 슈트라우스의 아내 루이스는 1944년 고등학문 연구소에서 처음으로 폴 에어디쉬를 만났다. 그녀는 53년 뒤 웃으면서 그때를 회상했다.

"그를 처음 만났던 때를 잘 기억하고 있어요. 남편은 아인슈타인에게 일을 하러 갈 때면 나와 에어디쉬를 집에 함께 남겨두었어요. 나는 곧 에어디쉬가 가만히 앉아 있지를 못하는 사람이라는 것을 알아보았어요. 특히 수학을 할 때는 더욱 그렇더군요. 내가 그를 돌보아준 기간 동안 그는 수학을 아주 열심히 연구했어요. 프린스턴 대학의 구내를 위아래로 산책하거나, 손을 흔들거나, 몸짓을 과장되게 하면서 말이에요. 손을 그렇게 흔들어야 기하 문제가 잘 풀리는 것 같았어요. 나는 도저히 그를 따라갈 수가 없었어요. 수학적으로도 그렇고 생활에서도요. 그는 아주 빨리 걸었어요. 어떤 때는 그를 잃어버려서 발견할 수가 없었어요. 나는 정말 걱정이 되었어요. 20세기의 수학 천재를 잃어버렸다고 하면 남편이 뭐라고 말할까 은근히 걱정되더군요. 하지만 이윽고 그를 찾아냈어요. 그는 건물 앞에 서서 건물 벽에다 머리를 쾅쾅 박고 있더군요. 머리가 너무 아파서 그랬다는 거예요. 아마도 너무 골똘히 생각했기 때문일 거예요."

루이스와 에른스트는 신혼부부였는데 에른스트가 아인슈타인 밑에서 일하게 되면서 프린스턴 대학에 둥지를 틀게 되었다. 아인슈타인은 수학적으로 검증해야 할 사항이 꽤 있었고, 연구소 당국에서 조수를 붙이도록 재원을 제공했다.

"아인슈타인을 잘 아는 친구의 재촉을 여러번 받은 끝에 남편은 그자리에 인터뷰 신청을 했어요. 아인슈타인과의 면접은 잘 되어 나갔어요. 그래도 남편은 양심상 이렇게 말할 수밖에 없었대요.

'한 가지 밝힐 사실이 있는데, 저는 상대성 이론에 대해서는 잘 모릅니다.'

그랬더니 아인슈타인이 미소를 지으면서 대답하더래요.

'그건 괜찮습니다. 내가 상대성 이론은 알고 있으니까.'

남편은 그래서 그 자리에 취직이 되었고 1944년에서 48년까지 아인슈타인 밑에서 일했지요. 우리는 당시 전화가 없었어요. 그래서 아인슈타인이 전보로 자신의 아이디어를 우리에게 보내왔어요. 상대성 이론의 구체적 내용이 전보를 탄 것은 아마도 그때가 처음일 거예요!"

그러나 아인슈타인은 이미 40년 전에 상대성 이론을 생각해냈기 때문에 아마도 다른 주제를 추적하고 있었을 것이다.

"매일 아침 남편은 머서 스트리트에 있던 아인슈타인의 집에 들렀어요. 그래서 고등학문 연구소에 있는 그의 사무실까지 같이 걸어갔지요. 아인슈타인은 아주 커다란 사무실을 갖고 있었어요. 바닥에 카펫이 깔려 있었고 낮은 창문 옆에 아주 우아한 커다란 책상을 놓고 있었지요. 그러나 그는 그 사무실에서 일하는 것을 좋아하지 않았어요. 오히려 뒤쪽에 있는 작은 사무실에서 내 남편과 함께 일하는 걸 좋아했어요. 그래서 나보고 그 큰 사무실을 쓰라는 거예요. 그래서 나는 그 큰 책상에 앉아 있게 되었어요. 당시 나는 콜롬비아 대학에서 수학 학위를 얻기 위해 논문을 마무리하는 중이었어요. 그렇지만 아주 난처할 때도 있었어요. 때때로 연구소 소장님이 작업중인 아인슈타인에게 유명인사를 인사시키려고 나타날 때가 있었어요. 그런데 내가 그 책상에 떡 앉아 있었으니 얼마나 우스꽝스러웠겠어요! 남편과 아인슈타인은 점심때까지 함께 일했어요. 그런 다음 아인슈타인은 집으로 퇴근했어요. 오후에 남편은 오전에 미처 못한 수학을 풀거나, 자기 수학 연구를 하거나, 아니면 폴 에어디쉬 같은 연구소 손님들과 환담하며 지냈어요.

"에어디쉬는 내가 처음 만나보았을 때 그대로 언제나 바쁘게 걸어다녔어요. 몇 년 뒤 우리가 캘리포니아로 이사를 했을 때, 우리는 아일랜드산 세터견(犬)을 기르게 되었어요. 에어디쉬가 몇 시간이고 산책을 할 때면 그 개가 그 뒤를 따라다녔지요. 하지만 그는 너무나 생각에 몰두해 있어서 그 개를 인식하지도 못했어요. 한번은 우리가 그와 함께 오스트레일리아에서 로스앤젤레스까지 돌아오는 장거리 비행기를 타게 되었어요. 그는 수학적 진실을 발견하기 위해 손을 좌우로 흔들면서 비행기 통로를 왔다 갔다 했어요. 사람들이 그런 그를 계속 쳐다보았어요. 집에 도착했을 때 남편과 나는 너무 피곤해서 잠이 들고 싶었어요. 하지만 그는 정신이 말짱해서 밤새 수학 연구를 하고 싶어했어요.

"우리는 고등학문 연구소 시절, 낡은 군용 막사에서 살고 있었어요. 에어디쉬는 길 건너 '독신자 숙소'에서 살았는데, 다른 여덟 사람과 함께 거실을 함께 썼어요. 남편이 한번은 그에게 다른 룸메이트들은 뭐하는 사람이냐고 물었어요. '사소한 존재들이야'라고 그는 말했어요. 수학자가 아닌 사람들은 모두 사소한 존재들이라는 뜻이었지요. 그는 사소한 존재들이 지겨워지면 느닷없이 우리 집에 나타나 며칠이고 묵어가곤 했어요. 그가 우리 집에서 묵던 어느 날 밤, 와장창하는 소리가 들려왔어요. 막사 창문에는 천으로 된 끈이 달려 있지 않았어요. 그래서 자물쇠를 풀면 창문이 와장창 내려앉아 버려요. 그는 아주 지적인 사람이지만 창문을 조용히 내리는 법을 결코 알아내지 못했어요. 그는 정말로 무심한 교수였어요. 심지어 샤워기를 조정하는 방법도 몰랐어요. 샤워 꼭지를 잠그는 법도 몰랐고요. 그래서 목욕탕 바닥은 항상 흥건했어요. 바닥의 리놀륨이 습기 때문에 일어났고 문은 비틀어져서 잘 닫히지 않았어요. 그는 바깥에 있는 공중전화통에 매달려서 밤새 동전을 집어넣으면서 전세계의 수학자들에게 전화를 걸었어요. 또 가까이에 있는 친구들에게는 하시라도 우리 집에 들르라고 말했어요.

'내가 지금 슈트라우스 집에 묵고 있는데, 그리로 와.'

그는 손님들을 부르기 전에 우리의 의사를 물어보는 적이 없었어요. 수학자들을 무턱대고 초대하는 거예요. 하지만 남편이 그의 그런 태도를 좋아했어요. 그들은 함께 온갖 아이디어를 다 검토했어요. 그렇게 해서 많은 수학문제의 해법이 마련되었어요. 남편이 지금까지 살아 있었다면 그때는 정말 수학적으로 풍성한 시기였다고 말할 거예요. 연구소 시절은 정말 소란스러운 시절이었어요. 에어디쉬는 많은 연구를 했고, 아인슈타인은 늘 자극을 주었으며, 폰 노이만은 최초의 컴퓨터를 만들고 있었어요.

　"1948년 남편이 당뇨병에 걸렸을 때 에어디쉬는 프린스턴에서 우리와 함께 묵고 있었어요. 폴은 자기도 인슐린을 맞아보고 싶다고 했어요. 물론 우리는 말렸지요. 그는 벌컥 화를 냈어요. 그는 과학적 호기심이 발동해서 그렇게 해보고 싶어했던 거지요. 남편과 나는 당시 자동차 운전을 배우고 있었어요. 우리는 크로스 칸트리(미대륙 횡단) 자동차 여행을 하고싶어서 낡은 차를 한 대 구입했어요. 폴도 운전을 하고싶어했어요. 하지만 우리는 그를 극력 말렸어요. 그가 만약 운전을 했다면 그날로 끝장이었을 겁니다. 사고가 틀림없이 일어났을 테니까요. 우리는 온갖 좋은 말로 그를 말렸습니다. 하지만 그도 고집이 만만치 않더군요.

　"캘리포니아로 이사가기 직전인 1948년 여름, 우리는 파티를 열었습니다. 그는 늘 구두끈을 잘 매지 못해서 쩔쩔 맸어요. 그가 파티에 참석한 사람들에게 불쑥 구두를 내밀며 구두끈을 좀 매달라고 부탁하던 것이 생각나는군요. 사람들은 우리가 에어디쉬 꼴 보기 싫어서 캘리포니아로 이사간다고 농담을 했어요."

　에른스트 슈트라우스는 대물리학자와 대수학자의 스타일상의 차이를 직접 목격한 몇 안 되는 사람들 중의 하나이다. 에어디쉬의 70회 생일 때 슈트라우스는 덕담을 했다.

　"아인슈타인은 자신이 수학을 피하고 물리학을 선택한 이유를 내게 이렇게 말했습니다. 수학은 매력적이고 아름다운 문제들이 너무 많아서, 핵심적인 문제를 발견하지 못한 채 평생 노력 낭비를 할 우려가 있다. 그러나 물리학의 경우는 핵심적 문제를 잘 파악할 수 있다. 과학자의 주된 임무는 이런 핵심 문제를 추구하는 것이고 그밖의 문제들에 현혹되지 않는 것이다. 설혹 그 문제가 아무리 어렵고 또 매력적이라고 할지라도. 그런데 에어디쉬는 이러한 아인슈타인의 주장을 성공적으로 또 지속적으로 파괴했습니다. 그는 자신이 만난 아름다운 문제들의 유혹에 빠졌습니다. 그리고 상당수의 문제들이 그에게 굴복했습니다. 이러한 사실을 볼 때 나는 이렇게 생각하게 되었습니다. 진리를 탐구해 나가는 과정에는 에어디쉬 같은 돈 쥬앙 *Don Juans*의 스타일이 있는가 하면 아인슈타인 같은 갤러해드 경 *Sir Galahads*의 스타일도 있다고 말입니다."

✢

1948년 12월 2일, 에어디쉬는 해외를 떠돌기 시작한지 10년만에 부다페스트로 돌아갔다. 그 여행은 달콤하면서도 씁쓸한 것이었다. 많은 친구와 친척들이 죽었으나 그의 어머니와 절친한 친구인 폴 투란은 살아 있었다. 그 귀향에서 그는 투란의 미래 아내인 베라 소시와 5살 된 신동 미클로시 시모노비츠 *Miklos Simonovits*를 만났다. 이 두 사람은 나중에 그의 가까운 공동 연구자가 되었다. 그러나 스탈린이 국경을 봉쇄하고 악명 높은 날조 재판에 회부하기 위해 민간인들을 검거하기 시작하자 그는 조국 방문의 일정을 단축했다.

1949년 2월, 에어디쉬는 헝가리를 빠져 나왔다. 그 후 3년 동안 그는 영국과 미국을 오가는 생활을 했고 그러다가 1952년에 노터 데임 대학교 *University of Notre Dame*의 호의적인 제안을 받았다. 그는 딱 한 강좌만 가르치는 조건으로 이 대학의 교수직을 제의 받았다. 또한 그가 공동 연구자들과 수학문제를 증명하기 위해 해외여행을 할 때면 그 빈 시간 동안 강의를 대신 해줄 조수도 붙여준다는 조건이었다. 에어디쉬는 기존 조직 종교에 가담하는 것은 거부했지만 가톨릭 계통의 대학에서 가르치는 것은 개의치 않았다. 그는 이렇게 농담을 했다.

"그런데 곤란한 것은 말이야, 이 종교에는 플러스 기호가 너무 많다는 점이야."

노터 데임 대학은 그런 조건에서 그의 교수직을 정년까지 보장하겠다고 제의했다. 에어디쉬의 40세 생일 파티에서 그를 처음 만났던 멜빈 헨릭슨은 당시 에어디쉬의 친구들이 수락할 것을 재촉했다고 기억했다. 한편 에어디쉬는 40세 생일 파티에서 사람들에게 이렇게 말했다.

"죽음은 마흔부터 시작된다."

동료 수학자의 아내 한 사람은 이와 관련하여 이렇게 회상했다.

"마흔이 되면서부터 그는 SF가 그의 어깨에 한 손을 짚고 있다고 신음을 내질렀습니다. 나는 그게 참 의아하여 그에게 물어보았습니다.

'폴, 마흔 살에 그렇게 우울한 기분이라면 앞으로 쉰살일 때는 어떤 느낌이겠어요?'

그러자 그가 즉각, 그리고 슬프게 대답했어요.

'더 나쁜 느낌이 들겠지요.'

정말 에어디쉬다운 대답이었어요."

아무튼 그의 친구들은 그에게 노터 데임 측의 제안을 받아들이라고 권유했다.

"폴, 그런 방랑 수학자 생활을 언제까지 할 수 있다고 생각하세요?"

"사십년 이상은 거뜬히 할 수 있지."

에어디쉬가 대답했다.

친구들의 권유에도 불구하고 에어디쉬는 그 제안을 거절했다. 영구 보직의 책임 때문에 구속당하고 싶지 않아서였다.

그해 7월 그는 어머니의 생일날에 헝가리에 있는 어머니에게 전화를 걸려고 했다. 그러나 친구들은 그가 적국인 공산주의 국가에 전화를 걸도록 허용하지 않았다. 미국은 당시 공산권에 신경이 예민해 있었다.

"그때부터 샘과 조를 상대로 한 나의 갈등이 시작되었다. 나는 조가 꼴보기 싫어서 헝가리로 돌아가지 않았다. 1954년 나는 암스테르담에서 개최된 국제수학 대회에 초청을 받았다. 샘은 나에게 재입국 허가를 주지 않으려 했다. 당시는 매카시 시대였다. 이민국 관리들은 내게 온갖 황당무계한 질문을 했다.

'당신의 어머니는 헝가리 정부에 커다란 영향력을 행사하고 있습니까?'

'아닙니다.'

'마르크스, 엥겔스, 그리고 스탈린의 저작을 읽었습니까?'

'아닙니다.'

'마르크스에 대해서 어떻게 생각하십니까?'

'나는 그를 판단할 만큼 잘 알지는 못하지만 아무튼 그가 위대한 인물이라고 생각합니다.'

그들이 내게 물어본 질문들 중에서 말이 되는 것은 다음과 같은 질문 하나뿐이었다.

'헝가리를 떠나오는 것은 쉽습니까?'

그들은 물론 그 대답이 '아니오' 라는 것을 알고 있었지만 내가 어떻게 대답하는지 떠보려는 속셈이었다.

'아니오, 쉽지 않습니다.' 내가 말했다. '나는 지금 당장은 헝가리를 방문할 계획이 없습니다. 나에게 재출국 허가를 내줄지 알 수 없기 때문입니다. 나는 영국과 네덜란드로 갈 생각입니다.'"

마르크스에 대한 에어디쉬의 답변은 이민국 관리를 당황하게 만들었지만 그보다 더 당황하게 한 것은 다음과 같은 문답이었다.

"재출국 허가를 받을 수 있다고 확신하면 헝가리를 방문할 계획입니까?"

"물론입니다. 내 어머니가 거기 계시고 또 많은 친구들이 있으니까요."

그러나 매카시 시대에는 공산주의 국가를 방문하고 싶다는 의사를 자인해서는 안 되는 것이었다.

그래서 미국 정부는 재입국 비자를 거부했고 그는 변호사를 선임하여 그 거부 결정에 항의했으나 또다시 거부당했다. 다음은 헨릭슨의 회상이다.

"아무런 이유도 주어지지 않았어요. 그러나 그의 변호사는 에어디쉬 파일의 일부분을 검토하는 것이 허용되었어요. 그랬더니 에어디쉬가 후아라는 중국 정수론 학자와 편지 교신을 했다는 사실이 기록되어 있었어요. 후아는 1949년 일리노이 대학을 떠나 중공으로 돌아갔던 수학자였습니다.(에어디쉬가 후아에게 보낸 편지는 전형적인 에어디쉬 편지로서 '친애하는 후아, ρ를 홀수 소수라고 할 때…' 라고 시작되어 있었다). 게다가 에어디쉬는 두 명의 외국인과 함께 수학을 논의하다가 롱 아일랜드의 레이더 시설에 접근했었다는 사실도 기록되어 있었습니다."

관계당국은 수학 기호로 가득 찬 후아에게 보낸 편지가 암호 메시지일지 모른다고 생각했다.

에어디쉬는 노터 데임 대학교에서 사임하고 그린카드(미국 영주권)를 몰수당한 상태로 암스테르담으로 향했다.

"에어디쉬에게 있어서 여행할 권리를 박탈당한다는 것은 곧 숨쉴 권리를 박탈당하는 거나 마찬가지였습니다." 헨릭슨이 말했다.

에어디쉬는 그 어디에서나 구속당하는 것을 싫어했다.

"그래서 나는 재입국 비자 없이 미국을 떠났습니다. 나의 그런 행동은 미국의 가장 좋은 전통과도 일치하는 것이었습니다. 미국의 전통은 정부에 의해서 따돌림을 당하도록 자기 자신을 방치하지 말라는 것이었으니까… 그래서 여러 해 동안 나는 미국으로 돌아올 수 없었습니다." 에어디쉬는 말했다.

40년 뒤 앤 데이븐포트는 이렇게 회상했다.

"매카시가 그를 미국에서 쫓아낸 후 유럽에서 에어디쉬를 만난 적이 있어요. 택시를 타고 집으로 가던 도중 그는 뭔가 물건을 꺼낼 것이 있었어요. 그는 당시 여행용 가방 두 개를 들고 다녔습니다. 그게 그가 가진 전부였어요. 그가 가방을 두 개 다 열어서 보니, 겨우 3분의 1 정도만 차 있더군요. 개인적인 사물이 들어 있었는데 값나가는 것은 없었어요. 우리가 집에 도착하니 부다페스트에 있는 어머니에게 전화를 걸어 달라고 하더군요. 그래, 어머니의 번호가 어떻게 되느냐고 물었어요. 그랬더니 어머니 집에는 전화가 없다는 거예요. 그럼 어떻게 전화 거느냐고 되물었더니 이웃집에 전화가 있다는 거예요. 그래 이웃집 전화 번호를 물었더니 이렇게 대답하더군요.

'그건 나도 몰라요. 당신이 좀 알아봐줘요.'"

늘 낙천적이었던 에어디쉬는 서유럽 국가들은 샘과는 달리 그에게 자유스럽게 여행하도록 해줄 것이라고 생각했다. 그러나 거기에서도 저항이 있었다. 네덜란드는 실망스럽게도 두 달 짜리 비자를 내주었을 뿐이었다. 영국도 별로 나을 것이 없었다. 이들 국가도 그가 중공의 친구와 교신한 것을 좋아하지 않았던 것이다.

마침내 이스라엘에서 예루살렘의 히브리 대학에서 3개월 짜리 근

수십 년 뒤. 에어디쉬와 그의 어머니가 헝가리 과학원의 영빈관인 마트라하자에서 휴식을 취하고 있다.

무를 제안해옴으로써 그에게 숨통을 열어주었다. 그는 이 대학에 있으면서 최초로 자신이 내건 문제를 해결하면 20달러를 주겠다는 상금을 걸었다. 그 문제는 까다로운 집합론의 문제였다. 그는 이스라엘 시민권을 거부했지만 이스라엘 거주자가 되었다. 계속 헝가리 여권을 유지하면서 에어디쉬는 자기가 세계 시민이라고 주장했다.

스탈린이 죽은 지 이태가 지난 뒤인 1955년 에어디쉬는 헝가리를 방문할 수 있었다. 그와 가까운 친구들이 에어디쉬가 수학계의 세계적 학자라는 점을 들어 그에게 특별 여권을 내주도록 정부측을 설득했던 것이다. 그래서 헝가리 정부는 그가 헝가리 국민이면서도 이스라엘에 거주하는 것을 허용하는 여권을 내주었다. 그의 어머니도 헝가리 정부에 로비를 하는 데 도움이 되었다. 그녀는 전혀 정치와 관계없는 인사였지만, 공산정부는 오래된 그녀의 과거 행적을 기억하고 있었다. 1919년 당시 벨라 쿤을 전복시키려는 반혁명 세력에 그녀가 가담하지 않은 것 때문에 그녀를 좋게 보았던 것이다.

에어디쉬에게만 허용된 이 특별 여권 덕분에 그는 필요할 때마다 마음대로 헝가리를 출입하는 권리를 얻게 되었다. 1956년 부다페스트의 친 민주적인 혁명이 소비에트 탱크에 의해 진압되었다. 소비에트가 새로이 옹립한 지도자인 야노시 카다르는 그후 32년 동안 헝가리를 통치했다. 카다르 정부는 에어디쉬의 특별 여권을 그대로 인정했다.

에어디쉬는 조와 화해했고 또 야노시(그는 1956년 이래 헝가리를 이렇게 불렀다)와도 화해했다. 그는 보고 싶을 때 언제든지 어머니를 만나볼 수 있었고 또 헝가리 동료들과 함께 일할 수도 있었다. 그와 투란은 헝가리 고전시를 다시 쓰면서 수학연구의 피로를 풀었다. 야노시 파흐는 이렇게 말했다.

"그들이 재작성하는 시의 핵심 주제는 노년과 망녕에 대한 것이었습니다. 그 두 가지는 그들을 가장 두렵게 만드는 것이었어요."

에어디쉬는 특별히 다음 2행시를 음송하는 것을 좋아했다.

한 가지 생각이 나를 우울하게 해.
내가 알츠하이머 병(치매)에 걸려 천천히 죽어 가는 것.

One thought disturbs me, that I may decease
In slowly progressing Alzheimer's disease

그레이엄은 위의 시와 관련하여 이렇게 논평했다.

"에어디쉬는 자신이 사람들의 이름을 잘 기억하지 못한다는 것을 알았어요. 하지만 알츠하이머라는 이름을 기억하지 못할 정도가 된다면 그건 정말 큰 일이라고 입버릇처럼 말했어요."

3 아인슈타인과 도스토예프스키

EINSTEIN VS. DOSTOYEVSKY

내가 에어디쉬에게 큰 신세를 입은 것은 30년전 한 호텔에서였다. 당시 나는

로마의 파르코 델 프린키피 호텔에 묵고 있었다. 어느날 그가 나에게 다가와

이런 말로 나를 놀라게 했다.

"가이, 커피 한잔 하겠어요?"

나는 별로 커피를 마시는 편이 아니지만 이 위대한 수학 천재가 하필이면 나를

커피 상대로 지목했다는 데 흥미를 느꼈다. 커피의 가격은 요즘엔 어디서나

1달러지만, 당시로서는 꽤 큰 돈이었다. 우리가 커피를 뽑아들었을 때,

폴이 말했다.

"가이, 당신은 굉장한 부자입니다. 그러니 내게 100달러만 빌려주십시요."

나는 다시 한번 깜짝 놀랐다. 그의 그런 요구에 놀란 것이 아니라 그런 요구를

선선히 들어준 나 자신에게 놀랐다. 다시 한번 에어디쉬는 나보다도 나 자신에

대해서 잘 알고 있었던 것이다. 그때 이후 나는 내가 굉장한 부자라는 사실을 깨

달았다. 내가 필요한 물건을 모두 가지고 있다는 그런 물질적인 관점에서가 아

니라, 내가 수학을 좋아하고 또 에어디쉬를 직접 알게 되었다는 정신적인

관점에서 나는 굉장한 부자인 것이다.

–리처드 가이 Richard Guy

에어디쉬가 25개국을 여행하는데 사용했던 여권에 부착된 사진.

1959년 에어디쉬는 샘의 우호적인 분위기를 파악하여 비자를 신청했고 그리하여 콜로라도주 볼더에서 열리는 정수론 회의에 참석할 수 있게 되었다. 비자 발급의 조건은 반드시 여러 명의 수학자들과 함께 동행해야 된다는 것이었다. 그런 조건은 그에게 하나도 부담이 되지 않았다. 그가 늘상 동행하는 사람들은 수학자밖에 없었던 것이다. 또 하나의 조건은 회의가 끝나면 즉각 미국을 떠나야 한다는 것이었다. 에어디쉬는 이렇게 말했다.

"1959년 여름 미국에서 열린 회의에 참석하고 헝가리로 돌아왔더니 수학 신동이 하나 나타났다는 얘기가 무성하더군요. 어머니가 수학자인 그 애는 고등학교 과정의 수학을 이미 다 알고 있다는 거였어요. 나는 매우 흥미를 느껴서 그 다음날 그 아이와 함께 점심을 먹었어요… 우리가 점심을 먹고 루이스 포사 *Louis Pósa*는 수프를 먹는 동안, 내가 다음 문제를 냈어요. 2n보다 작거나 같은, n + 1개의 정수가 있다고 할 때, 그들 중에는 항상 서로 소 *relatively prime*인 두 수가 있음을 증명하라. 나는 이 간단한 결과를 몇년 전에 발견하고 10분 정도에 걸쳐서 아주 간단한 증명을 만들어냈어요."

구체적인 실례로 n을 5라고 해보자. 그러면 1, 2, 3, 4, 5, 6, 7, 8, 9, 10이라는 집합에서 어떤 방식으로 6개의 정수를 선택하더라도 두개의 서로 소인 정수가 반드시 포함된다.(서로 소는 1보다 큰 공약수가 존재하지 않는다는 뜻이다). 만약 이들 정수 중에서 5개를 고르라고 한다면 위의 추측은 사정이 달라진다. 즉, 2, 4, 6, 8, 10이라는 5개의 짝수를 고를 수 있게 되고 이들은 모두 2라는 약수를 공유한다.

루이스 포사는 수프를 다 먹고 나서 이렇게 말했다.

"그 두 수는 이웃합니다."

바꾸어 말하면 그 두 수는 연속되는 수라는 것이다. 에어디쉬는 말한다.

"2n보다 적거나 같은, n + 1개의 정수가 있다고 할 때, 그들 중 둘은 연속되고 그리하여 서로 소가 됩니다."

에어디쉬는 포사의 이런 대답에 크게 감동되었다. 그가 어떤 강연에서 이 얘기를 하자, 청중 중 한 사람은 이렇게 말했다.

"그럴 경우에는 수프보다는 샴페인이 제격인 것 같은데요."

에어디쉬는 12세의 포사가 위대한 가우스와 같은 수준이라고 생각했다. 가우스는 열살 때에 1에서 100까지의 정수 합계를 재빨리 계산해냈다.

에어디쉬는 포사를 자신의 제자로 삼았다. 그들은 함께 자주 어울렸고 에어디쉬의 어머니는 종종 포사에게 과자와 달콤한 음료를 가져다주었다. 에어디쉬는 말했다.

"포사가 열세살이 조금 더 되었을 때, 나는 그에게 램지 정리를 설명해주었습니다…"

에어디쉬는 그에게 무한한 점과 무한한 변이 있는 그래프와 관련된 문제를 내었다. 그는 포사가 이 그래프에서 점들이 모두 연결되어 있거나 아니면 모두 연결되지 않은 무한 부분집합을 발견할 수 있는지 물었다.

이것은 사실 파티에 참석하는 초청객의 숫자를 정하는 문제를 약간 변형한 것이다. —파티에서 서로를 아는 무한의 모임이 있거나 아니면 서로를 모르는 무한의 부분집합이 있을 수 있는가?

"포사는 약 15분 정도 걸려서 이 문제를 이해했습니다. 그런 다음 집으로 가서 저녁 내내 문제를 생각하더니 잠들기 전에 증명을 만들어 냈어요." 에어디쉬가 말했다.

"포사가 약 14세가 되었을 때부터 나는 그를 성인(成人) 수학자로 대접했습니다. 나는 그에게 전화를 걸어서 문제에 대해 물어보았습니다. 만약 그 문제가 기본수학에 관한 것이라면 그 애는 아주 멋지고 지적인 논평을 할 수가 있었습니다. 하지만 흥미롭게도 그 애는 미적분을 이해하는 데 어려움을 느꼈어요…그 애는 기하는 좋아하지 않았어요. 기본적인 기하문제와 관련한 문제를 몇 개 내보려고 했으나 좋아했던 적이 없어요. 그 애는 자신이 흥미있어 하는 문제만 풀려고 했는데 그런 문제만큼은 아주 기막히게 잘 풀었어요."

포사가 14세였을 때 에어디쉬와 그는 최초의 공동 논문을 작성했다. 그는 15세가 되었을 때 그래프 이론에서 아주 유명한 연구 결과를 내놓았다. 그러나 스무 살이 되자 포사는 증명과 추측을 그만두고 중등학교에 교사로 취직했다.

"나는 아주 슬픈 심정으로 그가 죽었다는 사실을 언급했지요. 하지만 언젠가는 소생하리라고 봅니다. 그가 열여섯살이 되었을 때, 아인슈타인보다는 도스토예프스키가 되고 싶다고 내게 말했을 때, 걱정이 되기 시작했어요."

포사가 여자애들에게 빠져들었다는 사실도 그의 수학 공부에 치명적인 장애가 되었다. 그는 에어디쉬에게 왜 "여자 수학자"는 없느냐고 물었다. 에어디쉬는 대답했다.

"남자 아이들이 아주 총명하다면 여자 아이들이 그들을 싫어할 것이라고 생각하면서 자란다고 해보자. 그러면 수학을 공부하는 남자 아이들이 많을까?"

포사는 많지 않을 것이라고 수긍했다.

에어디쉬는 여자 문제만큼은 어떻게 해볼 수가 없었지만, 다른 즐거움은 포사에게 제공할 수 있었다.

"헝가리에서는 많은 수학자들이 독한 커피를 마십니다. 수학 연구소에서는 특별히 맛있는 커피를 잘 만들죠. 포사가 아직 열네살이 되지 않았을 때, 나는 그에게 약간의 커피를 권했습니다. 그랬더니 설탕을 엄청 많이 넣고 마시더군요. 나의 어머니는 어린 애에게 그런 독한 커피를 주면 어떻게 하냐고 나무랐어요. 하지만 포사가 이렇게 대답할지도 모른다고 응수했지요.

'사모님, 저는 수학자의 일을 하고 있기 때문에 수학자의 음료를 마시고 있는 것일 뿐입니다.'

나는 몇 년 전에 보았던 영화의 한 장면이 생각났어요. 16세의 소년이 어른들과 함께 위스키를 마셨는데 그걸 보고 한 부인이 깜짝 놀랐어요. 그 16세 소년은 영화 속에서 이렇게 말했어요.

'나는 어른의 일을 하기 때문에 어른의 음료를 마시는 것일 뿐입니다.'"

포사는 수학 영재를 받아들이는 특별 고교 프로그램에 입학한 최초의 학생들 중 하나가 되었다. 그는 그 프로그램을 너무나 좋아했다. 그래서 2년 월반하여 대학에 입학할 수 있는 자격 시험에 합격했음에도 불구하고 그 프로그램에 그대로 다녔다. 그는 에어디쉬에게 이렇게 말했다.

"나의 학급에는 나보다 기본수학에서 더 뛰어난 아이들이 있습니다."

그런 아이들 중의 하나가 라즐로 로바슈 *László Lovász*였다. 그는 나중에 조합론 연구로 유명한 수학자가 되었고 또 에어디쉬와 함께 7편의 공동 논문을 작성했다. 로바슈는 좀 늦은 나이에 수학을 시작했다. 에어디쉬는 이렇게 말했다.

"그는 수학자로선 늙은 나이인 거의 열 일곱 살이 되었을 무렵에 수학을 시작했어요. 그가 고등학교 1학년 때 그와 그의 친구 수학자는 동시에 같은 여자 아이에게 구애를 했어요. 그 여자 아이도 여자치고는 그리 나쁜 수학자는 아니었어요. 두 남자 아이는 그녀에게 둘 중에서 선택하라고 했어요. 그녀는 로바슈를 선택했고 나중에 결혼을 했지요."

에어디쉬는 이 에피소드에 대해 이런 농담을 던졌다.

"그 여자 아이가 이런 조건을 내걸었더라면 얼마나 좋았겠습니까. '리만 가설을 증명한 사람을 선택하겠어요.'"

에어디쉬는 전세계의 수학 신동을 찾아내어 육성하는 일을 자신의 사명으로 생각했다. 에어디쉬가 요제프 펠리칸 *József Pelikán*을 처음 만난 것은 그가 15세였을 때였다. 다음은 요제프의 회상.

"그 분은 우리가 마치 전문적인 수학자인 양 어려운 수학 문제들을 물어보셨습니다."

에어디쉬의 그런 관심은 곧 효과를 나타냈다. 포사 같은 신동은 때 이르게 "죽어버리고" 말았지만, 다른 신동들을 쑥쑥 자라나 당대의 대수학자가 되었다.

에어디쉬는 아이들이라면 모두 사랑했다. 수학 신동만 사랑한 것이 아니라 동료 수학자들의 어린 아이들도 좋아했다.

"사람들은 자꾸만 내가 아이를 안고 있는 사진을 찍습니다." 에어디쉬가 말했다.

어떤 사진에서는 아기가 너무 느긋한 표정을 짓고 있어서 누군가가 그 사진에 '폴 아저씨 아기를 어르다' 라는 제목을 붙였다. 아이들이 어리면 어릴수록 그는 더욱 강한 애착을 느꼈다.

수학자 알렉산더 이비치 *Alexander Ivic*에게는 두 살난 나탈리아라는 딸이 있었다. 에어디쉬와 이비치는 그 딸을 데리고 벨그라드 공원에 산책을 나갔다. 그들은 그 공원에 조용히 앉아 소수의 분포에 대해서 토론할 생각이었다. 그러던 도중 이비치는 잠시 해야 할 일이 있어서 그 자리를 잠시 뜨게 되었다. 그는 약간 불안한 마음을 느끼면서도 자신만만한 에어디쉬에게 나탈리아를 맡기고 그 자리를 떴다. 이비치가 일을 보고 돌아왔을 때 공원은 텅 비어 있었다. 다음은 이비치의 회상.

"에어디쉬도 나탈리아도 보이지 않았습니다. 나는 충격으로 속이 메슥거려왔어요. 공원주위를 한 바퀴, 두 바퀴, 세 바퀴를 돌았습니다… 공포가 내 몸을 엄습해 왔어요. 사망, 납치, 교통사고 등 온갖 불길한 생각이 떠올랐습니다."

그가 경찰에 신고할 마음을 먹는 순간, 길 건너편에서 두 사람이 나타났다.

"그들은 천천히 걸어오고 있었어요. 에어디쉬의 손을 잡고 있는 나탈리아는 뭔가 열심히 얘기를 하면서(도대체 무슨 언어로 말하고 있는지 나도 잘 몰랐어요!) 미소 짓고 있더군요."

나탈리아의 다른 손에는 과자가 쥐어져 있었다. 두 사람은 아주 흐뭇한 표정이었다.

"나는 그들에게 달려가 두 사람 모두 포옹해주었습니다.

'자네, 너무 걱정하지 말라고 내가 그랬잖아. 난 아이들을 잘 다룬다고.' 에어디쉬가 느긋하게 미소지으며 말했습니다."

에어디쉬는 그의 수학 능력 못지 않게 아이들을 잘 기억했다. 그가 동료 수학자에게 아이 소식을 물을 때는 막연히 물어보는 것이 아니었다. '아이, 잘 있느냐?'고 물어볼 때는 그 아이의 이름, 나이, 과거 병력 (病歷) 등을 모두 알고서 물어보는 것이었다.

"그렇습니다. 그것뿐만 아니라 아이들의 중요한 과거사, 기타 수천

에어디쉬는 어린 아이들을 좋아했다. 그리스 문자 엡실런은 어린 아이를 가리키는 에어디쉬의 용어인데 수학에서는 소량을 의미한다. 에어디쉬는 1970년대 캘리포니아에서 세 아이와 함께 이 사진을 찍었다. 왼쪽에 있는 여자 아이 보비는 앤드루 바조니의 딸이다.

개의 자세한 사항들도 알고 있었지요." 현재 부다페스트의 외트보시 로란드 대학에 그래프 이론 학자로 봉직하고 있는 펠리칸이 말했다.

에어디쉬는 어려운 입장에 있다고 생각되는 사람들과도 특별한 유대관계를 유지했다. 1945년 마이클 골롬은 필라델피아에 있는 프랭클린 연구소에 봉직하면서 정부를 위한 전쟁지원 사업에 몰두하고 있었다. 그런 그에게 에어디쉬가 전화를 걸어 마침 그 도시를 지나가게 되었는데 한번 만나고 싶다고 전해왔다. 골롬은 그날 저녁 동료 수학자의 집에서 개최되는 파티에 참석할 예정이었다. 그는 자신이 방문하기로 되어 있는 수학자도 평소 에어디쉬를 만나보고 싶어했으니까 함께 가면 좋아할 것이라고 대답했다. 에어디쉬는 그 파티에 참석했다. 그러나 수학자들과 얘기를 나누지 않고 갑자기 어디론가 사라졌다. 다음은 골롬의 회상.

"우리는 저녁 내내 그를 보지 못했어요. 사람들이 그 집을 나설 무렵에야 진상을 알게 되었습니다. 그 집 주인의 아버지는 눈먼 분이었는데 아들과 함께 살고 있었습니다. 에어디쉬는 그런 아버지가 있다는 것을 알고 이층에 있는 그 아버지 방으로 가서 저녁 내내 함께 있어주었습니다. 에어디쉬는 그를 만나고 싶어하는 사람들보다는 파티에 참석하지 못하는 눈먼 노인과 함께 시간을 보내는 걸 더 좋아했어요."

에모리 대학에 봉직중이던 피터 윙클러도 에어디쉬의 그런 측면을 직접 목격한 사람이다. 다음은 윙클러의 말.

"우리 대학에는 아주 똑똑한 학생이 하나 있었습니다. 그런데 뇌성 마비에 걸려서 휠체어 신세를 지고 있었어요. 폴은 그 학생을 보자 그에게 다가가서 어떤 질병에 걸렸으며 증상은 어떠냐고 물었어요. 그는 그 짧은 10분 동안에 우리가 그 학생의 에모리 대학 수학과 박사과정에

다니는 기간 동안에 알게 된 것보다 더 많은 것을 알아냈어요. 에어디쉬는 그 학생에게 무엇을 전공하느냐고 묻더니, 당시 박사논문을 준비 중이던 그 학생에게 몇가지 필요한 조언을 해주었어요. 그건 아주 자상한 보살핌이었지요. 에어디쉬는 그런 도움을 자주 베풀었어요."

✛

1960년대 초 에어디쉬는 미국정부에 재입국 비자를 신청했다. 그는 신청서에다 미국 대학 총장, 기타 거물급 학자, 심지어 미국 상원의원 등의 추천장을 첨부했다.

"그의 신청은 번번이 기각되었습니다." 마이클 골롬은 말했다.

"1961년이든가 62년에 그로부터 편지를 한 장 받았습니다. 드디어 미국 영사로부터 비자 발급을 약속받았다는 것이었습니다. 그러나 몇주 뒤 그는 미국 여행 스케줄을 취소해야만 되었어요. 비자 발급 약속이 취소되었던 겁니다. 그는 편지에서 미국 정부를 마구 공격했더군요. 미 국무부의 외교정책은 두 가지 사항에는 요지부동이라고 꼬집었어요. 중공의 유엔가입을 거부하고 폴 에어디쉬에게 미국 입국을 거부하는 거 말이에요."

1963년 여름, 10년 전에 에어디쉬를 만난 적이 있는 미국 정수론 학자 에른스트 슈트라우스와 존 셀프리지는 수백명의 수학자 서명을 받아서 국무부에 청원서를 제출했다. 요지는 에어디쉬에게 재입국 비자를 발급하라는 것이었다. "그는 케네디 암살 직전인 1963년 11월에야 미국에 들어올 수 있었어요." 셀프리지가 말했다.

당시 50세였던 에어디쉬는 이렇게 말했다.

"샘이 마침내 나를 받아들였다. 이제 내가 너무 늙어서 미국 정부를 전복하는 일 따위는 할 수 없으리라고 본 모양이다." 그러나 이것으로 해서 그의 대(對) 정부 문제가 끝난 것은 아니었다. 그는 일년에 한번 고국을 방문하는 스케줄에 따라 1973년 부다페스트로 돌아갔다. 그런데 당시 모스크바의 압력을 받고 있던 카다르 정부는 에어디쉬에게 불쾌한 처사를 단행했다.

에어디쉬의 60세 생일을 축하하여 헝가리 케즈텔리에서 거행된 정수론 학회에 참석하려던 이스라엘 수학자들의 비자를 거부했던 것이다. 이에 격분한 에어디쉬는 자신의 생일 파티 참석을 거부하려 했다. 결국 그 파티에 참석하기는 했지만, 그에 대한 항의로 1976년까지 헝가리를 찾지 않았다. 그러나 베라 소시가 그의 어릴 적 친구인 폴 투란이 암으로 죽어간다는 소식을 전하며 헝가리에 한번 들려줄 것을 요청하자, 그제서야 비로소 헝가리에 돌아갈 생각을 했다.

1964년 여든 넷이된 그의 어머니는 그와 함께 여행을 했다. 그후 7년 동안 그녀는 그가 가는 곳이면 어디든 따라다녔다. 그러나 질병의 감염을 우려하여 인도 여행에는 동행하지 않았다. 그의 어머니는 여행을 싫어했고 또 영어를 전혀 할 줄 몰랐다. 그러나 에어디쉬는 영어권 국가들을 정기적으로 방문하며 일을 보아야 할 형편이었다. 그의 어머니는 아들과 함께 있고 싶다는 이유만으로 여러 가지 불편도 감수하면서 여행에 동행했다.

어머니는 그가 수학을 강연하는 곳마다 따라 가서 조용히 앉아서 천재성이 번뜩이는 자식의 강연을 따뜻한 마음으로 바라보았다. 그들은 하루 세끼 함께 식사를 했고 밤이면 어머니가 잠들 때까지 아들이 어머니의 손을 잡아주었다. 사촌 프레드로는 이렇게 회상했다.

"그녀는 아들을 이 세상 그 무엇보다 더 귀중하게 여겼어요. 아들이 그녀의 하나님이었고 그녀의 모든 것이었습니다. 그들은 1968년인가 69년에 우리 집에 와서 묵었어요. 그들이 함께 있을 때면 그 옆에 있는 나는 아무 것도 아니었습니다. 아예 나라는 존재는 없는 것이었어요. 나 자신도 그녀와는 매우 가까운 사이였기 때문에 그런 태도는 정말 섭섭했지요. 그녀는 나의 숙모였고 내가 아우슈비츠에서 나왔을 때 처음 찾아간 곳도 그녀의 집이었어요. 그녀가 내게 먹을 것을 주고, 옷을 입혀주고 또 나를 사람으로 만들어주었지요."

에어디쉬의 어머니는 그의 건강에 대해서 끊임없이 신경을 썼고 또 그의 육체적 안전에 대해서 늘 노심초사했다. 바조니는 이와 관련하여 이렇게 증언했다.

"에어디쉬는 아주 활발하게 움직이는 사람이었어요. 그는 항상 담벽을 기어올라가서 담위를 평균대처럼 걷곤 했습니다. 그리고 언덕이 있는 것을 보면 그 언덕 너머에 무엇이 있는가 보고 싶어서 언덕 위로 달려가곤 했습니다. 그가 이런 행동을 할 때마다 그의 어머니는 놀라서 어쩔 줄을 몰랐습니다. 그녀는 아들이 저러다가 갑자기 사라지면 어떻게 하나 하고 걱정을 했던 것이지요!"

그녀는 이런 걱정을 결코 그만두지 못했다. 1960년대 후반 에어디쉬와 그의 어머니는 캘리포니아 맨하탄 비치에 있는 바조니의 집에서 묵었다.

"우리의 집은 해변에서 2백야드 떨어진 곳에 있었습니다. 집 근처에는 해변 산책로가 있었어요. 에어디쉬가 그 길로 산책을 하고 싶다고 하니까 그 어머니가 말렸습니다. 산책을 하다가 커다란 파도가 밀려오면 어떻게 하느냐는 거였지요. 그건 정말 말도 안 되는 얘기였습니다. 산책로는 바다 높이보다 20피트나 더 높았으니까요."

에어디쉬는 어머니의 말을 듣지 않고 산책을 하러 나갔다. 다음은 바조니의 회상.

"우리는 그가 돌아오기를 기다리고 있었습니다. 기다리는 동안 어머니는 파도에 대해서 자꾸 걱정을 했습니다. 그러나 파도보다는 아들의 방향 감각에 더 문제가 있는 것으로 드러났습니다. 정말, 그가 산책 나간 지 10분이 채 안 되어 전화벨이 울리더군요. 어떤 부인의 전화였는데, 한 신사가 그 집 앞에 나타나 바조니 가를 찾아왔다가 길을 잃었다고 말한다는 것이었습니다. 나는 그 부인에게 말했습니다.

'그 사람에게 산책로에 서서 북쪽을 보면 손을 흔들고 있는 내가 보일 거라고 말해주세요.'

그래서 나는 집밖으로 나갔는데, 정말 4,5블럭 떨어진 곳에 에어디쉬가 서 있더군요. 갈라진 길 없이 직선으로 뻗어있는 산책로에서 길을 잃다니 정말 믿기지 않더군요."

에어디쉬의 청소년 시절과 대학 시절에 어머니는 그의 이성 교제를 금지시켰다. 바조니는 1930년대 초 부다페스트에서 있었던 일을 기억했다. 당시 그는 자신의 여자친구와 에어디쉬와 함께 에어디쉬의 아파트 밑 정원에서 잡담을 하고 있었다.

"내 여자 친구와 에어디쉬가 희희덕거리며 잡담을 하고 있는데 몇 층 위에서 날카로운 에어디쉬의 어머니 목소리가 들려왔어요.

'그 여자 애 누구니?'

어머니는 그 여자 애가 내 여자 친구라는 사실을 알고서는 안심을 하는 듯했어요."

에어디쉬에게는 여자 친구가 없었다. 아니, 말이 난 김에 하는 말인데, 남자 친구도 없었다. 다음은 바조니의 증언.

"70대에 들어선 어느날 에어디쉬는 내게 평생 '섹스'를 해본 적이 없다고 말했어요. 그 점에 관해서 뭔가 문제가 있다는 거였어요. 나는 그의 얘기를 생생히 기억하고 있습니다.

'여자와 사귀는 일의 즐거움이 내게는 부여되어 있지 않은 것 같애.'

에어디쉬는 일부 친구들에게 성적 쾌락을 방해하는 신체적 이상이 있다고 털어놓았다. 존 셀프리지는 자기가 직접 들었다면 이렇게 털어놓았다.

"발기가 되어 피가 성기에 몰려들면 엄청난 고통을 느끼게 된다고 그가 내게 말했어요. 하지만 그 문제를 치료하기 위해 섹스 전문의를 찾아간 것 같지는 않아요. 그가 몇해 전 어떤 의사를 찾아간 적은 있어요. 의사는 그의 신체 상황을 자세히 설명해주었지만, 그게 치료 가능하다는 얘기는 해주지 않았나 봐요. 물론 20년 전, 30년 전, 40년 전에 비해 오늘날의 의사들이 해줄 수 있는 것이 훨씬 더 많겠지요. 그러나 그런 사실은 에어디쉬에게 그리 중요한 게 아니었습니다. 수학이 그의 첫번째 사랑이었기 때문에, 그는 여자에게 매력을 느끼지 못했고 또 그렇게 되기를 바라지도 않았습니다."

에어디쉬는 어떤 경우, 자신의 성욕에 대해 솔직히 말하면서, 그런 신체적 결함은 대수로운 것이 아닌 듯이 말했다. 에어디쉬는 70세가 되었을 때 한 신문 기자에게 이렇게 털어놓았다.

"그건 아주 복잡한 상황입니다. 기본적으로 나는 심리적 비정상입니다. 나는 성적 쾌락을 견뎌내지 못합니다. 아주 특이한 거죠. 나는 늘 다른 사람들과는 달라지고 싶다는 기본적인 특징이 있었습니다. 이건 아주 뿌리 깊은 것으로서 타고난 것입니다. 아주 어릴 때부터 나는 남들과 비슷해야 한다는 압력을 자동적으로 거부해왔습니다."

그는 섹스 행위를 혐오했던 것과 마찬가지로 섹스에 대해 얘기하는 것도 싫어했다. 바조니는 말한다.

"1940년대에 게르하르트 호흐실트 *Gerhard Hochschild*와 나는 여자를 쫓아다니는 데 많은 시간을 허비했고 또 여자를 잘 사귀는 문제를 가지고 오랜 시간 얘기를 했습니다. 그런데 에어디쉬는 그런 얘기 자체를 싫어했어요. 그래서 우리는 일부러 그의 앞에서는 여자 얘기를 더 했지요. 그건 정말 에어디쉬를 괴롭혔습니다.

'그런 시시한 얘기 그만 해.'

이게 그의 대답이었어요."

다른 친구들은 그가 여자 나체 사진을 싫어한다는 걸 알고 나체 사진을 들이밀며 그를 괴롭혔다. 다음은 셸프리지의 회상.

"한번은 에어디쉬가 브리지 게임을 하고 싶어 했어요. 나는 특별 카드를 꺼내왔습니다. 뒷면만 보면 평범한 것이지만 앞면에는 반쯤 벗은 여자들이 새겨진 카드였지요. 안드라스 하즈날 *András Hajnal*은 폴이 그 카드로는 게임을 하지 않을 거라고 말했어요. 나는 폴에게 그 카드밖에 없다면서, 게임을 하면서 꼭 필요한 부분만 보라고 말했어요.

'뭐라고? 이건 너무 끔찍한데!'

그러나 서너 번 패를 돌리더니 그는 자랑스럽게 말했어요.

'숫자 이외에 다른 것은 보지 않는 게 정말 가능하군.'"

1940년대 후반 중국 내전이 극에 달했을 때, 에어디쉬는 중국 공산당을 지원하기 위한 식량 모집 운동에 참가했다. 바조니는 당시를 이렇게 말한다.

"나는 로스앤젤레스 UCLA대학의 커다란 방에 들어갔던 기억이 납니다. 거기서 에어디쉬와 다른 사람들이 식량 꾸러미를 만들고 있더군요. 그때 에어디쉬의 여자 나체 혐오증을 잘 아는 어떤 짓궂은 사람들이 만약 나체쇼에 함께 가준다면 100달러를 기증하겠다고 말했어요."

그런데 놀랍게도 그는 그들의 제안을 받아들였다. 나중에 그들이 100달러를 모아서 내놓았을 때 그는 자신의 승리 비결을 의기양양하게 말했다.

"보라구! 이 사소한 존재들, 내가 자네들을 멋지게 속여넘겼지. 난 안경을 벗으면 아무것도 안 보이거든."

에어디쉬에게 이런 기이한 측면이 있음에도 불구하고 일부 여성들은 그의 앞에서 나체가 되려는 모험을 시도했다. 그러나 그런 그들도 결국 플라토닉한 관계로 만족해야만 되었다. 그 중 가장 끈질긴 여자는 조세핀 브루에닝 *Josephine Bruening*이라는 여자 수학자였다. 그러나 그녀는 잠시 동안만 무대에 등장했다. 바조니는 말한다.

"나는 그녀를 '다른 여자' 라고 불렀어요. 그의 첫번째 사랑은 물론 그의 어머니였지요."

1962년 바조니는 캘리포니아에 살고 있었는데 한참 동안 소식을 듣지 못하다가 에어디쉬로부터 전화를 받았다.

"몇달 동안 소식이 없다가 불쑥 전화를 받는 일은 그리 이례적인 일도 아니었습니다. 어떤 때는 전화도 걸지 않고 느닷없이 문앞에 나타나는 일도 있었습니다. 어느 일요일 아침에 그런 일이 벌어졌습니다… 아래층 현관문에서 쾅쾅 소리가 나는 거였어요. 신문 배달하는 아이가 일요판 신문가지고 장난질 치는구나 하는 생각이 들었어요. 그래서 호통을 쳐주려고 창문 밖을 내다보았어요. 그랬는데 거기에 에어디쉬가 서서 문을 두드리고 있는 게 아니겠습니까?

'왜 미리 전화를 하지 않고?' 내가 말했습니다.

'그럴 필요 뭐 있어.' 에어디쉬가 퉁명스럽게 대답했습니다.

그런 그가 하루는 미리 전화를 했어요. 지금 UCLA에 와 있다면서 얘기나 좀 할 수 없겠느냐는 거였어요. 그래서 그 대학으로 가서 얘기를 나눴지요.

'바조니, 이제는 더 이상 나를 태워가지고 돌아다닐 필요없어.'

이러는 거예요. 그러면서 약간 과장된 폼으로 자꾸만 등뒤를 돌아다 보았어요. 나는 왜 그런 동작을 하는지 이해가 되지 않더군요.

'에어디쉬, 왜 그럽니까?'

나는 등뒤를 돌아다 보는 그의 동작을 흉내내며 물어보았어요.

'저 여자가 아주 나를 미치게 만든다니까.'

그래서 나는 그의 등뒤를 쳐다보았는데 과연 거기에 한 여자가 앉아 있더군요. 그녀는 조 브루에닝이었어요. 그렇게 되자 에어디쉬가 나를 그녀에게 소개했어요. 그리고 그 일요일에 두 사람은 우리 집을 방문했어요. 그를 차에 태워서 함께 움직이지 않아도 되니까 그렇게 편리할 수가 없더군요. 아무튼 그 둘은 함께 붙어 다녔어요."

에어디쉬와 마찬가지로 그녀도 굉장히 고집스러운 데가 있었다.

"어느날 우리는 라구나 해변으로 가게 되었어요. 그리로 가는 도중 가톨릭 전도시설을 둘러 보기 위해 잠시 멈췄어요." 바조니가 말했다. "조세핀은 자기가 가톨릭을 싫어하고 또 입장료를 내야 하기 때문에 전도시설을 돌아보지 않겠다고 말했어요. 하지만 에어디쉬는 그런 선입견이 없었기 때문에 우리와 함께 그 안으로 들어갔고 내 딸과 함께 비둘기에게 모이를 주었어요. 그런 다음 우리는 라구나로 갔지요. 그런데 정말 문제가 발생한 것은 해변에서였어요. 그곳에서 에어디쉬를 위해서 방 하나만 준비해둔 거예요. 에어디쉬와 조세핀 두 사람에게 따로 따로

줄 방이 없었어요. 관리인은 두 사람이 한 방에서 자라고 말했지요. 에어디쉬는 아주 당황하면서 그건 절대 안 된다고 말하더군요."

또 한번은 어떤 부부가 에어디쉬와 브루에닝이 함께 하이 시에라스 산맥으로 캠핑을 가도록 조치를 해주었다. 그런데 브루에닝과 한 텐트를 사용해야 한다는 사실을 안 에어디쉬는 화를 내며 펄쩍펄쩍 뛰었다.

"그 여자가 감기 걸렸기 때문에, 한 텐트를 쓸 수 없어요!"

에어디쉬가 화를 내며 말했다.

그러나 친구들이 그녀가 감기에 걸리지 않았다고 말하자, 그는 다시 이렇게 둘러대었다.

"그녀가 여자이기 때문에 그렇게 할 수 없어요!"

여러달 동안 그를 쫓아다니던 조세핀은 바조니의 아내 로라에게 솔직히 그녀의 심정을 털어놓았다. 에어디쉬의 운전사 노릇을 하는 것이 너무나 지겨워 곧 그를 차버릴 것이라고. 그녀는 곧 무대에서 사라졌고 에어디쉬는 두번 다시 그녀의 이름을 꺼내지 않았다.

그러나 에어디쉬는 어머니와 함께 방을 쓰는 문제에 대해서는 전혀 거부감이 없었다. 다음은 바조니의 회상.

"1960년대의 일인데, 그때 그들을 위해 웨스트우드의 한 호텔에 멋진 스위트를 두 개 빌려놓았습니다. 아주 깨끗하고 좋은 방이었지요. 그러나 그의 어머니는 불만이었습니다. 방에 먼지가 많지도 않은데 먼지가 많다면서 불평을 하는 것이었어요. 우리는 무엇 때문에 불만인지 알수가 없었어요. 에어디쉬는 프론트 데스크에다 전화를 걸더니 어머니 방에다 간이 침대를 가져다 달라고 부탁하더군요. 그들이 간이 침대를 가져오자, 그녀의 불만은 싹 사라졌어요. 그러니까 방이 깨끗치 못하다는 건 핑계에 불과했던 겁니다. 그녀는 아들이 다른 방에 가서 자는 것이 못마땅했어요. 우리는 그런 사정을 알 수가 없었습니다."

1971년 에어디쉬의 어머니는 그가 강연을 하기로 되어 있던 캐나다 캘거리에서 출혈성 궤양으로 사망했다. 분명 그녀의 병에 대해서 오진이 있었다. 그렇지 않았다면 그녀는 목숨을 건질 수 있었을 것이다. 어머니의 사망 직후 에어디쉬는 많은 약물을 복용하기 시작했는데, 처음에는 항우울제를 복용하다가 나중에는 암페타민으로 바꾸었다. 헝가리의 유수한 과학자였던 그는 헝가리 의사로부터 약물 처방을 받아내는 데 문제가 없었다. 에어디쉬는 말했다.

"나는 매우 우울했습니다. 그러자 내 오랜 친구인 폴 투란이 수학은 우리의 강력한 요새라고 말해주더군요."

에어디쉬는 투란의 그런 충고를 마음 깊이 새겨 하루 열아홉 시간 수학 연구를 하면서 수학사의 흐름을 바꿀 논문들을 속속 발표했다. 그는 어머니와 함께 살았던 부다페스트의 아파트에서는 잠을 이룰 수가 없었다. 그래서 그 아파트는 게스트 하우스로만 이용하고 잠은 헝가리 과학원의 영빈관에서 잤다.

그는 생애 내내 아주 엉뚱한 순간에 어머니에 관한 추억을 떠올리곤 했다. 펜실베이니아 대학의 조합론 학자인 허브 윌프 *Herb Wilf*는 이렇게 회상했다.

"나는 한 학술대회에 참석하여 대학 안뜰을 가로질러 식사를 하러 가는 중이었습니다. 그런데 방금 식사를 마친 에어디쉬가 반대쪽 방향에서 걸어오더군요. 서로 마주치게 되자 나는 통상적인 인사의 말을 했습니다.

'안녕하세요, 폴. 오늘은 기분이 어떻습니까?'

1916년경, 당시 3세이던 에어디쉬.
중부 헝가리의 발라톤 호수에서 어머니와 함께.

그는 우뚝 멈추어 섰습니다. 나도 예의상 함께 멈췄지요. 우리는 잠시 거기에 그렇게 서 있었습니다. 그는 내 질문을 아주 심각하게 받아들였어요. 마치 내가 분할 이론의 점근론에 대한 질문을 던지기라고 한 듯이 말이에요. 그는 평생 어려운 수학 문제만을 풀어온 사람이라서 그런지 그런 일상적인 질문도 심각하게 받아들이는 것 같았어요. 그는 한참 생각하더니 이렇게 말했어요.

'허버트, 오늘 나는 아주 슬픕니다.'

'그런 말씀을 들으니 정말 안 되었습니다. 폴, 당신은 왜 슬픈 겁니까?'

'어머니 생각이 나서 그럽니다. 내 어머니가 돌아가신 것은 당신도 알지요?'

'알고 있습니다. 어머니의 죽음은 당신과 우리 모두에게 아주 슬픈 일이었지요. 하지만 그건 이미 5년전의 일이 아닙니까?'

'그래요. 그런데도 나는 어머니 생각이 자꾸만 납니다.'

우리는 잠시 그렇게 서 있었고 그러다가 각자의 길을 갔습니다."

최악의 경우 전문가

DR. WORST CASE

친애하는 론,

폴 에어디쉬의 어머니가 돌아가셨을 때, 누군가가 내게 이렇게 말해주었습니다.

그 어머니가 살아 있는 친척 중 가장 가까운 분이었다고. 마침내 나는 당신이

그가 남긴 친한 가족중에 가장 가까운 사람이라고 결론을 내리게 되었습니다.

우주의 다른 구석에 지적인 존재가 살고 있을 가능성을 토의한 두 철학자의

이야기를 알고 있습니까? 다른 행성에 지적 존재가 있다고 한다면 인간보다

더 지적일 테니까 곧 그들이 지구를 방문할 지도 모른다고 한 철학자는

추측했습니다. 그러면서 그는 "하지만 그런 존재가 있다는 사실을 어떻게

증명합니까?"하고 물었습니다. 다른 철학자는 상체를 숙이면서 그 철학자의

귀에다 대고 말했습니다. "쉿! 여기서 우리는 우리 자신을 헝가리 사람이라고

부른다네." 아마도 이런 이야기의 주인공으로는 폴 에어디쉬 같이 탁월한

사람이 걸맞을 것입니다.

나는 이 천재, 이 자기희생적인 학자, 은퇴한 신동의 서거를 슬퍼합니다.

이 험한 세상에서 에어디쉬의 원활한 운신을 위해 그 어떤 사람보다

더 많은 투자를 한 당신에게 경의를 표시하며 또 당신이 해준 모든 일에

감사의 말씀을 전합니다.

당신의 앞날이 무궁 발전하기를 빌며,

―고든 라이스벡 Gordon Raisbeck

DR. WORST CASE

AT&T에서 피곤한 하루를 보내고 나서 번지 트램폴린에서 피로를 씻어내고 있는 그레이엄. "당신은 어디에서나 수학을 할 수가 있습니다. 나는 세번 몸비틀기에 뒤로 넘기를 하던 도중에 까다로운 수학 문제의 해법을 문득 생각해냈습니다."

1997년 5월 12일, 뉴저지 주 워청에서의 저녁 무렵. 론 그

레이엄은 뒷뜰에 놓아둔 트램폴린 시설에서 트램폴린(공중넘기)를 하면서 하루 종일 수학을 연구한 피로를 씻어내고 있었다. 그레이엄은 말한다.

"한번은 폴의 어머니를 트램폴린 위에 모실려고 했어요. 하지만 싫다고 하더군요. 그 대신 폴이 트램폴린 위로 올라섰어요."

그레이엄의 몸은 트램폴린보다 몇 피트 높은 공중에 떠 있었다. 그의 허리에 달린 금속 고리에는 20개의 번지 점프 줄이 연결되어 있었다. 그의 오른 쪽에 있는 10개의 번지 줄은 나무 꼭대기에 고정시킨 산악 로프에, 그리고 왼쪽의 10줄은 집 지붕에 고정시킨 로프에 연결되어 있었다.

"나의 목표는 두번 몸비틀기와 두번 공중넘기를 동시에 하는 겁니다. 트램폴린 위에서 이 목표를 달성한 적이 아직 없어요. 추락해도 내 몸을 막아주는 번지 줄이 있기 때문에 용기를 얻고 있습니다. 나이가 들면서 신체가 전처럼 튼튼하지 않다는 것을 느껴요. 튼튼하지 않으면 실수할 확률이 높죠. 실수하면 부상을 입고, 부상을 입으면 회복하는 데

시간이 오래 걸립니다."

그레이엄은 트램폴린 위에서 공중넘기를 계속했고 번지 줄은 그를 공중 높은 데까지 쏘아올렸다. 그러나 그 장치는 그리 안전해 보이지 않았다. 그 장치를 부축하는 나무의 밑동은 부분적으로 속이 파여져 있었고, 번지 줄을 허리의 고리에다 연결시켜주는 고정장치는 쇠가 닳아 있었다. 그레이엄의 친구 중에 공작솜씨가 좋은 전직 고교 수학 교사가 있는데, 그에게 부탁하여 번지 줄을 만들었다고 한다. 그 교사는 그레이엄의 부탁을 들어주었지만, 번지 줄이 끊어져도 책임을 묻지 않는다는 각서를 받고서야 해주었다. 그날 저녁에도 번지 줄은 아무 문제가 없었으나 아직 두 번 몸 비틀기와 두 번 공중 넘기를 감당할 수 있는지 어쩐지는 테스트되지 않았다.(그 테스트를 하려면 몇 주 더 기다려야 했다. "초보자에게 공중 넘기를 가르쳐주면서 수입을 올리는" 러시아 이민자로 구성된 서커스 팀이 그에게 기술을 가르쳐주기로 되어 있다는 것이었다. 이것은 나중에 알게 되었지만, 그 서커스 팀은 그레이엄의 트램폴린 위에 올라가 두 번 몸 비틀기에 세 번 공중 넘기를 거뜬히 해냈다고 한다).

그날 밤 그레이엄은 공중으로 올라갔다 내려갔다 하면서 자신의 인생사를 얘기해주었다.

그레이엄은 캘리포니아 주 태프트에서 1935년에 태어났다. 아버지는 용접공이었고 어머니는 소각공이었다.

"소각공이던 어머니는 내게 소각에 대해서 말씀해주었습니다. '얘야, 용접공은 물건을 이어 붙이고 소각공은 물건을 해체한단다.' "

용접과 소각의 일거리를 찾아서 그레이엄의 부모는 1년 혹은 2년마다 이사를 다니면서 캘리포니아, 조지아, 플로리다 등지의 유전(油田)

혹은 조선소에서 일을 했다.

"우리는 하도 이사를 많이 해서 살았던 곳을 다 기억하지 못해요. 그래서 나의 유년시절은 백지나 다름없어요. 게다가 그 시절은 재미도 별로 없었어요." 그는 나지막히 말했다.

그가 여섯 살이 되었을 때 그의 아버지는 아무 말도 없이 집을 나가버렸다. 그레이엄은 그후 6년 동안 아버지 소식을 듣지 못했다. 그러던 어느 날 아침 캘리포니아주의 버클리에서 신문을 돌리고 있는데 아버지가 그의 앞에 나타났다. 당시 그는 생계를 책임지고 있던 어머니를 돕기 위해 하루에 두 번 신문 돌리기를 했었다. 그가 고개를 쳐들어 보니 어디서 많이 본 사람이 그를 내려다보고 있었다.

"실례합니다만, 당신이 정말 나의 아버지이십니까?"

아버지는 그에게 멋진 손목 시계를 주면서 그가 버클리에 잠시 들렸다는 얘기를 어머니에게 절대 하지 말라고 당부했다. 그는 어머니가 빚진 돈을 내놓으라고 쫓아 올까봐 겁이 났던 것이다.

부모 사이에서 잘 처신하는 것은 어려운 일이었고 게다가 그에게는 의지할 만한 친구도 많지 않았다.

"이사를 자주 다니다 보면 친구를 사귀기가 쉽지 않아요. 나는 고등학교 때 딱 한번 여학생과 데이트를 했어요. 그런데 그만 그녀의 남자 친구가 석 달 전에 묻힌 공동묘지 옆으로 차를 몰고 가게 되었어요. 그녀는 울기 시작하더군요. 말할 필요도 없이 그 데이트는 엉망이 되고 말았지요."

그레이엄은 체육을 잘 했다. 하지만 중고등학교 시절, 나이에 비해 덩치가 작았다.

"축구 같은 인기 종목을 하기에는 너무 덩치가 작았어요. 그래서 왜소한 몸집이 전혀 불리하지 않은 텀블링과 저글링을 하게 되었지요."

(그러나 나중에 대학 들어가서 키가 부쩍 크는 바람에 6피트 2인치인 그레이엄은 체조선수치고는 큰 편이다). 전국을 돌던 그레이엄은 체조기술과 저글링 기술로 곧 동료 선수들과 친구가 되었다.

"어떤 사람이 공 다섯 개를 동시에 저글할 수 있다면 그가 오랜 훈련기간을 거쳤다는 것을 금방 알 수 있지요. 그렇게 해서 공동의 유대감이 생겨나고 곧 친구가 되는 겁니다."

에어디쉬와 비교해 볼 때, 그레이엄은 수학계에 늦게 입문했다. 그가 뒤늦게 수학의 매력을 느낀 다음에도 수학을 직업으로 잡게 된 경로는 아주 우여곡절이 많았다. 아이였을 때 그는 신문을 돌리면서 집 번지수를 잘 기억했고 또 그 숫자를 가지고 머리 속에서 놀이를 하면서 재미를 느끼기도 했다. 초등학교 5학년 때의 선생님이었던 미스 스미스는 제곱근을 계산하는 방식을 그레이엄에게 가르쳐주었다. 그는 그게 너무 쉬워서 곧 세제곱 근을 계산하는 방식을 독학했다. 그러나 그 나이의 그는 숫자보다는 성단과 은하에 더 매료되어 있었다. 나중에 천문학자가 될 생각도 했지만, 천문학자는 망원경을 들여다 보는 시간보다 자료철을 읽는 시간이 더 많다는 것을 알고서, 천문학자 되겠다는 꿈은 포기했다.

중학교 1학년 때 수학적 호기심이 발동했다.

"우리는 그 당시 캘리포니아주 리치먼드의 주택공사장에서 살고 있었습니다. 리치먼드는 재벌 조선회사에 종사하는 사람들이 사는 마을이었지요. 우리 집에는 칠판처럼 생긴 벽이 있어서 거기다 수학 문제를 풀 수가 있었어요. 게다가 나는 운좋게 리처드 슈워브 *Richard Schwab*라는 훌륭한 수학 선생님을 모시고 있었어요. 그 분은 나의 체스 코치이기도 했지요. 나는 아직도 그 분의 사진을 가지고 있습니다." 그레이엄은 말했다.

그는 어릴 적 기념품이 든 상자에 손을 집어넣어 1947년치 신문으로부터 낡은 사진을 꺼냈다.

"이 분이 슈워브 선생입니다."

사진 속의 선생은 세련된 신사였고, 깊은 생각에 잠긴 채 어린 론의 등너머로 체스 게임을 들여다보고 있었다. 당시 론은 엘스 중학교를 대표하여 체스 게임에 참가하여 흑말을 잡고 있었다. 백말을 잡은 상대는 캘리포니아 맹인 학교 학생이었다. ("나는 상대가 맹인이라 만만하게 생각했는데, 결코 그게 아니었어요!")

슈워브는 그레이엄에게 체스를 가르쳤지만 — 사진 속의 그레이엄은 느리게 진행되는 영국식 체스 게임의 첫 세 수를 이미 마스터했음을 보여주고 있다 — 그보다는 수학을 가르치는 일에 더 열중했다.

"나는 대수와 삼각법을 잘 알고 있었습니다. 그래서 어떤 수학 문제도 다 풀 수 있다고 자신했어요. 그러나 슈워브 선생은 내게 좀 어려운 문제를 내주며 겸손을 가르쳐주었어요. 나는 50년이 지난 지금에도 쥐의 마리 수를 찾아내는 그 문제를 기억하고 있습니다. 쥐들이 전체 수효에서 일정 비율로 죽는다는 것을 알고 있을 때, 미래의 특정 시점에서 쥐의 마리 수가 어떻게 되느냐는 것이었지요. 이 문제를 풀기 위해서는 미적분 방정식을 알고 있어야 한다고 슈워브 선생은 말씀했어요. 나는 미적분 얘기를 들어본 적이 없었기 때문에 곧 미적분 교과서를 구입하여 처음부터 끝까지 통독했습니다. 그 학기가 끝날 즈음에는 그 쥐 문제를 풀 수 있더군요. 나는 이 수학의 세계에 매료되었습니다. 나는 수학을 잘 했고, 또 수학이 완벽한 도피처는 되지 못해도 그 자체로 하나의 세계라는 것을 알았습니다. 그것은 명석하고 논리적이고 자족적이면서, 확실성을 제공하는 세계라는 걸 알았죠."(확실성은 수학자들이 수학의 매력을 설명할 때 자주 동원하는 단어이다. 에어디쉬는 한때 이렇게 말한 적이 있다. "이 세상에 확실한 것이 있다면 그건 수학일 것이다. 수학은 정말 확실한 학문이다.")그레이엄은 독학하는 것을 좋아했다. 그는 몇학년 월반하였고 어머니의 권유에 따라 포드 재단 장학금을 받아들여 1951년 15세의 나이로 시카고 대학에 입학했다. 시카고 대학은 아주 진지한 대학이었다. 고등학교 때 모두 날리던 학생이었던 그의 동급생 중에는 칼 세이건 *Carl Sagan*도 있었다.

"당시 시카고 대학은 그레이트 북스(Great Books) 프로그램이라는 실험교육이 진행되고 있었습니다. 학부 시절에는 뉴턴과 다윈을 원전으로 읽고 또 플라톤과 초서를 읽는 것이 전부였습니다. 나는 입학시험에서 수학 성적이 우수하지 않았기 때문에 수학 공부를 하는 것이 허락되지 않았습니다."

그는 아크로디어터라는 동아리에 가입했다. 그것은 댄스, 체조, 저글링, 기타 서커스 곡예를 묶어서 연기하는 동아리였다.

"그건 내가 좋아했던 동아리 활동이었습니다. 시카고 시내의 고교를 돌면서 우리의 정교한 곡예를 보여주었지요." 학부 3년이 흘렀고 그레이엄의 장학금 지급기간이 끝나가고 있었다.

"장학금 지급이 경신되지 않을 전망이었어요. 내 학점이 신통치 않았기 때문이었죠. 나는 그레이트 북스보다는 저글링과 트램폴린에 더욱더 빠져있었습니다. 그때 아버지가 끼어 들어 '그 좌파경향의 위험스러운' 시카고 대학을 그만두고 버클리에 있는 캘리포니아 대학 같은 '미국적인 대학'으로 옮긴다면 학비를 전액 대주겠다고 말했어요."

그레이엄은 아버지의 말을 믿고 버클리의 캘리포니아 대학에 전학했다. 그러나 또다시 수학적 야망을 뒤로 미루어야만 했다. 그는 미적분학 과정을 본격적으로 이수하지 않았기 때문에 수학 전공자가 될 수 없다는 것이었다. 그래서 전기공학과에 등록했다. 그러면서 틈틈이 수학공부를 했고 저녁에는 곡예사로 아르바이트를 했다.

버클리에서 그레이엄은 운좋게도 정수론 학자인 데릭 H. 레머 *Derrick H. Lehmer*로부터 배울 기회를 잡았다. 데릭 레머는 그의 전설적인 아버지 데릭 N. 레머 *Derrick N. Lehmer*와 함께 큰 소수를 찾아낸 업적으로 수학사에 기록된 인물이다.

"2학기에 들어가니까 레머는 그 동안 다루어지지 않았던 소수 정리의 증명에 대해서 우리에게 가르쳐주었습니다. 그때 나는 처음으로 에어디쉬에 대해 알게 되었습니다."

그러나 버클리에 1년 재학한 다음 그레이엄은 병역을 걱정하는 처지가 되었다.

"나는 입영 연기 대상자가 아니었습니다. 대학에 4년 재학하고서 학위가 없는 학생에게는 그런 연기 혜택을 주지 않았어요. 게다가 조언을 해주는 사람도 없었어요. 그때 공군의 사병모집 요강을 보고서 거기에 응모하기로 마음먹었어요. 당시는 전쟁중이 아니었기 때문에 징집되기를 기다리는 것보다 자원을 하면 더 유리할 거라고 생각했어요. 나는 통역사나 번역사가 되어 앞으로 몇년 동안 러시아어나 중국어를 배웠으면 좋겠다고 생각했어요. 당시 지원시험에서 1등을 하면 마음대로 근무부대를 선택할 수 있다는 얘기가 나돌았어요. 사실 나는 1등을 했습니다. 하지만 보직 배정은 그런 식으로 되지 않았어요. 그 분야에 알고 있는 사람이 있어야 했어요. 나는 아무도 아는 사람이 없었기 때문에

1956년 에이엘슨 공군기지로 배속되었어요. 그 기지는 페어뱅크스 남쪽 26마일 정도 떨어진 지점에 있었지요. 그래도 그린란드의 튤보다는 근무하기가 좋은 곳이었어요.

"나는 통신전문으로 배속이 되었으나 실은 전화교환수로 근무했어요. 주로 공군 서비스 클럽에 나가 야간 근무를 했습니다. 공군 사병들이 월급날이면 그 클럽에 와서 술을 한잔씩 했지요. 또 미국 본토에 있는 가족이나 여자 친구들에게 전화를 걸었어요. 알라스카는 당시 독립주가 아니었기 때문에 본토로 전화를 걸려면 어떤 때는 두 시간이나 기다려야 했어요. 전화는 1분당 7달러였지요. 사병들은 야간 근무를 싫어했어요. 하지만 나는 좋아했습니다. 야간 근무를 하고 나면 주간은 내마음대로 시간을 쓸 수 있었으니까요."

그는 낮동안에 알라스카 대학교에 다녔다. 그러나 공식 수학교육을 받으려던 그의 계획은 또다시 좌절되었다. 당시 그 대학에는 수학과가 없었기 때문에 그는 물리학을 공부해야 되었다.

"나는 알라스카에 있을 때 약간 외로웠습니다. 막사에서 생활해야 하는 것이 지겨웠어요. 그 생활을 면하는 딱 한 가지 방법은 결혼을 하는 것이었습니다. 나는 시카고 시절 레아라는 여자를 알고 있었습니다. 그녀도 역시 곡예사였는데 그래서 알게 된 거지요. 우리는 아주 가까웠지만 육체관계는 없었습니다. 그래서 어느날 나는 그녀에게 전화를 걸었습니다.

'우리 결혼합시다.'

'농담이죠?'

'왜 농담을 하겠습니까?'

그녀는 당시 약혼한 몸이었어요. 사실 나는 결혼이라는 절차, 가령 결혼허가, 의식, 친척들의 인증 등에 대해서는 너무나 몰랐습니다. 하지만 우리는 1957년에 결혼을 했습니다. 그녀가 알라스카로 왔고 우리는 대학에서 6마일 정도 떨어진, 페어뱅크스의 댄스 스튜디오의 지하셋방을 얻어 들어갔습니다."

그러나 그들은 1958년에 헤어졌다. 마침내 그레이엄은 알라스카 대학에서 물리학 학사 학위를 취득했다. 그는 4년 근무의 마지막 몇달을 새크라멘토에서 근무하게 해달라고 공군 당국에 청원하여 허가를 받았다. 거기서 그는 1959년 1월부터 다시 버클리에 다닐 수 있게 되었다.

"나는 아직도 수학의 기초가 많이 부족했습니다. 하지만 논문을 써낼 준비가 거의 다 되었습니다. 이제 시간을 좀 들여 대학 시스템에 적응하는 일만 남았습니다."

그래서 그는 S.S.천 *Chern*의 미분 다양체 강의에 등록했다.

"첫날부터 진도가 빨리 나가더군요. 그런데 그 다음날, 강의실 맨 앞줄에 앉은 학생들이 '빨리 본론에 들어가자'고 말했어요. 천은 자기의 진도가 너무 느리다고 생각하고 정말 빠르게 강의를 진행해 나갔어요. 나중에야 알게 된 일이지만, 대학원생들은 어떤 강의에 수강신청을 할 때 한 두 시간 미리 참석해 보고서 수강신청을 한다는 것이었습니다."

대학원 과정으로는 그게 첫 강좌였던 그레이엄은 추가 시간을 투입해 가며 그 수업에 임해야만 되었다.

버클리에서 그레이엄은 동료 수학과 학생인 낸시 영 *Nancy Young*을 만났는데 낸시는 그의 두번째 아내가 되었다.

"이건 낸시가 즐겨하는 말이었어요. 우리는 수학 강좌 중 딱 한 강좌만 같이 수업을 들었는데 그녀는 A, 나는 B를 맞았습니다."

그는 돈을 벌기 위해 트램폴린 묘기단인 바운싱 베어즈와 저글링 묘기단인 펌블링 프랭클린스를 결성하여, 구멍가게의 개업식에서부터 서커스단에 이르기까지 온갖 이벤트성 행사를 좇아다니며 공연을 했다.("우리는 코미디를 첨가해야만 되었어요. 내 파트너의 저글링 솜씨가 별로여서 코미디를 넣어 은폐해야만 되었거든요.")

1960년 그는 캘리포니아 대학생 트램폴린 선수권전에서 공동우승을 했다.

"나는 트램폴린을 좋아합니다. 그것은 일종의 내던지기입니다. 하지만 내가 나자신을 공중에 내던지는 기술에는 한도가 있습니다. 1960년 대학생 트램폴린 선수권전에서 나와 공동우승했던 친구는 낙하산 없이 비행기에서 뛰어내렸습니다. 그런 다음 그보다 앞서서 뛰어내린 사람의 낙하산을 움켜쥐고 같이 내려오는 거였지요. 캘리포니아 주는 반(反)자살법에 저촉된다고 하여 그를 기소했습니다."

✤

그레이엄의 박사 논문은 단위 분수 *unit fraction*를 다룬 것이다. 단위 분수는 1/5, 1/8, 1/127 같이 양수의 역수 *reciprocal*로서 1을 분자로 하는 분수를 말한다. 단위 분수는 고대 이집트인들의 특별한 사랑을 받았는데 고대인들은 단위 분수가 아닌 분수는 취급하지 않으려 했다.(단 2/3와 같은 분수는 예외인데 이 분수는 특별 상형문자로 표기되었다).

우리들이 고대 이집트 수학에 대해서 알고 있는 것은 대부분, 3500년 이상 보존되어온 파피루스 두루마리에서 나온 것이다. 그 중 가장 유명한 것이 18피트 길이에 1피트 넓이의 린드 *Rhind* 즉 아흐메스

Ahmes 파피루스(1650 B.C.)이다. (아흐메스는 이 파피루스보다 더 오래된 파피루스에서 내용을 복사한 필경사인데, "존재하는 모든 것에 대한 통찰, 애매한 비밀의 지식을 약속했다." 헨리 린드 *Henry Rhind*는 1858년 룩소르에 있는 나일강 레조트에서 이 파피루스를 사들인 스코틀랜드의 골동품 애호가이다.)

린드 파피루스는 2/n를 서로 다른 단위분수의 합으로 표현한 계산표로 시작하고 있다(n은 5부터 101까지의 모든 홀수). 예를 들면 이렇게 표기하고 있는 것이다.

$$2/\ 5 = 1/3 + 1/15$$
$$2/\ 7 = 1/4 + 1/28$$
$$2/13 = 1/8 + 1/52 + 1/104$$
$$2/15 = 1/10 + 1/30$$

왜 이집트인들이 분수를 이런 식으로 표기했는지는 분명치 않다. 이렇게 표기하는 것이 더 간단하다고 생각했는지도 모른다. 때때로 분수를 이렇게 표기하면 어떤 분수가 더 큰지 금방 알아볼 수 있다. 55/84와 7/11은 어느 것이 더 큰가? 이것을 단위 분수로 표기하면 금방 분명해진다.

$$55/84 = 1/2 + 1/7 + 1/84$$
$$7/11 = 1/2 + 1/8 + 1/88$$

"나는 전설적인 수학자이며 또 탁월한 역사가이기도 한 앙드레 베유에게 왜 이집트인은 이런 식으로 표기했느냐고 물어보았어요. 그랬더니 이렇게 대답하더군요.

'그들은 방향을 잘못 잡은 거지요.'

내가 논문 준비 중에 그런 질문을 하지 않은 게 정말 다행이었어요. 만약 그랬다면 논문 준비에 영향을 주었을 거니까 말입니다!"

그리스 사람들도 또한 방향을 잘못 잡았고(로마 숫자도 마찬가지였음), 17세기까지 유럽 전역에서 분수 표기방법으로 단위 분수를 선호했다. 플리니 장로 *Pliny the Elder*는 『자연사 *Natural History*』라는 책에서 유럽의 면적이 "전 지구의 1/3과 1/8의 합보다 크다"라고 썼다. 바꾸어 말하면 1/3 + 1/8, 또는 11/24이상이라는 것이다.

같은 분수를 반복하여 사용한다면, 분수를 단위 분수의 합으로 표기하는 것을 그리 어렵지 않다. 가령 4/5를 1/5 + 1/5 + 1/5 + 1/5로 표기하는 따위이다. 그러나 분자가 서로 다르다면 이집트인들처럼 단위분수의 합으로 표기하는 것이 그리 쉬울까? 그 답은 여전히 '그렇다'이다. 하지만 이 대답은 고대시대부터 있었던 것은 아니다. 중세의 가장 위대한 유럽 수학자인 레오나르도 피보나치 *Leonardo Fibonacci*가 1202년이 되어서야 겨우 밝혀낼 수 있었던 것이다.

사실 그 어떤 평범한 분수도, 무한히 다양한 방식으로, 단위분수의 합으로 표기될 수 있다. 피보나치는 다음과 같은 공식을 사용하면 단위분수의 합이 무한히 확장된다는 것을 알아냈다.

$$1/a = 1/(a + 1) + 1/a(a + 1)$$

가령 1/2 = 1/(2 + 1) + 1/2(2 + 1) = 1/3 + 1/6이 되는 것이다. 위의

공식을 3개와 4개의 분수에 적용하면 이렇게 된다.

$$1/2 = 1/4 + 1/12 + 1/6$$
$$1/2 = 1/5 + 1/20 + 1/12 + 1/6$$

이런 식으로 무한히 단위 분수의 개수를 늘여나갈 수 있다. 피보나치는 단위분수를 소위 '탐욕스런 절차 *greedy procedure*' 에 따라 만들어내는 것을 좋아했는데, 이 절차는 분수를 전개시킬 때마다 가장 큰 단위분수를 택하는 방법을 말한다. 가령, 3/7의 '탐욕스런 절차' 는 다음과 같다.

$$3/7 = 1/3 + 1/11 + 1/231$$

(자세한 사항을 알고자 하는 사람을 위해서 설명하자면, 3/7보다 작은 것 중에서 가장 큰 단위분수를 취하면 위와 같은 전개식을 얻게 된다. 1/2은 3/7보다 크므로 3/7보다 작은 단위분수 중에서 가장 큰 것은 바로 1/3이며, 3/7에서 1/3을 빼면 2/21를 얻는다. 이렇게 하여 남은 2/21보다 작으면서 가장 큰 단위분수는 1/11이 된다. 그리고 1/21에서 1/11을 빼면 결국 1/231이 나온다. 피보나치는 이와 같은 '탐욕스런 절차' 에 의해서 항상 딱 떨어지는 숫자의 분수항을 만들어낼 수 있음을 보여주었다).

그러나 탐욕스런 절차든 무슨 절차든, 분수의 분모가 최소화되는 '최적' 의 전개식을 얻는 절차는 알려지지 않았다. 3/7의 전개식의 경우 가장 큰 분모(최적 분모)는 21이 된다.

$$3/7 = 1/6 + 1/7 + 1/14 + 1/21$$

이와는 다르게 분수의 개수가 3개가 되게 할 수도 있다.

$$3/7 = 1/3 + 1/11 + 1/231$$

그러나 이보다 더 나은 3개 분수의 전개식이 있을 수가 있다. 이 경우 분모는 231처럼 큰 수가 아니라 28이면 충분하다.

$$3/7 = 1/4 + 1/7 + 1/28$$

다른 분수의 경우, 탐욕스런 절차는 때때로 가장 적은 분수의 개수나 가장 작은 분모를 제공하지 못한다. 5/121이라는 분수는 다음과 같이 3개의 분수로 간단히 표기될 수 있다.

$$5/121 = 1/25 + 1/759 + 1/208,725$$

그런데 탐욕스런 절차는 다음과 같은 우스꽝스러운 결과를 만들어 내는 것이다.

$$5/121 = 1/25 + 1/757 + 1/763,308 + 1/873,960,180,913 + 1/7,638,092,437,828,241,151,744$$

1955년 그레이엄의 지도교수인 레머는 수학 강좌에 그레이엄의 관심을 붙잡아 두기 위해, 허브 윌프가 『미국수학 월간 *American Mathematical Monthly*』에 제기한 문제를 가지고 그레이엄에게 도전의 식을 심어주었다. 분모가 홀수인 통상적인 분수는, 분모가 홀수인 단위 분수들의 합으로 표기될 수 있음을 증명하라는 것이었다. 가령 2/7은 다음과 같이 표기된다.

$$2/7 = 1/5 + 1/13 + 1/115 + 1/10{,}465$$

그레이엄은 분모가 완전제곱수의 단위분수로 표기될 수 있는 분수들을 생각해냄으로써 이 문제에서 한 발짝 더 나아갔다. 이 방법에 의하면 1/3은 다음과 같이 전개된다.

$$1/3 = 1/2^2 + 1/4^2 + 1/7^2 + 1/54^2 + 1/112^2 + 1/640^2 + 1/4{,}302^2 + 1/10{,}080^2 + 1/24{,}192^2 + 1/40{,}320^2 + 1/120{,}960^2$$

그레이엄은 특정 범위 내에 있는 무한히 많은 분수들이 완전제곱수로 표기될 수 있음을 증명했다. 다음은 그레이엄의 회상.

"레머는 나의 증명을 단위분수 전문가인 셔먼 슈타인 *Sherman Stein*에게 보냈습니다. 슈타인은 레머에게 그 증명은 '아주 똑똑한 대학원생이나 탁월한 학부생의 작품'일 거라고 회신했습니다.' 그건 아주 만족스러운 회신이었지요. 하지만 아직 제대를 하지 못한 나는 그런 소식에도 불구하고 공군기지로 돌아가야 했습니다."

그레이엄은 1959년 공군에서 제대를 하자 그의 완전제곱 추측이 독창적인지 아닌지를 확인해보고 싶었다. 그래서 그 추측을 수학계의 모든 자료를 머리 속에 넣어 다닌다는 소문이 난 폴 에어디쉬에게 보냈다. 사실 에어디쉬 자신도 1932년에 단위 분수에 대한 논문을 써낸 적이 있었다.

"에어디쉬는 그런 결과에 대해서는 아직 들어보지 못했다는 회신을 보내왔습니다. 그의 편지 내용을 정확히 기억하지는 못하지만 나를 격려하는 내용이었습니다. 동료 수학자를 격려하는 것은 그가 늘 해오던 일이었지요. '완전제곱보다 더높은 제곱수에 대해서는 생각해보지 않았나요?' '어떤 분수가 세제곱의 역수로 표기될 수 있나요?' 등등을 물었어요.

에어디쉬의 1932년 논문은 정수론에서의 수학적 발전이 어떻게 이루어지며 또 특수한 결과가 어떻게 보편적으로 되어가는지를 잘 보여준다. 1915년에 타에이싱거 *Taeisinger*라는 사람이 첫 n의 역수를 아무리 합해보아도 정수를 얻어낼 수 없음을 증명했다. 즉 $1/1 + 1/2 + 1/3 + 1/4 \cdots + 1/n$을 할 경우, 결코 정수가 얻어지지 않는다는 것이었다. 1918년에 쿠르쉬차크 *Kurshchak*는 그 수열이 반드시 1에서 시작되어야 할 필요가 없다는 것을 밝혔다. n이 어떤 값을 갖든 상관없이 연속적인 n의 역수의 합은 정수가 되지 않는다는 것이다.

1932년 에어디쉬는 그 숫자들이 연속적이어야 한다는 조건도 없애버렸다. 연속적이 아니라 일정한 간격으로 배열되어 있어도 마찬가지로 정수를 얻을 수 없다는 것이다. 예를 들어 1, 4, 7, 10, 13은 3의 간격으로 벌어진 수열이다. 에어디쉬의 증명에 의하면 $1/1 + 1/4 + 1/7 + 1/10 + 1/13$도 정수가 되지 못한다는 것이다. 또 이 수열 뒤에 아무리 많은 개수의 분수가 첨가되어도 여전히 마찬가지라는 것이다.

꽃

단위분수의 대가인 피보나치는 수학계에서 탐욕스런 절차 때문에 유명한 것이 아니라 그가 제기한 우스꽝스러운 토끼 문제로 유명하다.

"어떤 사람이 벽으로 둘러싸인 어떤 곳에다 토끼 암수 한쌍을 집어넣었다. 매달 한쌍의 토끼가 태어나고 또 그 신생 토끼의 쌍이 두달째부터 새끼를 낳을 수 있다면, 1년 뒤 원래의 한쌍으로부터 얼마나 많은 쌍의 토끼가 태어날까?"

처음에는 한쌍이 있었다. 한달이 끝나갈 무렵, 원래의 한쌍이 또다른 한쌍을 생산함으로써 두 쌍이 생기게 된다. 그리고 두달이 끝나갈 무렵 원래의 한쌍이 또다른 한 쌍을 생산하여 총 세쌍이 된다. 세달이 끝나갈 무렵 첫째달의 두 쌍이 두쌍을 더 생산하여 총 다섯쌍이 된다. 그리하여 이 결과는 다음과 같은 수열을 가지게 된다.

1, 2, 3, 5, 8, 13, 21, 34, 55, 89, 144, 233, 377···

이 수열 속에서 3이후의 숫자는 바로 앞전의 두 숫자의 합이 된다. 피보나치는 자신이 제기한 문제의 답이 377이라고 말했을 뿐, 377이라는 숫자가 나오는 수열에 대해서는 연구하지 않았다. 이 수열에 대한 연구는 6세기 후 프랑스의 정수론 학자인 프랑수아 에두아르 아나톨 뤼카 *François Édouard Anatole Lucas*가 해내게 된다. 뤼카는 2개의 정수로 시작하여 앞 두 항의 합이 다음 항이 되는 수열을 밝혀냈다. 토끼 수열은 이런 수열 중 가장 간단한 것이며, 이런 수열을 구성하는 숫자들을 피보나치 수 *Fibonacci numbers*라고 부르게 되었다.

피보나치 수에는 2, 3, 5, 13 같은 소수가 있는데, 오늘날까지 이런 소수들의 개수가 유한한지 혹은 무한한지 알려져 있지 않다. 어떤 두 수를 선택하여 소수가 나오지 않는 피보나치 수열을 만드는 것은 쉬운 일이다. 가령 4와 6을 선택했다고 해보자. 그러면 피보나치 수열은 4, 6, 10, 16, 26, 42, 68…이 되는데 이 수열은 모두 2로 나뉘어지기 때문에 소수가 존재하지 않는다. 5라는 공약수를 가진 10과 15의 두 합성수로 시작되는 피보나치 수열, 즉 10, 15, 25, 40, 65, 105… 등도 소수를 보유하지 않는다. 이들 숫자가 모두 5로 나뉘어지기 때문이다. 이러한 것들은 사소한 사례에 지나지 않는다.

그레이엄은 서로 소인 두 숫자로 시작되는 소수 없는 피보나치 수열을 찾아낼 수 있는지에 대해서 궁리했다. 그는 이런 수열이 존재한다는 것을 증명했고 알려진 최소의 시작 숫자는 각각 16자리와 17자리의 숫자이다.

3,794,765,361,567,513 과 20,615,674,205,555,510

✦

대학에 7년을 머무른 끝인 1962년 그레이엄은 마침내 수학 학위를 취득했다.

"학위를 따면 취직을 해야 한다는 생각을 별로 해보지 않았어요. 나는 평생 학교만 다녔으니까요. 그래서 학교 마치면 어떻게 해보겠다는 생각조차 없었어요."

그래서 취직 생각을 별로 하고 있지 않던 무렵에 AT&T 벨 연구소의 수학자이며 인재모집책인 데이비드 슬레피언 *David Slepian*을 만나게 되었다. 슬레피언은 그에게 뉴저지주 머리 힐에 있는 연구소에 직장을 주겠다고 제안했다. 그레이엄이 군대 시절 야간 전화교환원으로 일한 경력 때문에 AT&T에 취직시키려는 것은 아니었다. 또 그가 이력서에 순진하게도 많이 적어넣은 추천인사의 이름 —그는 운동코치의 이름까지도 적어넣었다. —때문도 아니었다. 결정적인 이유는 이집트 분수를 다룬 그의 학위 논문 때문이었다. 그가 수학, 특히 조합론적 정수론에 재능이 있다는 것을 높이 평가했고 또 그런 재능이 전화회사에는 필요했던 것이다.

"버클리에 있던 내 동료들은 대학에 취직하지 않고 기업에 취직하면 수학적으로 죽게 된다고 말했어요. 하지만 회사에 들어가 몇년 동안 돈을 벌고 그 다음에 돌아가는 상황을 살펴보자, 뭐, 그런 생각이었지요."

36년 뒤 그레이엄은 여전히 뉴저지의 AT&T에 다니고 있다. 아내 낸시도 이 회사의 산하에 머물렀다. 그녀는 AT&T의 자회사인 루슨트 테크놀로지의 고수준 시스템 프로그래머로 일했던 것이다. 그러나 이들 부부는 19년의 결혼 생활 뒤 1978년 헤어졌다. 그들에게는 마크와 체라는 장성한 아이들이 있었는데, 이들은 수학과는 관계없는 길을 걷고 있다. 마크는 소프트웨어 검사 일을 하고 있고, 체는 디지털 이미지 작업에 종사한다. 두 자녀는 아버지가 상금을 내걸며 유인하는 바람에 저글링에도 좀 손을 대보았다.

"애들에게 저글 공 세 개를 25회 이상 던져 올리면 25달러를 주겠다고 했지요. 공 네 개는 100달러, 그리고 다섯개는 1,000달러를 걸었어요.

'아빠, 여섯개를 던져 올리면요?'

하고 애들이 묻더군요.

'그건 상금을 걸 필요 없어. 너희들이 다섯 개를 던져 올릴 정도로 몰두를 한다면 여섯 개는 돈을 걸지 않아도 스스로 하려고 할 테니까.'

내가 대답했어요."

아이들은 각각 100달러를 받았다. 그리고 1983년에 팬 청 *Fan Chung*과 결혼하여 그녀에게서 낳은 두 아이들도 역시 100달러를 받았다.

청은 그레이엄과 마찬가지로 조합론 분야에서 세계적인 수학자이다. 타이완 국립 대학을 거의 수석으로 졸업한 청은 1970년 미국으로 이민을 왔다. 그녀의 지도교수이기도 한 허브 윌프는 이렇게 말했다.

"그녀는 대학원생으로 펜실베이니아 대학에 들어왔어요. 나는 대학원생들이 논문제출 자격시험을 통과할 때까지 그들에 대해서는 별로 신경을 쓰지 않습니다. 당시 나의 방침은 가장 우수한 학생을 뽑아서 조합론 분야에 투입하려는 것이었어요. 그녀는 그해 1971년의 자격시험에서 가장 높은 점수를 받았어요. 차석과도 상당한 점수 차이가 있었습니다. 그래서 나는 곧 그녀를 추적했지요. 그 전에는 그녀와 말 한번 해본 적도 없었습니다. 그녀를 만나자마자 혹시 조합론에 대해서 좀 아느냐고 물었죠. 그녀는 타이완 국립대학에 있을 때 약간 배우기는 했지만 그리 많이 알지는 못한다고 말했어요. 나는 나의 전공분야인 램지 이론을 꺼냈습니다. 그 이론은 아주 매력적이기 때문에 대학원생들을 매료시키기에 충분했지요. 나는 그녀에게 책 한 권을 주면서 램지 이론을 다룬 장을 읽어보라고 했어요. 그리고 일주일 후에 다시 만나서 얘기하기로 시간 약속이 되었습니다. 그녀가 일주일 뒤에 나를 찾아왔을 때 그 장이 재미 있더냐고 그녀에게 물었어요. 그녀는 미소를 지으며 재미있더라고 했어요. 그런 다음 책장을 넘겨 핵심 정리를 가리키면서 부드러운 목소리로 말했어요.

'이 증명을 좀더 개선시킬 수 있겠다고 생각합니다.' 나는 놀라서 눈이 확 튀어나왔습니다. 또 흥분도 되었지요. 나는 그녀에게 칠판으로 가서 그녀의 생각을 말해보라고 요구했어요. 그녀가 칠판 위에 써놓은 것은 정말 놀라웠습니다! 그녀는 시작한 지 일주일밖에 안 된 시점에서 램지 이론의 주요 결과를 얻었던 겁니다. 나는 그녀에게 박사 논문의 3분의 2는 써놓은 거나 다름없다고 말했어요.

'그래요?'

그녀가 부드럽게 되묻더군요. 사실 그 결과는 그녀가 제출한 박사논문의 주요한 부분이 되었습니다."

뉴 저지에 있는자택 근처에서 2인용 자전거를 타고 있는 팬 청과 그레이엄. "많은 수학자들이 같은 직업을 가진 배우자를 맞아들이는 걸 싫어합니다. 부부관계가 너무 경쟁적으로 될까 두려워하는 거지요." 라고 그레이엄은 말했다.

그레이엄은 자신의 결혼 생활에 대해서 이렇게 말했다.

"많은 수학자들이 같은 직업에 종사하는 사람과 결혼하는 것을 싫어합니다. 서로 경쟁하는 사이가 되면 어쩌나 하는 걱정이 있는 거지요. 우리 부부의 경우, 우리는 수학자일 뿐만 아니라 전공분야까지 같습니다. 그래서 상대방이 무슨 일을 하는지 잘 알고 또 격려해줍니다. 또 함께 작업을 할 수도 있고요. 그렇게 하다 보면 '가끔씩' 좋은 결과도 나옵니다."

가끔씩 이라는 말은 겸손의 말이다. 그레이엄 부부는 50편 이상의 중요한 논문을 공동연구했고 또 에어디쉬가 개발해낸 그래프 이론 분야의 결과에 대하여 단행본을 공저하기도 했다.

내가 팬 청을 처음 만났을 때, 그녀는 벨 연구소의 자회사인 벨코어의 수학연구팀 팀장으로 재직하고 있었다. 벨코어는 AT&T가 분할된 이래, 그 지방의 전화회사들을 지원하는 임무를 맡고 있었다. 마침 내 대학 동창이 팬 청의 밑에서 일하고 있었다. 그 친구는 그레이엄처럼 수학자이면서 저글러였는데, 나는 그를 만나본 지가 한참 되었다. 그래서 그 친구가 잘 다니고 있느냐고 물었다.

"스튜어트는 아주 잘 해나가고 있어요. 오늘 그는 전화회사들이 모르는 가운데 그 회사들의 돈, 수백만 달러를 절약해주었어요." 팬 청이 환히 웃으며 말했다.

전화회사들도 모르는 가운데? 어떻게 그런 일이 있을 수 있을까?

그러나 하버드 학사, 스탠포드 석사, 콜롬비아 박사인 내 친구 스튜어트는 정말 똑똑한 연구원이었다.

순수수학에서 발견된 사항들은 겉보기에는 현실세계와 별로 상관없는 것 같지만, 의외로 실용화되는 경우가 많다. 당초 그것을 발견한 수학자들의 생각과는 다르게 말이다. 스튜어트의 경우가 그런 경우였다. 역사적으로 볼 때 수학의 천재들은 실용성과 무관한 수학을 연구한다는 사실에 자부심을 느꼈다. 수학을 위한 수학이 그들의 신조였다. 실용성이 개재되면 수학만이 갖고 있는 그 순수한 질서와 아름다움이 훼손될지 모른다고 생각하는 것이다.

유클리드는 소수를 탐구하던 당시, 소수는 그리스인의 생활에 아무런 도움이 되지 않는 것을 자랑스럽게 여겼다. G.H.하디 또한 수학의 무용성(無用性)을 높이 평가했다.

"나는 '유용한' 어떤 것을 해본 적이 없습니다. 나의 수학적 발견은 직접적으로나 간접적으로나 좋든 나쁘든 실생활의 용도에는 전혀 영향을 미치지 않을 것입니다."

하디는 변명이 아니라 하나의 도전으로서 그렇게 말했다. 하디는 철저한 평화주의자였고 자신의 정수론 분야가 결코 군대에 의해서 이용되지 않을 거라고 자랑스럽게 주장했다. 그러나 그의 주장은 틀린 것으로 입증되었다. 지난 20년 동안, 무려 2,300년에 걸쳐 쓸모없는 물건으로 여겨졌던 소수가 미국방부에 자리잡게 되었다. 그것도 군대의 가장 안전한 코드인 암호학의 기반으로서 말이다.

수학평론가인 존 티어니 *John Tierney*는 이렇게 말했다.

"이것은 정말 수학의 역설입니다. 수학자들이 아무리 실생활을 무시한다고 하더라도 그들은 실은 이 세상의 이해에 꼭 필요한 최선의 도구를 만들어내는 겁니다. 그리스인들은 특별한 이유없이 타원을 연구했습니다. 그리고 2천년 뒤 천문학자들은 타원이야말로 태양계의 행성들이 태양 주위를 도는 방식이라는 걸 알아냈습니다. 1854년 독일의 수학자인 베른하르트 리만은 아무 뚜렷한 이유도 없이 유클리드의 평행선 공준을 부정하면 어떤 일이 일어날까를 생각하기 시작했습니다. 평행선은 언젠가 만날지 모른다는 우스꽝스러운 가정을 한 거지요. 그의 비유크리드 기하학은 유크리드의 평면을 굽은 공간이라는 기괴한 추상으로 대체시켰습니다. 그리고 60년 뒤 아인슈타인은 굽은 공간이야말로 우주의 형태라고 주장했습니다."

하디와는 달리 에어디쉬는 수학의 실용화를 좋게 생각하는 편이었다. 그러나 에어디쉬가 이런 실용화를 염두에 두고 연구에 임했던 것은 아니었다. 하지만 다른 과학에서와 마찬가지로 수학의 실용화에 대해서 현실적인 감각을 갖고 있었다. 그는 이렇게 말했다.

"좋은 목적으로 사용되는 것이 나쁜 목적으로도 사용될 수 있는 것입니다. 결국 독가스의 살포를 측정하는 미분방정식이 공해오염 물질의 확산을 측정하는 방식으로도 활용될 수 있는 겁니다. 그래서 교묘하게 독가스를 살포할 수도 있는가 하면, 현명하게 공해물질의 확산을 막을 수도 있는 것입니다."

그러나 동료 수학자들의 관심이 순수수학에서 멀어질 때면 에어디쉬는 노골적으로 그런 행태를 비판했다. 다음은 바조니의 회상.

"내가 수학자로 남을 것인지 아니면 테크니컬 유니버시티로 들어가서 엔지니어가 될지 확신이 서질 않았을 때, 에어디쉬가 경고를 하더군요.

'난 살짝 숨어 있을 거야. 그리고 당신이 테크니컬 유니버시티로 들어가면 총으로 쏴버릴 거야.'

나는 에어디쉬의 경고를 받고 수학자로 남기로 결심했습니다."

확률 이론가인 마크 캑이 2차대전중 MIT의 방사능 연구소에서 수행했던 연구를 논문으로 만들어 「응용물리학 저널」에 발간했을 때, 에어디쉬는 그에게 단 한줄 짜리 엽서를 보냈다.

"나는 당신의 영혼을 위해 기도하고 있습니다."

캑은 이 엽서를 이렇게 설명했다.

"에어디쉬는 내가 순수수학의 정도에서 벗어나고 있다고 경고한 거지요. 사실 나는 그때 좀 벗어났었습니다."

오늘날 순수수학과 응용수학의 차이는 더욱 희미해졌다. 컴퓨터의 발명은 많은 분야의 수학을 개발시켰다. 컴퓨터로 수학을 하기가 쉬워졌기 때문이 아니라(물론 어떤 때는 그렇기도 하지만), 컴퓨터의 내부 작동원리가 본질적으로는 수학이기 때문이다. 그리고 자연의 법칙을 설명하기 위해 늘 수학의 언어를 빌려갔던 물리학은 이제 그 신세를 수학 쪽에다 갚고 있다. 가령 현대 우주론의 "초끈 *superstrings*"이라는 기이한 새로운 물리학적 대상은 완전히 새로운 수학을 요구하고 있는 것이다.

벨코어*Bellcore*나 AT&T같은 기업연구소의 경우, 실생활에서 벌어지는 문제에 대한 해법을 얻으려면 새로운 수학적 아이디어를 개발해야 한다. 그레이엄은 AT&T가 여러 장소에 기반을 둔 기업 고객들을 위해 개인전화 네트워크를 짜주던 시절의 얘기를 즐겨 했다. AT&T의 전화요율은 심하게 규제를 당했는데, 정부는 개인 네트워크의 전화 요금은 AT&T를 통한 전화 건수가 아니라 서로 다른 위치를 연결하는 최소한의(이론적) 전화선 거리를 바탕으로 매기라고 요구했다. 한 기업고객인 델타 항공사는 약 1,000마일을 거리에 둔 세 개의 주요 장소를 운영하고 있었다. 바꾸어 말하면 그 세 장소는 정삼각형의 양변을 이루고 있었다. AT&T는 델타항공사에 2천 마일의 거리에 대해서 요금을 매겼다. 세 점을 연결하는 가장 짧은 거리는 분명 다음과 같았기 때문이다.

그러나 델타 항공사는 이런 요금 산출 방식에 반발했다. 만약 그들이 정삼각형의 중간 지점에다 하나의 점(위치)을 더 설치한다면 서로 연결하는 선의 거리는 약 13.4퍼센트가 단축되어 총 1,720마일이 된다는 것이었다. 델타 항공사는, 1640년에 처음 발견되었고 19세기에 들어와 스위스 수학자 야콥 슈타이너 *Jacob Steiner*에 의해 추구되었던 수학 공식을 재발견한 것이었다.

이렇게 되자 AT&T 경영진은 바짝 긴장했다. 만약 델타가 5번째 사무실(위치)을 설치하면 어떻게 되는가? 연결하는 선이 더욱 단축될 것인가? 만약 개인전화 라인을 갖고 있는 고객들이 가짜 사무실을 만들어내어 연결 거리를 단축하면 어떻게 대응해야 하는가? 이럴 경우 AT&T는 얼마만큼 더 돈을 잃게 되는가?

그레이엄이 이 수학적 문제의 해결에 투입되었다. 1968년 벨 연구소에 근무하는 그레이엄의 동료 두 명은 네트워크의 규모가 아무리 늘어나도 즉 사무실(위치)이 더 설치 된다고 하더라도 13.4퍼센트 이상을 절약할 수 없다고 추측했다. 그러나 증명은 마련할 수가 없었다. 그레이엄은 이 문제를 그 후 여러 해 동안 틈틈이 추적했으나 해법을 찾지 못했다. 그래서 에어디쉬의 전통에 입각하여 이 문제의 증명을 제시하는 사람에게 500달러의 상금을 걸었다. 한동안 이 상금은 그대로 적치되다가 1990년에 가서야 벨연구소의 동료인 프랭크 황 *Frank Hwang*과 프린스턴 대학의 박사 후 과정 연구원인 딩 주 두 *Ding Zhu Du*가 증명을 제시하고 상금을 타갔다.

✤

AT&T의 그레이엄 사무실 벽에는 그가 12개의 공을 저글하는 모습을 찍은 사진이 걸려져 있다. 그의 딸 체가 찍은 것이다. 그러나 저글링의 세계 최고 기록은 9개이다. 그레이엄은 말했다.

"그 기록을 세운 남자는 곧 저글링을 그만두고 잔디밭 관리사업에 진출했습니다."

그레이엄은 공이 7개면 가끔 실수하는 저글링을 하고 6개면 자신 있게 실수 없는 저글링을 한다. 그러나 딸 체는 아버지의 저글링 사진을 컴퓨터로 재 합성하여 마치 12개가 공중에 떠 있는 것처럼 만든 것이다. 그녀의 사진 합성은 정말 그럴듯하다. 공들은 그레이엄의 뒤에 있는 벽에다 그림자를 던지고 있는데, 그레이엄이 곧 잡아야 하는, 빠르게 움직이는 공들은 그림자가 흐릿하게 처리되어 있다.

"나는 저글링을 인생의 많은 일들에 대한 은유라고 생각합니다. 한 가지 재주를 익히면 그 다음에는 또다른 공을 올려놓을 수 있는 겁니다. 수학에서 한 가지 정리를 증명하면 또다른 추측이 증명되기를 기다리는 것처럼. 에어디쉬는 증명의 월계관에 만족해서는 안 된다고 말했어요. 언제나 다음의 추측이 기다리고 있다면서."

늘 시간이 빡빡하여 스케줄이 밀리는 그레이엄은 스케줄과 효율성이라는 문제를 수학적으로 풀어냄으로써 AT&T에 수학의 진가를 입증했다. 1960년대 중반, 벨 연구소는 나이키 미사일 방어

국제 저글러 협회의 전 회장이었던 그레이엄이 12개의 공을 저글링하고 있다. 저글 세계 기록은 9개인데, 이 사진은 그레이엄의 딸이 디지털 작업으로 공의 개수를 늘여놓은 것이다.

체계를 평가하는 데 있어서 미국 정부를 돕고 있었다.

"정부의 안(案) —나는 정부에서 제공한 보안 처리된 안을 들고 있었어요—은 전세계 여러 곳에서 날아오는 다수의 미사일을 방어해내겠다는 것이었어요. 그 미사일이 어디서 날아오는지, 어떤 종류인지, 그 소유주는 누구인지 등의 정보를 재빨리 처리하는 것이었지요. 두 번의 기회는 없다는 가정 하에 아주 신속히 처리해야 했었어요. 그 정보를 분석하는 데에는 다수의 기계와 다수의 컴퓨터 프로세서가 동원되었습니다. 그러나 기계는 아주 우둔해서 단순한 원칙에 의해서만 작동되었습니다. 가령 기계는 일단 작업에 돌입하면 끝까지 그 일을 해내야 되었어요. 긴급한 정보가 들어오는 경우일지라도 기계를 중간에 중지시킬 수가 없었어요. 게다가 기계는 반드시 소정의 일을 해내는 것처럼 인식되었어요. 그러니까 기계를 더 붙이면 분석의 속도가 더 빨라져서 일도 더 빨라질 거라고 가정하는 거예요. 하지만 사정은 그렇지가 않았어요. 기계를 더 붙이면 시간이 더 걸려서 예정대로 일을 끝마치지 못하는 경우가 실제로 있었습니다. 그건 아주 못마땅한 결과였습니다. 그래서 국방부 관리들은 기계들이 어떤 상황하에서도 정해진 시간 이상이 소모되지 않는다는 확실한 보장을 원했습니다."

그래서 그레이엄은 얼마나 더 시간이 걸리는지 결정하는 일에 투입되었다. 그는 기계를 더 많이 투입하여 시간이 더 소모되는 경우가 실제 계획보다 2배 이상 되는 경우는 없다는 것을 증명했다.

그레이엄은 NASA(미우주항공국)를 위해서도 이와 유사한 '최악의 경우' 분석을 했다. 다음은 그레이엄의 말.

"아폴로 달 탐사 계획 때 나사는 아스트로넛*astronaut*이라고 하는 기계를 석 대 동원했어요. 그 기계는 먹는 것, 잠자는 것, 시간이 허용하는 범위 내에서 많은 과학 실험을 하는 것 등의 여러 가지 시간측정 작업을 했어요."

그런데 그 작업이 너무 많아서 최적의 스케줄이 어느 수준인지는 감이 잘 잡히지 않았다. 나사는 스케줄을 짜기는 했지만 어느 정도까지 그 스케줄을 개선시킬 수 있는지 알 수가 없었다. 그레이엄은 그들이 수립한 스케줄에서 개선이 되어봐야 몇 퍼센트 정도밖에는 안 될 것이라고 증명했다. 그래서 나사 관리들은 밤에 발을 뻗고 잘 수 있게 되었다.

국방부와 나사 관리들은 최적 스케줄을 발견하는 확실한 방법을 요구한 것이었다. 수학에서 이런 확실한 방법을 알고리듬 *algorithm*이라고 한다. 이 용어(알고리듬)는 9세기의 숫자 전문가 아부 자파르 모하메드 이븐 무사 알−코와리즈미 *Abu Ja' far Mohammed ibn Musa al-Khowarizmi*의 이름중 알−코와리즈미가 와전된 것이다. 또한 알지브러(algebra:대수)라는 용어도 이 이름에서 파생되었다.

알고리듬은 단위 분수를 만들어내는 탐욕스러운 절차처럼 차곡차곡 밟아나가는 절차이다. 즉 모든 절차가 아주 명백하게 진술되어서 어떤 문제를 사람이나 기계가 눈감고도 풀 수 있게 해준다. 나이키 미사일이나 나사 스케줄을 까다롭게 만든 이유는, 베스트(최적) 스케줄에 관해 이미 알려진 알고리듬이 없기 때문이다. 그러니 최적 스케줄을 뽑아내려면 모든 가능성을 하나 하나 체크해보는 무식한 방법 *brute-force approach*밖에 없다. 그러나 스케줄화 해야 되는 임무가 아주 아주 많게 된다면, 무식한 방법은 적용하기가 어렵다. 1초당 2 억 개의 체스 운용 방식을 검토함으로써, 세계 체스 챔피언 게리 카스파로프 *Gary Kasparov*를 패배시킨 IBM컴퓨터 딥 블루 *Deep Blue*도, 이 수많은 스케줄의 가능성 앞에서는 무릎을 꿇어야 하는 것이다.

효율적 알고리듬이 개발되지 않는 가장 유명한 계산 문제는 여행하는 세일즈맨 문제 *the traveling salesman problem*이다. 도시와 도로의 연결망을 알려 주고, 한 명의 세일즈맨이 모든 도시를 딱 한번씩만 방문하는 가장 짧은 거리를 구하라, 이것이 그 문제이다. 주어진 도시와 도로의 집합이 작다면, 점검해야 할 도로의 수도 많지 않을 것이므로 해법은 간단히 구할 수 있다. 설혹 도시와 도로의 연결망이 좀 넓다고 하더라도 운만 좋으면 최적 여행 스케줄을 짤 수 있다. 그러나 최적 해법을 항상 보장하는 방법으로서 유일하게 알려진 것은, 모든 도로의 가능성을 일일히 확인해 보는 무식한 방법뿐이다.

1971년 토론토 대학의 스티븐 쿡 *Stephen Cook*과 소비에트 연방의 레오니드 레빈 *Leonid Levin*은 각각 독자적으로 연구하여 다음의 사실을 밝혔다. 여행하는 세일즈맨 문제, NASA의 스케줄 문제, 기타 수 백 가지 유사한 컴퓨터 계산상의 문제들은 수학적으로 모두 동등한 *equivalent* 문제이며, 이들 문제 중 어느 한 문제를 푸는 효율적인 알고리듬이 존재한다면, 이 모든 문제들이 유사한 방식으로 해결될 수 있다는 것이다. 그러나 대부분의 수학자들은 이들 문제가 효율적인 알고리듬에 의해서 해결되지는 못할 것으로 믿고 있다(하지만 이런 믿음을 증명하지는 못한다). 이런 까다로운 속성을 가진 문제를 증명하려는 것이 복잡도 이론 *complexity theory*이라고 알려진 수학의 한 분야가 노리는 최고의 목표이다.

효율적인 알고리듬이 보이지 않는 상황에서 복잡도 이론가들은 최적 해법보다 약간 못한 차선의 해법을 찾으려고 노력하지만, 이것은 어디까지나 해법이라고 볼 수 없다. 이런 차선의 해법 덕분에 그들은 세일즈 맨을 출장 보낼 수 있는 것이고 이론상으로는 짧은 여행 거리를 출장다니는 것이다. 그레이엄을 고용한 회사는 세일즈맨을 가가호호 방문시켜 전화기를 파는 사업은 하고 있지 않지만, 그래도 여행하는 세일즈맨 문제와 비슷한 계산상의 문제들에 직면하고 있다. 네트워크를 통하여 전화회수를 효율적으로 추적하는 문제도 있을 수 있고, 마이크로칩에 어떤 집단의 기본요소들을 가장 효율적으로 배치하는 문제도 있을 수 있다.

로날드 그레이엄은 벨연구소에 근무하던 초창기 시절에 어떤 특정 해법이 이론상의 최적 해법으로부터 얼마나 멀리 떨어져 있는가를 결정하는 테크닉을 개발했다. 그래서 최선의 해법은 알지 못하지만, 현재 가지고 있는 해법이 최적수준에서 얼마나 부족한가는 알 수 있다. 그레이엄은 개인적인 생활에서는 대단히 낙관적인 사람이다. 그러나 수학사(數學史)에서는 "최악의 경우 분석가"로 확고한 자리를 잡았다.

어떤 문제에 대한 최악의 경우는 반드시 나쁘기만 한 것은 아니다. 무게가 나가는 한무더기의 물건들을 반분(半分)하여 무게가 거의 같은 두 개의 무더기로 만든다고 해보자. 여행하는 세일즈맨의 문제와 마찬가지로 이 반분하는 문제도 재빠른 알고리듬에 의해서는 계산이 되지 않지만, 최선이 아닌 차선의 방식에 의해서는 해결이 된다.

가령 다섯 개의 무거운 물건이 있다고 해보자. 그중 세 개는 무게가 각각 2파운드이고, 나머지 두 개는 각각 3파운드이다. 이렇게 간단한 경우에는 모든 가능성을 검토함으로써 최적 해법을 찾을 수 있다. 그 해법은 2파운드 짜리로 한 무더기를 만들고, 나머지 3파운드 짜리 두 개로 또 다른 무더기를 만드는 것이다.

3, 3   2, 2, 2

그러나 이 무게 나가는 물건의 숫자를 크게 늘이면 이런 실제 시행 착오에 의한 판단은 불가능해진다. 이럴 경우 그레이엄은 다음과 같은 알고리듬에 따라 작업할 것으로 요구한다. 가장 무거운 물건에서부터 시작하여 가장 가벼운 물건으로 진행시키면서, 각각의 무게를 매번 두 쪽의 무게가 가능한 한 같아지도록 배치하는 것이다. 그러면 위의 간단한 다섯 물건 예에서, 가장 무거운 3파운드 물건은 먼저 왼쪽 무더기에다 놓는다.

3

그 다음 형평을 유지하기 위해 또다른 3파운드 짜리를 오른쪽 무더기에 놓는다.

3   3

그리고 나서 그 다음 무거운 2파운드 물건을 왼쪽에다 놓는다(양쪽의 무게가 같으므로 어느 쪽에다 놓아도 상관없다)

3, 2   3

그 다음 평형을 유지하기 위해 2파운드 물건을 왼쪽 무더기에다 놓는다.

3, 2   3, 2

마지막으로 하나 남아있는 2파운드 물건을 왼쪽, 오른쪽 아무데나 놓는다.

	3, 2		3, 2, 2

그런데 이 알고리듬은 3, 3과 2, 2, 2의 최적 해법을 제공하지 못한다. 그렇다고 해서 3, 2, 2, 2와 3의 일방적인 분할이 된 것도 아니다. 이 알고리듬이 만들어낸 가장 무거운 무더기는 최적 무더기의 무게인 6파운드보다 1파운드가 더 무거울 뿐이다. 이렇게 하여 이 알고리듬은 1/6 만큼(약 16퍼센트)이 벗어났다. 바로 여기에 매력이 있다. 그레이엄은 무거운 물건을 두 무더기로 나눌 경우, 이 적용하기 쉬운 알고리듬은 16 퍼센트밖에 최적 수준에서 벗어나지 않는다는 것을 증명했다.

가령 이것을 거대 트럭회사의 실무에다 적용해 보자. 트럭 회사의 회장은 근로자들이 그레이엄의 간단한 공식에 따라 두 대의 트럭에 짐을 싣는다면, 최적 무게 분할에서 16퍼센트 정도밖에 벗어나지 않는다는 것을 확신하게된다. 또한 하역 근로자가 아무리 똑똑하다고 해도 그 이상 더 잘 할 수는 없다는 것을 알게되는 것이다.

산업계에서는 이런 유사한 문제가 늘 발생한다. 많은 문제들이 상자 꾸리기 문제 *bin-packing problem*과 유사한 것들이다. 이 문제의 핵심은 이런 것이다. 한 무더기의 물품들을 여러 상자에 나누어서 넣을 때, 각 상자의 무게(또는 전체 무게)가 특정 숫자를 초과해서는 안 된다는 것이다. 그레이엄은 이 문제가 다양한 형태로 발생한다고 말했다.

"배관공은 서로 다른 길이의 파이프를 잘라내면서 표준길이의 파이프를 최소한으로 사용해야 한다. 텔레비전 방송국은 서로 다른 길이의 상업광고 스케줄을 짜면서 정규 프로그램의 중단을 최소화해야 한다. 종이 제작자는 서로 다른 크기의 용지를 손님에게 제공하면서 표준 규격의 용지를 최소한으로 사용해야 한다, 등등이 이런 문제에 해당됩니다."

그레이엄은 또 다른 흔한 문제를 이렇게 말했다.

"가령 각종 편지들을 한 손에 한 웅큼 쥐고 있고, 다른 손에는 25센트 동전을 가득 쥐고서, 규격 우표 판매기 앞에 서있는 사람이 그예입니다."

상자 꾸리기 문제와 씨름하는 가장 손쉬운 방법은 손에 잡히는 대로 물건을 상자에다 집어넣는 것이다. 손에 잡히는 대로 포장하기의 알고리듬은 대단히 효율이 떨어진다. 1973년 프린스턴 대학의 제프리 울만 *Jeffrey Ullman*은 이 알고리듬이 최적에서 많게는 70퍼센트 벗어난다고 증명했다. 특히나 무거운 물건들을 맨 나중에 포장하게 되면 이 알고리듬은 최악의 효율이 나오게 되는데, 앞의 상자들이 채 채워지기도 전에 새 상자를 마련해야 하기 때문이다.

여행용 가방을 잘 꾸리는 사람은, 무거운 물건을 먼저 가방에 넣고 나중에 가벼운 것들을 빈 틈새에다 집어넣으면 포장이 잘 된다는 것을 알고 있다. 이것은 정말 세련된 전략이다. 물건을 무거운 것에서부터 가벼운 것으로 정돈하고 무거운 것부터 손에 잡히는 대로 집어넣는 것이다. 이 알고리듬은 최적 효율에서 22퍼센트 이상을 벗어나지 않는다. 1973년 그레이엄의 AT&T의 동료인 데이비드 존슨 *David Johnson*은 이 전략이 실제 포장에서도 최고라는 것을 증명했다. 그 어떤 효율적인 상자 포장 전략도 22퍼센트보다 더 효율 높게 작동하지는 못한다는 것이다. 이 존슨의 증명이 무려 75페이지에 달한다는 사실은 최악의 경우 수학 *worst-case mathematics*이 얼마나 까다로운 문제인가를 잘 보여준다. 상자 포장에서는 반직관적인 변칙이 발생하여 직관적인 접근방식을 좌절시킨다. 그레이엄은 33개의 무거운 물건을 다음과 같이 예시하였다.

```
442  252  127  106  37  10  10
252  252  127  106  37  10   9
252  252  127   85  12  10   9
252  127  106   84  12  10
252  127  106   46  12  10
```

그리고 개당 524파운드의 용량을 가진 상자를 준비했다. 손에 잡히는 대로 무거운 것부터 집어넣는 방식을 취하면 상자가 일곱 개 필요했으며 각 상자는 524파운드까지 꽉 채워졌다.

```
상자 1   442   46   12   12   12
상자 2   252  252   10   10
상자 3   252  252   10   10
상자 4   252  252   10   10
상자 5   252  127  127    9    9
상자 6   127  127  127  106   37
상자 7   106  106  106   85   84   37
```

그러나 46파운드의 무게를 빼내버리면 동일한 알고리듬은 7개의 상자가 아니라 8개의 상자를 요구한다!

```
상자 1   442   37   37              (미사용 용량: 8)
상자 2   252  252   12              (미사용 용량: 8)
상자 3   252  252   12              (미사용 용량: 8)
상자 4   252  252   12              (미사용 용량: 8)
상자 5   252  127  127   10         (미사용 용량: 8)
```

상자 6   127 127 127 106 10 10 10   (미사용 용량:7)

상자 7   106 106 106   85 84 10 10 9 (미사용 용량:8)

상자 8   9   (미사용 용량:515)

이 역설을 보다 구체적으로 이해하기 위해 당신을 이멜다 마르코스라고 상상해 보라. 그리고 당신이 대통령 궁에서 나와 주말을 보내려고 당신의 구두를 포장한다고 해 보라. 당신은 먼저 덩치가 큰 구두에서 작은 구두 순으로, 그러니까 보석이 박힌 허벅지 높이의 부츠에서 간단한 해변용 샌들 순으로 포장을 한다. 그렇게 해서 총 7개의 여행용 가방이 필요하다는 것을 알아냈다. 그런데 가만 생각을 해보니 당신은 스키 부츠는 가지고 갈 필요가 없다고 생각하게 되었다. 눈오는 지방 근처에는 갈 것 같지 않기 때문이다. 그래서 상자 속에서 들었던 것을 전부 끄집어내서 스키 부츠만 빼버리고 그 물건들을 다시 포장하기 시작했다.

그런데 이게 어찌된 일인가!

구두를 하나 빼버렸는데도 여행용 가방이 하나 더 필요한 게 아닌가. 그리고 여행용 가방 속에 든 구두들도 꼭 맞게 잘 들어가 있는 게 아니라, 덜렁덜렁하지 않는가. 당신은 정성들인 짐꾸리기에 마술을 건 적대 세력에게 욕설을 퍼붓게 되리라.

직관에 반하는 변태는 쿠키를 잘라내는 문제(일정한 크기의 밀가루 덩어리에서 잘라낼 쿠키의 수를 최대화시키는 문제)와 타일 붙이기 문제(일정한 모양과 크기를 가진 타일로 최대한 많은 공간의 바닥을 깔아야 하는 문제) 등의 2차원적 형태의 상자 꾸리기 문제에서도 일어날 수 있다. 3차원이 아니라고 해서 이런 문제가 한결 쉬워지는 것은 아니다. 과자나 타일의 형태가 불규칙할 때에는 결과를 최대화하는 표준 전략이 없는 것이다. 그러나 가장 규칙적인 형태의 경우에도 이변이 발생한다.

가로 세로 1인치인 무한개의 타일로 거대한 표면을 덮는 문제를 생각해보자. 그 표면이 정사각형이고 옆면의 길이가 1백만 인치라고 한다면, 정답은 가로 세로 1백만 개의 타일을 바둑판처럼 배열하면 된다. 1조개의 정사각형의 타일이 동원되어 표면을 완전히 덮기 때문에 최적의 타일 붙이기라 할 수 있다.

그러나 정사각형이라고 해도 각 변의 길이가 정확히 1백만 인치가 아니라 0.1인치가 긴 1,000,000.1인치라고 해보자. 그렇다면 1조개의 타일보다 더 많은 지역을 덮을 수 있을까? 양변이 0.1인치 더 길어졌으므로 덮어야 할 부분도 그만큼 넓어졌을 거니까 말이다.

그러나 1조개 타일을 조금씩 움직여서 단 하나의 타일을 더 붙이는 것도 불가능해 보인다.

그러나 1975년 에어디쉬와 그레이엄은 1개의 타일뿐만 아니라 10만개 이상의 타일을 집어넣을 수 있음을 증명하여 조합론 학계를 놀라게 만들고 또 기쁘게 만들었다. 두 사람은 1조개의 타일을 깔을 때 그 타일들 사이에 약간의 간격을 두고 각도를 약간 비틀면 충분히 10만개를 깔 수 있음을 증명한 것이다. 그레이엄은 10만 타일 해법이 최적에 가깝다고 생각했지만, 에어디쉬와 그는 이것이 최적이라고 단정적으로 증명하지는 못했다.

그러나 20년이 지난 오늘날까지도 그들의 정사각형 타일 덮기 방법은 개선되지 않고 있다.

공격할만한 가치가 있는 문제는

저항함으로써 그 가치를 입증한다.

A problem worthy of attack

Proves its worth by fighting back.

✤

1987년 1월 말, 그레이엄의 집에 묵고 있던 에어디쉬는 집주인에게 무리한 부탁을 하고 있었다. 그레이엄의 회상.

"에어디쉬가 발톱이 아프다고 했어요. 발톱은 때가 가득 끼어서 더러웠어요. 내 아내 팬더러 발톱을 좀 깎아달라고 했는데, 아내가 그것만은 못해주겠다고 거절했어요."

그레이엄은 그를 샌안토니오 행 비행기에다 태워주었다. 미국 수학회(AMS:American Mathematical Society)와 미국 수학협회 (Mathematical Association of America)의 연간 회의에 참석하기 위해서였다. 샌안토니오의 시장인 헨리 시스네로스 *Henry Cisneros*는 당시 미국 민주당 소속의 떠오르는 정치인이었는데 그 도시에서 열리는 대회에 참석하기 위해 찾아온 2,575명의 수학자들을 기념하기 위해 그 날을 수학의 날로 선포했다. 시스네로스의 정치적 제스처는 대회참석자들을 별로 감동시키지 못했다. 그들은 시장이 폴 에어디쉬를 만난 것은 고사하고 그의 이름을 들어보기나 했을지 의문이었다.

그 회의 스케줄에는 수학자들이 "스타워즈" 자금을 받아도 되는지, 암호 해독 업무로 인해 수학자들의 최대 고용처가 된 국가안전국 (National Security Agency)을 AMS의 기업고객으로 대우해도 되는지 등의 문제가 포함되어 있었다. 그러나 몇 명의 정치적 수학자들을 빼놓고 샌안토니오에 내려온 수학자들은 윤리나 정치보다는 수학에 대해서 토론하고 싶어했다. 물리학 회의나 정신분석 회의의 경우, 대회 참가자들은 원자 미만의 소립자나 실제적인 정신치료에 대한 실험을 하지는 않는다. 그들은 그저 토론만 하는 것이다. 그러나 수학대회의 참가자들은 사정이 다르다. 그들은 직접 수학 문제를 푸는 것이다. 칠판, 냅킨, 플레이스맷(식기 밑에 까는 장식용 종이), 화장실 벽, 수학자들의 마음 등에다 수학공식을 써가면서.

에어디쉬는 이런 대회에 참가하면 스케줄이 미리 잡혀진 연설에는 거의 참석하지 않고 호텔 방에서 여러 명의 수학자들과 함께 수학 문제를 푸는 것을 더 좋아했다. 샌안토니오 대회에서도 에어디쉬는 메리오트 호텔에 들어서 다른 수학자의 방에 들어가 여러 명의 다른 수학자들과 함께 여섯 개의 문제를 동시에 풀었다. 수학자들은 주로 더블베드나 바닥에 드러누워서 문제를 풀었다.

"647은 어때? 이건 소수인가? 이제는 더 이상 머리 속에서 암산을 할 수가 없어." 모세를 닮은 뚱뚱한 수학자가 물었다.

다양한 색상의 드레스를 입은 한 여자가 2백만까지의 소수를 모두 기록한 276페이지 짜리 유인물을 꺼내들면서 그를 도와주었다. 2에서 1,999,993까지는 총 148,933개의 소수가 있었다. 그리고 647은 그 리스트에 올라 있었다.

에어디쉬는 그런 움직임에 별로 신경쓰는 것 같지 않았다. 그는 안락의자에 털썩 주저앉아 양손으로 머리를 고인 폼이 마치 양로원에 들어온 노인 환자 같다. 그러나 몇 분씩 지나갈 때마다 그는 고개를 쳐들어 동료 수학자에게 날카로운 지시를 내렸다. 그러면 그 수학자는 대스승의 지시를 즉각 이행한다. 다른 사람들은 에어디쉬가 그들의 문제에 대하여 어떤 번개같은 영감을 떠올리기를 기다린다. 때때로 에어디쉬는 머리를 쳐들면서 동료 수학자들을 바보로 만들기도 한다. 그들은 그의 조언을 바라면서 목을 쭉 빼고 있다. 그러나 그는 수학적 영감을 나누어 주지는 않고 어떻게 죽음을 맞이할 것이냐는 잠언적인 명상의 말을 내던진다.

"나는 곧 삶이라는 치유불능의 질병으로부터 치유될 것입니다."

"이 회의도 인생과 마찬가지로 곧 끝날 것입니다. 하지만 그렇기 때문에 이 회의는 더욱 즐겁습니다."

그는 그렇게 말하고는 다시 고개를 숙인다. 아무도 그런 말에 신경을 쓰지 않고 대꾸하지 않는다. 수학적 영감과 죽음에 대한 명상의 사이클이 그날 오전 내내 계속된다.

"10년 안에 나는 당신이 나를 대신하여 SF와 좀 얘기해주기를 바랍니다." 모세를 닮은 수학자가 말했다.

"SF로부터 바라는 게 무엇인데?" 에어디쉬가 물었다.

"SF의 책을 직접 보고 싶습니다."

"아무도 그 책을 보지는 못했어. 기껏 해야 흐릿한 감을 잡을 뿐이지."

모세는 텔레비전을 켠다. 에어디쉬가 한 마디 한다.

"텔레비전은 말이야, 러시아 사람들이 미국인의 교육을 망치려고 만들어낸 거야."

뉴스가 나왔고 로날드 레이건이 화면을 가득 채운다. 에어디쉬가 또 한 마디.

"아이젠하워 대통령은 열심히 했지만 그리 훌륭한 골프 선수는 아니었어. 그 당시 어떤 사람은 골프 선수를 대통령으로 뽑아도 상관없다고 그랬어. 이왕 골프선수를 대통령으로 뽑을 거라면 탁월한 골프선수가 더 좋지 않겠어? 난 영화배우를 대통령으로 뽑아도 상관없다고 생각해. 하지만 채플린처럼 탁월한 영화배우가 더 좋지 않겠나?"

레이건이 사라졌고 뉴스는 에이즈에 관한 기사로 넘어갔다.

"남자건 여자건 사람들이 성적으로 덜 문란해졌다고 해. 하지만 난 잘 모르겠어."

그 대화가 수학과 죽음 사이를 왔다갔다한다는 것은 에어디쉬가 따분함을 느껴서 다른 수학 친구들을 찾아나설 때가 되었다는 표시이다. 2시간 뒤 5밀리 그램의 벤제드린(각성제)을 복용한 에어디쉬는 다시 그레이엄의 집이 있는 뉴와크로 날아갔다. 거기서 멤피스, 보카 레이턴, 샌후안, 게인스빌, 하이파, 텔아비브, 몬트리얼, 보스턴, 매디슨, 데칼브, 시카고, 샴페인-어바나, 필라델피아 등의 도시를 거쳐 다시 뉴와크로 돌아온다. 그러나 그레이엄은 에어디쉬의 스케줄에 약간의 문제가 발생했음을 지적해준다.

"폴, 다른 주에 사는 두 수학자들이 동시에 당신의 두뇌를 열어달라고 요청하고 있어요."

"그레이엄, 내 어머니의 정리에 대해서 들어보았소? 어머니는 내게 이렇게 말했어요.

'폴, 너도 한번에 한 도시밖에 갈 수 없단다.'

나는 앞으로 얼마 안 있으면 이런 불리한 조건에서 면제될 것 같소. 내가 이 지상을 떠나면 동시에 여러 장소에 다닐 수 있을지도 몰라요. 그렇게 된다면 나는 아르키메데스나 유클리드와 함께 공동 연구할 수 있을 거요."

여백 원한

MARGINAL REVENGE

세 제곱을 두 개의 세 제곱의 합으로 나타낼 수 없다. 그리고 일반적으로

2보다 큰 어떤 거듭 제곱도 두 개의 같은 거듭 제곱의 합으로 나타낼 수 없다.

나는 이 명제에 대한 놀라운 증명을 알지만 여백이 너무 좁아 기록 할 수 없다.

ー피에르 드 페르마

MARGINAL REVENGE *4*

에어디쉬는 강연(그의 말로는 "설교")
하기를 좋아했다. 그는 칠판 앞에 서면
늘 편안함을 느꼈다.

1974년 4월 8일의 저녁은 따뜻했지만 약간 구름이 끼어 있었다. 다저스 팀의 왼손 투수인 알 다우닝 *Al Downing*은 행크 아론 *Hank Aaron*의 널찍한 스트라이크 존 안으로 높은 강속구를 던졌다. 오후 9시 7분, 아론은 방망이를 힘차게 휘둘렀고 공은 왼쪽 외야석을 향해 날아가다가 펜스를 넘어갔다. 행크 아론의 715호 홈런이 기록되는 순간이었다. 53,775명의 아틀란타 홈 관중은 베이브 루스의 1935년 기록인 714호가 깨어지는 순간 일제히 환호했다.

"이렇게 기록을 달성하게 되어 하나님께 감사드립니다."

행크 아론은 그런 말로 자신의 소감을 밝혔다. 그것은 어떤 수학자가 40년 동안 풀지 못했던 문제를 마침내 풀었을 때의 그런 소감과 비슷했다. 조지아 대학의 수학교수인 칼 포머런스 *Carl Pomerance*는 아틀란타 스포츠 팬의 입에서 714와 715라는 숫자가 한 동안 회자되었다고 회상했다.

"그가 언제 715를 기록할까?"라는 질문이 누구에게나 이해되었다. 루스, 아론, 홈런이라는 말이 사용되지 않아도 말이다. 당시 젊은 나이의 조교수였던 포머런스는 714와 715를 곱하면 첫 일곱개의 소수를 곱한 것과 같다는 것을 발견했다.

$$714 \times 715 = 2 \times 3 \times 5 \times 7 \times 11 \times 13 \times 17$$

포머런스의 동료 교수가 가르치던 학생 하나는 714와 715의 흥미로운 속성을 발견해냈다. 그것을 설명해 보면:

$$714 = 2 \times 3 \times 7 \times 17$$
$$715 = 5 \times 11 \times 13$$
$$2 + 3 + 7 + 17 = 5 + 11 + 13$$

포머런스는 이러한 성질을 가지는 연속적인 정수의 짝을 루스—아론 짝 *Ruth—Aaron pairs*이라고 불렀다. 포머런스는 컴퓨터를 조작하여 20,000 이하의 숫자들을 모두 검색한 결과, 이 숫자 범위에서는 겨우 26개의 루스-아론 짝이 있다는 것을 발견했다. 가장 간단한 것은 5와 6이고, 가장 높은 단위는 18,490과 18,491이었다. 이 짝들은, 소수 그 자체와 마찬가지로, 수가 커질수록 출현 빈도가 낮아졌지만, 포머런스는 무한히 많은 루스-아론 짝이 있다고 추측했다. 하지만 그는 그런 추측을 증명할 방도가 없었다. 포머런스는 이 발견 사항을 「오락수학 저널 *Journal of Recreational Mathematics*」에 가벼운 논문으로 투고했다. 이 논문이 발간되고 1주일이 지나지 않아 그는 에어디쉬로부터 전화를 받았다. 그는 전에 에어디쉬를 만나본 적이 없었다. 정수론의 대가인 에어디쉬는 자신이 포머런스의 추측을 증명했고 아틀란타로 초청해 준다면 그것을 설명하겠다고 말했다. 이렇게 해서 그들의 공동 연구 관계가 시

1995년 5월. 에모리 대학의 리셉션에서. 명예박사 학위를 받은 에어디쉬와 행크 아론의 옆에 수학자 론 구드가 서 있다. 앉은 사람은 에모리 대학 사무원. 1974년 4월 8일, 아론은 715호 홈런을 쳐내 베이브 루스의 1935년 기록(714호)을 깨트렸다. 714와 715는 독특한 수학적 속성을 가지고 있다. 이 두 숫자는 각 숫자의 소수인 인수들의 합이 서로 같다. 에어디쉬는 무수히 많은 다른 쌍의 수에도 이런 속성이 적용된다는 것을 증명했다.

작되었고 그 후 그들은 21편의 공동논문을 발표했다.

1995년 에어디쉬와 아론은 에모리 대학에서 명예 박사학위를 받게 되었다. 다른 박사학위 수여자들과 함께 에어디쉬는 가운을 입고 박사모를 썼다. 하지만 샌들을 신은 채로 연단에 앉은 에어디쉬는 박사학위 수여식 내내 양손으로 머리를 움켜쥐고서 생각에 잠기더니, 가끔 자신의 수학공책에다 뭔가 적어넣었다.

포머런스는 홈런왕 행크 아론에게 루스─아론 짝에 대해서 설명해주었다. 다음은 포머런스의 말.

"아론은 신사였습니다. 그의 업적이 일개 무명 수학자에 불과했던 나의 생애를 바꾸어놓았다는 설명을 진지하게 들어주었습니다."

포머런스는 에어디쉬와 아론을 설득하여 야구공에다 동시에 사인하게 했고 그 공을 자신이 가졌다.

"이렇게 해서 행크 아론은 에어디쉬 번호 1이 된 것입니다." 포머런스는 말했다.

에어디쉬와 포머런스는 피에르 드 페르마 *Pierre de Fermat*의 결과를 바탕으로 하여 정수론에 대한 공동 연구를 펼쳤다. 1640년에 작성된 한 편지에서 페르마는 하나의 추측만 제시했을 뿐 증명은 제시하지 않았다.

만약 n이 소수라면, 모든 정수 a에 대하여

$a^n - a$는 n의 배수이다.

예를 들면 3이 소수이기 때문에

$a^3 - a$는 3의 배수가 되어야 한다는 것이다. 가령 a를 2라고 한다면 $2^3 - 2$는 6이 된다. 6은 분명히 3의 배수이기 때문에 이 추측은 유효하다. a에 3을 넣어보면 $3^3 - 3$은 24이기 때문에 이 또한 3의 배수이다. a가 4일 때는 $4^3 - 4$는 60이 되어 이 또한 3의 배수가 됨을 알 수 있다. 이제 이 추측이 무엇을 뜻하는지를 독자는 알았을 것이다. 사실 이런 계산은 무한히 해나갈 수 있다.

소수에 관한 페르마의 진술은 악명높은 마지막 정리 *Last Theorem*와 구분하기 위해 페르마의 작은 정리 *Fermat's Little Theorem*로 알려지게 되었다. 하지만 작은 정리라고 해서 그 의미마저 작은 것은 결코 아니다. 1세기 후에 오일러 *Euler*에 의해 증명된 페르마의 작은 정리는 어떤 수가 소수인가 아닌가를 결정하는 가장 현대적인 시험기준이 되고 있다.

n이 소수인가 아닌가를 시험하려면 2 이상의 다양한 정수 a에 대하여 $a^n - a$가 n의 배수인가를 살펴라. 만약 이 정리가 통하지 않으면 그 숫자는 합성수인 것이다. 가령 9라는 숫자가 소수인가 아닌가를 시험한다고 해보자(이 책을 여기까지 읽어온 독자는 당연히 정답을 알고

있을 것이다). $2^9 - 2$는 510이 되는데, 이 숫자는 9의 배수가 아니다. 그러므로 9는 1차 테스트에서 불합격해버린 것이다. 어떤 숫자가 이 테스트에서 불합격하면 그것은 확실히 소수가 아니다. 그러나 이 테스트에서 합격을 하고서도 소수가 아닌 경우도 있다.

2500년 전 중국의 정수론 학자들은 $2^n - 2$가 n의 배수이면 n은 반드시 소수라고 착각했다. 가령 $2^5 - 2$는 30으로서 5의 배수이기 때문에 5는 소수이고, 또 $2^7 - 2$는 126으로서 7의 배수이기 때문에 5와 7은 소수라고 보았다. 340 이하의 숫자 중 모든 합성수는 이 중국식 테스트에서 빠져나가지 못했다. 그러나 합성수 $341(11 \times 31)$은 $2^{341} - 2$을 나누어 떨어뜨린다. 그렇다면 341만 유일한 유사 소수 *prime impostor*일까? 결코 그렇지 않다.

홀수의 유사 소수*pseudo-prime*는 무한히 많고, 1950년 데릭 H. 레머는 심지어 짝수의 유사 소수(161,038)도 발견해냈다. 1951년에 들어와서는 무한히 많은 짝수의 유사 소수가 존재하는 것으로 알려졌다. 이러한 유사 소수들은 페르마 테스트의 a의 다른 값을 대입함으로써 걸러낼 수 있다. 가령 341이라는 유사 소수는 $3^{341} - 3$을 나누어 떨어드릴 수 없으므로 합성수의 본성을 드러내게 되는 것이다.

그러면 혹시 $2^n - 2$뿐만 아니라 $3^n - 3$, $4^n - 4$, $5^n - 5$, $6^n - 6$ 등을 모두 나누어 떨어지게 하는 합성수 n이 존재할 수 있을까? 그 답은 예스이다. 1910년 미국의 수학자 로버트 카마이클 *Robert Carmichael*은 최초의 가장 작은 절대 유사 소수 *absolute pseudoprime*는 561임을 발견했다. a에 어떤 값을 대입하더라도 $a^{561} - a$는 561의 배수인 것이다. 이런 절대유사 소수—예를 들면, 1,105, 1,729, 2,465, 2,821, 10,585, 15,841 등— 를 카마이클 수 *Carmichael numbers*라고 하는데, 이런 숫자들 때문에 페르마의 테스트는 한점 의혹 없는 소수검증 공식이 되지 못하는 것이다. 한 동안 절대 유사 소수는 그 개수가 유한하여 리스트를 작성할 수 있을 정도라고 기대되었다. 그래서 어떤 수 n이 이 리스트에 올라있지 않고, 또 점점 더 커지는 a에 대해 연속적으로 페르마의 테스트를 통과하면 그 수는 진짜 소수일 거라고 믿어지게 되었다.

1956년 에어디쉬는 큰 절대 유사 소수를 만드는 기술을 스케치했다. 그러면서 이런 유사 소수는 무한히 발생할 수 있다고 추측했지만 증명을 내놓지는 못했다. 1992년 칼 포머런스와 조지아 대학의 동료 교수 두 명이 마침내 에어디쉬의 추측을 단단한 증명으로 만들어냈다.

✦

페르마의 작은 정리는 제시된 지 1세기 후에 오일러가 증명했지만, 그보다 한결 간단하게 보이는 마지막 정리는 350년 동안 가장 뛰어난 수학자들을 계속 좌절시켰다.

1630년대 후반 페르마는 자신이 그 정리의 증명을 가지고 있으나 남에게 공개하지 않겠다고 말했다. 이 정리의 진리는 드디어 1994년에 확립되었다. 프린스턴 대학에 재직하는 앤드루 와일즈 *Andrew Wiles*가 8년 동안 칩거하면서 연구하여 마침내 아주 길고 어려운 증명을 완성해 낸 것이었다. 그러나 에어디쉬는 와일즈가 혼자 칩거하면서 연구한 방식을 못마땅하게 여겼다. 와일즈가 그 연구에 수학계의 지원을 받았다면 훨씬 더 빨리 증명을 완성할 수 있었을 것이었기 때문이다. 와일즈는 와일즈대로 고민이 있었다. 만약 공동 연구를 한다면 다른 동료가 결승점에 먼저 도착할 염려도 있었고 또 동키호테처럼 풍차를 상대로 공격하려 한다는 야유를 들을 수도 있었다. 동료들이 자신의 연구를 눈치채지 못하게 하기 위해 와일즈는 그동안 일련의 사소한 논문들을 발표해왔다. 와일즈의 증명에 소중한 지원을 했던 켄 리베트 *Ken Ribet*는 이렇게 말했다.

"아마도 이렇게 긴 세월 동안 자신의 연구 과제를 밝히지도 않고 일의 진척도 얘기해주지 않은 경우는 전무후무할 겁니다. 수학자들은 언제나 서로 이야기를 주고 받습니다. 다른 사람에게 자신의 생각을 털어놓으면 격려를 받게 마련이죠. 사람들은 큰 일 한다고 말하면서 여러 가지 아이디어를 빌려주기도 하죠. 이렇게 하는 것은 유익하기도 하고 또 이런 도움을 일체 거부한다는 것은 심리적으로 아주 괴이한 일이라고 할 수 있어요."

괴이하든 말든, 와일즈는 정수론에서 가장 난해하다고 소문난 괴물을 죽여버렸다는 영광을 안게 되었다. 수학자가 그처럼 화려하게 언론의 각광을 받은 적도 없었다. 「피플 *People*」지는 와일즈를 "올해의 가장 흥미로운 인물 25명"의 리스트에 올렸고, 의류업체인 갭 *Gap* 회사는 그에게 청바지의 모델이 되어주면 사례하겠다고 제의해왔고, 바바라 월터스 *Barbara Walters*는 그를 그녀의 쇼에 초청했다.

"바바라 월터스가 누구지?"

텔레비전을 별로 본 적이 없는 와일즈가 물었다.

그 증명은 수학자들의 전자 메일 박스에 넘쳐나는 가짜 뉴스의 원천이 되기도 했다.

시카고, 7월 30일. "수학 깡패들은 최악의 깡패입니다." 시카고 경찰서의 대변인은 말했다. "하지만 시카고 시 비어버바흐 폭동으로부터 많은 경험을 했습니다. 우리는 이번에는 그런 폭동에 대비를 하고 있었습니다."

수요일, 페르마의 정리가 증명되었다는 소식이 알려지자 전국의 대학 주변에는 엄청난 경찰력이 투입되었다. 고등수학의 획기적인 진전이 있을 때마다 축제 분위기에 빠져 도시를 노략질하는 관습이 있어왔는데, 그것을 철저히 봉쇄하기 위해서이다.

하이드 파크 전역에는 기마 경찰이 배치되었다. 시카고 대학에서 출발한 열광적인 팬들이 행진 도중 주차된 자동차를 덮치는 행위를 막기 위한 것이다. 이 열광적인 팬들은 지난 1976년 볼프강 하켄 *Wolfgang Haken*과 케네스 애플 *Kenneth Appel*이 오랜 난제인 4색 문제 *Four Color Problem*를 풀었을 때, 그런 난동을 부렸었다. 그러나 교과서를 내던지는 행위나 차속에 타고 있는 사람을 억지로 끌어내리는 행위 등은 산발적인 것에 불과했다고 시카고 대학의 수학관계자들이 밝혔다.

피에르 드 페르마는 1601년 프랑스 남부에서 부유한 가죽 상인의 아들로 태어났다. 총명하기는 했지만 수학에 대해서 별로 흥미를 보이지 않았던 페르마는 가족의 권유를 받아들여 프랑스의 공직 사회에 진출했다. 그렇게 하여 나중에 루이 14세 조정의 판사가 되었다. 페르마는 낮에는 이단자들을 화형대에서 불태우라는 판결을 내렸고, 밤에는 혼자서 지냈다. 당시 프랑스 사법부는 언젠가 재판소에 끌려와 재판을 받게 될지 모르는 사람들과의 교제를 금했기 때문이었다.

은자처럼 조용히 보내는 밤생활은 그의 취향에 맞는 것이었다. 그는 고대사와 과학 교과서를 연구했고 드디어 수학의 세계를 발견했다. 숫자는 곧 그의 밤생활에서 중요한 부분을 차지하게 되었다. 당시는 페르마처럼 뛰어난 수학 능력을 지니고서도 수학으로서는 생계를 꾸리기가 어려운 시절이었다. 유럽이 중세의 어둠으로부터 벗어나던 17세기 초 수학은 고상한 학문으로 인정되지 않았다. 수학적으로 소질이 있는 사람들은 회계사로 취직을 하여 부유한 상인들의 재무상태를 몰래 챙겨주었다. 부유한 사람들의 회계장부를 분석해주는 일을 하지 않던 수학자들에게도 몰래 수학연구를 하는 전통은 그대로 적용되었다. 페르마도 이런 전통에서 벗어날 수 없었다.

그는 자신의 수학적 발견을 자기 혼자만 알고 있었다. 하지만 자랑하고 싶은 마음은 어쩔 수가 없었는지, 가끔 동료들에게 편지를 보내 수학적인 도전을 걸기도 했다. 이런 저런 정리를 증명했는데, 자세한 사항은 보내지 않을 테니, 당신이 능력이 되면 한번 증명해 보라는 그런 내용이었다.

1637년 그는 『어리스메티카 *Arithmetica*』의 라틴어 번역본을 읽고 있었다. 그 책은 디오판투스 *Diophantus*라는 신비한 대수(代數) 학자가 저술한 정수론 책이었다. 고대 그리스의 사상가라고 하는 이 디오판투스에 대해서는 그가 알렉산드리아에 살았다는 것, 7백년 동안(유클리드 시절부터 5세기 초에 활약한 최초의 여자 수학자 히파티아 *Hypatia*의 시절까지) 수학계의 중추였다는 것 등이 알려져 있을 뿐이다. 디오판투스가 정확히 언제 알렉산드리아에 살았는가 하는 점은 분명하지 않다. 과학사가들은 그의 활동시기를 3세기 중반으로 추정하고 있으나 증거가 너무 없어서 그의 알렉산드리아 거주 시기의 폭은 앞뒤로 5백년을 넘나들고 있다.

디오판투스의 『어리스메티카』는 원래 13권으로 구성되어 있는데, 그중 6권만이 오늘날까지 전해져 오고 있다. 알렉산드리아 도서관에서 발생했던 두 번의 대 화재 때문에 그 책들이 소실되었을 것으로 추정된다. 한번은 B.C. 47년 율리우스 캐자르가 클레오파트라의 함대에 불을 지르면서 그 불이 인근의 도서관까지 번진 것이고, 또 한번은 642년에 무슬림 침략자들이 이 도시를 노략질하면서 많은 책들을 불살랐다.

그러나 지금까지 남아 있는 『어리스메티카』 6권은 보석과 같은 내용을 담고 있다. 이 책들을 보면 디오판투스가 피타고라스보다 더욱 보수적이었음을 알 수 있다. 피타고라스는 2의 제곱근 같은 무리수는 인정하지 않았지만 분수는 정수의 형제로 받아들였다. 그러나 디오판투스는 정수만을 좋아했다. 그는 디오판투스 방정식 *Diophantine equations*이라고 알려진 문제들을 풀어낸 것으로 유명한데, 이 등식의 해법에는 오로지 정수만 등장하고 있다.

5, 6세기 경의 수학문제집인 『그리스 선집 *Greek Anthology*』에 실려있는 이런 수수께끼같은 글귀가 디오판투스의 생애에 대해서 희미하게나마 일별하게 해준다.

> 신은 그에게 생애의 1/6동안 소년으로, 그리고 다시 1/12동안 청년으로 보내게 해주었다. 그 동안 그의 뺨에 솜털을 총총히 입혀주셨다. 그후 1/7이 지난 다음에 화촉을 밝히게 해주셨고 결혼 후 5년 뒤에 아들을 얻게 해주셨다. 아! 늦게 태어난 아들이여! 아버지의 나이의 절반에 이르렀을 즈음 그 아들은 운명의 손길에 의해 하늘나라로 갔다. 그후 4년 동안 수학으로 마음의 위로를 삼다가 생을 마감하였다.

위의 수수께끼는 알려진 것이 별로 없는 디오판투스의 인생에 대해서 정보를 제공해주지만, 동시에 수학이 가혹한 현실로부터 도피수단이 될 수 있다는 느낌의 아주 오래된 표현을 보여주기도 한다. 위의 수수께기에 나오는 정보는 간단한 대수 방정식으로 번역될 수 있다. 디오판투스의 나이를 D라고 하면 방정식은 이렇게 된다.

$$D = D/6 + D/12 + D/7 + 5 + D/2 + 4$$

대수 시간에 조금이라도 신경을 쓴 학생이라면 D의 답을 구할 수 있을 것이다. 위의 수수께끼가 사실이라고 한다면 디오판투스는 84세까지 산 것이 되는데, 3세기의 남자치고는 상당히 오래 산 것이 된다.

이 수수께끼에 쓰인 방정식은 "일차" 방정식이다. 이것은 변수 D에 제곱이 사용되지 않았음을 의미한다. 디오판투스 그 자신은 제곱, 세제곱 등의 거듭 제곱을 사용하는 방정식에 더 관심이 많았다. 『어리스메티카』에서 디오판투스는 유클리드의 정리를 길게 토론하고 있다. 그런 정리로는 우리에게도 친근한 것, 가령 직각삼각형에서 빗변을 제곱한 것은 나머지 두변을 각각 제곱하여 더한 것과 같다 등이 있다. 그는 $x^2 + y^2 = z^2$의 방정식을 만족시키는 피타고라스 수 x, y, z의 쌍이 무한히 많다는 것을 알아내었다. B.C. 1900년경의 것인 점토판 플림턴 232 Plimpton 232에 새겨진 수의 도표는 이런 방정식이 역사가 오래된 것을 보여준다. 바빌로니아 사람들은 이미 피타고라스보다 1천년 전에 세 숫자 −가령 3, 4, 5나 5, 12, 13 등−를 알고 있었다.

페르마는 디오판투스의 이러한 토론을 읽으면서 동일한 방정식이 2보다 큰 거듭 제곱의 경우에도 성립하지 않는지 궁금해졌다. 바꾸어 말하면

$$x^3 + y^3 = z^3$$
$$x^4 + y^4 = z^4$$
$$x^{707} + y^{707} = z^{707}$$

등의 방정식을 성립시키는 세 자연수의 쌍이 존재할 수 있을까 하는 문제이다. 페르마는 지수가 2일 경우에는 이 방정식을 만족시키는 수의 쌍이 무한히 많다는 것을 알았지만, 지수가 3이상일 경우에는 등식이 결코 성립되지 않는다는 비상한 결론을 내렸다.

페르마는 자신이 갖고 있던 『어리스메티카』 책에의 여백에다 라틴어로 이렇게 논평했다.

"세 제곱을 두 개의 세 제곱의 합으로 나타낼 수 없고, 네 제곱을 두 개의 네 제곱의 합으로 나타낼 수 없다. 그리고 일반적으로 2보다 큰 어떤 거듭 제곱도 두 개의 같은 거듭 제곱의 합으로 나타낼 수 없다."

이같이 포괄적인 진술이 소위 말하는 페르마의 마지막 정리이다. 그는 이 정리 옆에다 이런 논평을 달아놓았다.

"나는 이 명제에 대한 놀라운 증명을 알지만 여백이 너무 좁아 기록할 수 없다.

페르마는 1665년에 죽었다. 만약 그의 아들 클레망-사뮈엘 *Clement-Samuel*이 귀퉁이를 접어놓은 아버지의 책 『어리스메티카』를 찾아내어 먼지를 털고서 그 여백에 적혀진 내용을 1670년에 발표하지 않았더라면, 페르마의 마지막 정리도 그와 함께 무덤으로 갔을 것이다.

그 여백의 논평은 사람들의 마음을 사로잡아 수 십명의 정수론 학자들을 골몰하게 만들었다. 지난 여러 세기 동안 페르마의 마지막 정리를 증명하려고 노력한 사람들의 목록은 곧 『수학자 인명록 *Who's Who of Mathematics*』처럼 읽힌다. 페르마 자신은 지수가 4일 경우에 대한 증명을 일부 스케치해 놓았다.

위대한 수학자 레온하르트 오일러도 이 정리의 마력에 빠져들었고 상당히 노력했으나 일에 진전을 보지 못했다. 그래서 1742년 그는 친구를 페르마의 옛집으로 보내어 혹시 밝혀지지 않은 여백의 논평이 있는지 찾아보라고 했다. 친구가 아무것도 찾아내지 못한 채 돌아오자 오일러는 온 힘을 새롭게 쏟아 세 제곱의 경우에는 해법이 불가능하다는 것을 증명했다. 그래서

$$x^3 + y^3 = z^3$$

$$x^4 + y^4 = z^4$$

의 경우는 해결을 보았다. 그러나 그보다 높은 수 가령 다음과 같은 경우들이 문제였다.

$$x^5 + y^5 = z^5$$

$$x^6 + y^6 = z^6$$

$$x^7 + y^7 = z^7$$

$$x^8 + y^8 = z^8$$

그 다음의 진전은 소피 제르맹 *Sophie Germain*이라는 여자 수학자가 감당했다. 그녀는 1776년 파리에서 부유한 은행가의 딸로 태어났다. 1789년 프랑스 혁명의 열기가 파리의 시가에까지 흘러넘치자, 그녀는 집에 꼭 들어박혀 아버지의 서재에서 세월을 보냈다. 이 서재에서 당시 열세살이던 제르맹은 아르키메데스의 죽음을 묘사한 낭만적인 얘기를 읽고서 수학에 빠져들었다.

로마군이 시라큐스를 침공했을 때 그 도시 출신의 아르키메데스는 땅위에 쭈그려 앉아 기하학 도형을 그려놓고 깊은 생각에 잠겨 있었다. 한 로마 병사가 그의 뒤쪽에서 앞으로 나오면서 도전적인 자세로 그 도형을 발로 밟았다.

"내 원을 밟지 마세요!"

아르키메데스가 항의하자 로마 병사는 칼을 뽑아들고 75세의 수학

자를 살해했다.

제르맹은 이처럼 사람의 목숨마저도 잊어버리게 만드는 위대한 학문에 헌신해야겠다고 결심했다. 그렇게 하면 그녀의 집 바깥에서 벌어지는 혁명시대의 공포정치를 잊어버리고 또 자신의 목숨과 육체에 가해질지 모르는 위협에서도 자유로워질 수 있을 것 같았다.

그러나 제르맹의 부모는 그런 결심을 탐탁치 않게 여겼다. 당시 중산층 사람들은 여자가 숫자에 밝아서는 못쓴다는 생각을 갖고 있었는데, 그녀의 부모도 이런 견해에 동조하여 수학책들을 감추었다. 제르맹은 감춘 책을 다시 찾아냈고 한밤중에 부모의 눈을 피해 몰래 수학책을 들여다 보았다. 부모는 이런 사실을 알게 되자 더욱 가혹한 억제책을 폈다. 그녀가 일단 잠자리에 들면 옷은 물론이고, 촛불과 땔감 등을 모두 가져가버려 아예 움직이지 못하게 했다. 그러나 그녀가 몰래 감춰둔 촛불을 켜놓고 또다시 수학 공부하는 것을 발견한 부모는 드디어 그녀의 열정을 이해하고 적극적으로 후원하게 되었다.

프랑스 사회는 서서히 개화되고 있었다. 여자들은 1794년에 개교한 에콜 폴리테크니크 *École Polytechnique*에 입학하는 것이 금지되었다. 하지만 당시 18세가 된 제르맹은 그 대학의 강의 노트를 확보할 수 있었다. 에콜 폴리테크를 중퇴한 유망한 학생인 "안투안-오귀스트 르블랑 *Antoine—Auguste Le Blanc*" 행세를 하면서 그녀는 당대의 유수한 수학자들과 편지 교환을 하기 시작했다.

그녀는 20대에 들어와 페르마의 마지막 정리의 특별한 케이스(지수 n이 특별한 종류의 소수인 경우)를 풀어내는 일반적인 테크닉을 개발했다. 그렇게 하여 수학계에서는 특정 소수에서 두 배를 한 다음 1을 더하여 나오는 또 다른 소수를 소피 제르맹 소수 *Sophie Germain*

*Primes*라고 부르게 되었다. 첫 번째 소피 제르맹 소수는 2인데 2를 두 배하여 1을 더하면 나오는 5도 역시 소수인 것이다. 지금까지 알려진 가장 큰 소피 제르맹 소수는 1998년 1월 19일에 발견되었는데, 5,122 자 릿수를 갖고 있다. 이 수는 $92,305 \times 2^{16,998} + 1$과 같은 수인데, 이 수를 두 배해서 1을 더한 수, 즉 $92,305 \times 2^{16,999} + 3$이 또 소수가 된다는 것이다. 하지만 소피 제르맹 소수가 소수 그 자체와 마찬가지로 무한히 등장하 는지 여부는 아직 알려져 있지 않다.

남자 필명으로 활약하던 제르맹은 당대의 저명한 수학자이며 천문 학자인 독일 괴팅겐 대학의 카를 가우스 교수에게 페르마의 마지막 정 리에 대한 자신의 연구 결과를 보냈다. 그녀가 보낸 편지는 다음과 같 은 사죄의 말로 시작된다.

"불행하게도 내 지성의 깊이는 내 지식의 탐욕보다 크지 않습니다. 수학의 천재를 이처럼 귀찮게 하는 나의 뻔뻔함을 용서해주시기 바랍 니다."

가우스는 격려의 편지를 보내주었다.

"나는 수학이 당신처럼 유능한 사람을 발견하게 된 것을 기쁘게 생 각합니다."

가우스는 1807년까지 그녀의 정체를 알지 못했다. 나폴레옹의 군 대가 프러시아를 침공하자 제르맹은 가우스가 아르키메데스와 같은 운 명이 될까봐 걱정했다. 그래서 그녀가 알고 있는 프랑스 군대의 사령관 에게 그의 안전을 특별히 부탁했다. 그 사령관은 가우스를 찾아내어 소 피 제르맹이라는 사람 때문에 당신의 목숨은 안전하다고 말해주었다. 가우스는 이 신비한 은인이 누구인지 모르다가 나중에 그녀가 편지로 자신의 정체를 밝히면서 비로소 알게 되었다. 가우스는 이 사실을 알고 무척 기뻐했다.

"추상 과학과 수의 신비에 대한 관심과 애호는 극히 찾아보기 어려운 것입니다 … 우리의 관습과 편견에 의하면 여성은 남성에 비해 이런 까다로운 연구에 익숙해지기가 대단히 어렵다고 합니다. 그러나 이런 장애를 극복하고 가장 어려운 부분까지 파고든 그녀는 고상한 용기, 비상한 재능, 탁월한 천품을 가지고 있는 게 틀림없습니다."

서로 편지를 보내어 존경의 찬사를 퍼부었지만 가우스와 제르맹은 한번도 직접 만나지는 못했다. 그는 괴팅겐 대학을 설득하여 그녀에게 명예 박사학위를 수여하도록 했지만 그녀는 프랑스에서 떠나지 못했다. 유방암과 2년 동안 싸우다가 55세로 사망했기 때문이었다. 에어디쉬는 가우스에 대해 이렇게 말했다.

"제르맹에게 친절하게 대해주었다고 해서 그것이 가우스의 일반적인 태도라고 보면 안 됩니다. 가우스는 뉴턴처럼 야비한 사람은 아니었지만 그래도 좀 야비한 데가 있었습니다. 제자들이 그들의 업적을 들고 와서 가우스에게 상의하면 그는 자기가 전에 다 풀어놓은 문제라고 말하곤 했습니다. 뭐, 그랬을 수도 있고 그렇지 않을 수도 있죠. 하지만 젊은 제자의 열성을 그런 식으로 짓밟는다는 것은 잘못된 일입니다."

19세기 초반에 있었던 페르마의 마지막 정리에 관한 제르맹의 개척자적 연구 이후에, 또다른 중대 발전은 1840년대 후반 독일의 정수론 학자인 에른스트 에두아르트 쿰머 *Ernst Eduard Kummer*에 의해 이루어졌다. 그는 처음에는 고등학교에서 수학을 가르치다가 나중에는 베를린의 전쟁대학에서 대포탄도학을 가르쳤다. 많은 정수론 학자들이 자신의 업적을 실용화할 수 없는 것에 자부심을 느꼈지만, 쿰머는 자신의 훌륭한 수학 능력을 조국봉사에 바친 것을 자랑스럽게 여겼다. 그는 자신이 어릴 때 조국이 당한 일에 대해 복수를 하고 싶어했다. 그가 세살 이었을 때 고향 소라우는 나폴레옹 군대에 의해 짓밟혔다. 프랑스 군대가 가져온 장질부사라는 질병은 전쟁에 의해 죽어나간 희생자에다 또 다른 희생자를 양산했다. 그 마을의 의사인 쿰머의 아버지는 그 질병을 막아보려고 애쓰다가 그 자신이 그 병에 걸려 죽었다.

쿰머는 프랑스 군대를 제압할 만한 무기를 개발하는 작업을 하지 않을 때에는 프랑스 수학자를 꼼짝도 못하게 하는 일에 바빴다. 당시 프랑스 과학원은 페르마의 마지막 정리를 증명하는 사람에게 3천 프랑의 현상금을 걸었다. 그리고 파리의 카페 사회에서는 두 명의 현지 수학자인 가브리엘 라메 *Gabriel Lamé*와 오귀스트-루이 코시 *August-Louis Cauchy* 사이에 벌어지는 치열한 페르마 정리의 증명 경쟁이 커다란 화제가 되었다. 두 수학자의 연구 방식은 독일에까지 전해졌고 쿰머는 두 사람의 접근방법에 치명적인 결함이 있음을 간파하고 프랑스 과학원에다 장문의 편지를 날렸다. 라메와 코시는 크게 당황했고 그후 좀더 다루기 쉬운 수학 문제로 관심을 돌렸다.

쿰머는 페르마의 마지막 정리가 무한한 숫자의 경우에도 진리임을 증명했다. 이 경우 지수는 특정 형태의 소수들인데 쿰머는 그것을 "정칙 소수 *regular prime*"라고 불렀다. 쿰머의 방법은 페르마의 마지막 정리에 대한 최초의 전면적인 공격이었다. 그러나 이 공격은 소위 비정칙 소수 *irregular prime*의 존재 때문에 제한될 수밖에 없는데, 비 정칙 소수란 것도 따지고 보면 그리 특이한 것이 아니다. 예를 들어 1에서 100까지의 소수 중 37, 59, 67이 비 정칙 소수에 해당된다.(그러나 여기서 정칙 소수가 무엇인지에 대해서는 너무 신경쓸 필요가 없다. 그 정의는 너무나 복잡하여 조제프-루이 라그랑즈 *Joseph-Louis Lagrange*같은 위대한 수학 논평가도 당황하게 만들 정도였다. 라그랑즈는 "자신이 풀어낸 문제를 길에서 우연히 만난 첫번째 사람에게 명백히 설명해줄 수 없는 수학자는 실은 수학자가 아니다"라고까지 말했는데, 만약 이런 기준을 모든 수학자에게 적용한다면, 대부분의 수학자는 수학자 노릇을 그만두어야 할 것이다).

쿰머는 정수론 분야에서 예리한 업적을 남겼지만, 기본적인 산수에는 아주 서툴렀던 것으로 보인다. 그에게는 이런 일화가 전해진다.

그가 칠판 앞에 서서 7 곱하기 9를 계산하려고 할 때였다. 쿰머는 고등학교 학생들 앞에 서서 이렇게 말했다.

"자, 7 곱하기 9는 … 어, 어 …"

"61입니다." 한 학생이 말했다.

"좋았어."

쿰머는 그렇게 말하고 칠판 위에다 61을 적었다. 그때 다른 학생이 소리쳤다.

"69입니다."

"아니, 아니, 학생들, 그 둘다 맞을 수는 없어요. 그중 하나만 맞겠지요."(에어디쉬는 쿰머의 이 일화를 약간 다르게 말하기를 좋아했다. "쿰머는 아마도 이렇게 말했을 겁니다. '흠, 61은 아닐 겁니다. 61은 소수니까요. 65는 5의 배수니까 안되겠는데. 그러면 67은 소수이고 69는 너무 크니까 결국 63밖에 없는데.' ")

20세기에 들어와서도 페르마의 마지막 정리에 대한 활동이 많이 있었지만 대부분 방향이 틀린 것이었다. 1908년 독일 과학원은 상금을 10만 마르크 내걸어서 상금규모에서 프랑스 과학원을 앞질렀다. 독일 측 상금은 파울 볼프슈켈 *Paul Wolfskehl*이라는 다름슈타트 산업가가 내놓은 것이었다. 아마추어 수학가인 볼프슈켈은, 아르키메데스가 기하학 때문에 목숨을 잃었다면 자신은 정수론 때문에 목숨을 건졌다고 말했다. 꿈속에서까지 연모하던 여인에 의해서 버림을 받고, 신경이 극도로 예민해진 볼프슈켈은 엄청난 절망에 빠져서 거기에서 헤어나오려면 자살밖에 없다고 생각했다.

볼프슈켈은 충동적인 남자이긴 하지만 그 즉시 자살을 할 수는 없었다. 먼저 신변의 일을 정리한 다음 권총으로 자신의 머리를 쏴서 이승을 하직할 생각이었다. 신변의 정리는 생각보다 빨리 끝났다. 그러므로 정해진 자살 시간까지는 몇 시간의 여유가 남아 있었다. 그는 서재로 들어가 옛날의 수학 책을 뒤지다가 페르마의 마지막 정리를 만나게 되었다. 그리고 그 정리를 풀어보려고 애쓰다가 그만 자살 시간을 넘기게 되었다. 볼프슈켈은 그 순간 어려운 수학 문제를 푸는 것이 까다로운 여자의 마음을 얻는 것보다 한결 보람있다는 것을 알게 되었다. 그는 다시 살기로 결심했고 페르마의 마지막 정리를 푸는 사람에게 내줄 상금을 후원하기로 마음먹었다.

그러나 그 정리는 잘 풀리지 않았다. 10만 마르크 상당의 볼프슈켈 상금은 아마추어, 프로 할 것 없이 수학자들을 이 정리의 해결(증명 혹은 반증) 쪽으로 내몰았다. 상금이 내걸린 첫번째 해인 1908년에 621건의 증명이 제출되었다. 1970년대에 들어와서도 여러 건의 증명들이 꾸준히 제출되었다. 말도 안 되는 원고는 즉시 되돌려 보냈고 수학적인 내용을 담고 있는 듯한 원고는 괴팅겐 대학의 수학과 교수들이 돌아가며 검토했다. 쉬리흐팅 *F. Schlichting*은 1974년에 이렇게 말했다.

"그걸 검토하다 보면 나도 피해자라는 생각이 들어요. 매달 답변해야 할 편지가 3, 4건이나 됩니다. 그리고 웃기는 원고들도 많이 들어와요. 가령 해법의 절반을 먼저 보내놓고 1천 마르크를 먼저 지불하면 나머지 절반을 보내겠다는 것도 있어요. 또 지금 좀 도와주면 나중에 유명해져서 출판물, 라디오, 텔레비전 등에서 들어오는 이익금을 10퍼센트 떼주겠다는 편지도 있어요. 만약 도와주지 않으면 러시아의 수학과로 증명자료를 보내서 그(자칭 페르마 정리 증명자)를 발견하는 영광을 빼앗기게 만들겠다는 거예요. 또 어떤 사람은 괴팅겐 대학에 직접 나타나서 개인적으로 토론을 하자고 주장하기도 해요."

다른 대학에서는 괴짜 편지에 대해서 보내는 답변이 이렇게 정해져 있다.

"나는 당신의 증명이 옳지 않다는 것에 대한 놀라운 증명을 알지만 이 편지지가 너무 좁아 그 증명을 기록 할 수 없습니다."

주류(主流)의 수학자들은 페르마의 마지막 정리가 개별 지수를 적용시킬 경우에는 성립한다는 것을 계속 증명하였다. 그리고 1993년에 들어와서는 지수가 4백만보다 작을 때에는 반증이 존재하지 않는 것으로 알려졌다.

✦

페르마의 마지막 정리를 해결할 운명을 타고난 앤드루 와일즈는 옥스퍼드 신학자의 아들이었다. 그의 선배인 소피 제르맹이 아르키메데스에 대한 낭만적인 이야기를 읽고 수학에 마음이 이끌렸던 것처럼, 와일즈도 페르마에 대한 낭만적인 이야기를 읽고서 수학에 흥미를 느끼게 되었다. 열살 무렵 와일즈는 에릭 템플 벨 *Eric Temple Bell*의 『마지막 문제 *The Last Problem*』(1961)을 읽었다. 20세기 전반기에 미국 수학계의 지도적 인물이었던 벨은 수학뿐만 아니라 문학에도 재간이 있었다. 벨은 이렇게 썼다.

"수학의 심오한 진리를 체험한 사람들은 의지가 강인한 사람들이다. 의지 박약한 자들은 그런 체험을 할 수가 없다."

그는 인물의 성품을 간결히 요약하는 재주도 있었다.

"피타고라스의 수학에는 신비주의가 깃들어 있다. 그래서 그는 1/10은 천재이고 나머지 9/10은 순전히 사기이다."

벨의 문장은 때때로 너무 장식적이라는 지적을 받았지만, 『마지막 문제』와 이 책보다 더 잘 알려진 『수학의 사람들 *Men of Mathematics*』(1937)은 그후 3세대에 걸쳐 많은 젊은이들의 마음에 수학적 흥미의 씨앗을 뿌려놓았다.

오늘날 타블로이드 신문의 기준에서 본다면 벨이 1937년에 써낸 혁신적인 책은 아무것도 아니지만, 그 당시 기준으로는 대단히 이색적인 것이었다. 그는 수학사의 업적에 대해서 뿐만 아니라 수학자의 생애와 사랑에 대해서도 가벼운 필치로 써나갔다. 가령 르네 데카르트를 다룬 다음의 문장을 보라.

"고고한 사상을 갖고 있었음에도 불구하고 데카르트는 때묻은 겉옷을 입고 흰 수염을 기른 고리타분한 학자의 모습을 하지 않았다. 그는 훌륭하게 차려입은 신사였으며, 좋은 천으로 지은 옷을 입었고, 칼을 차고 다녔다 … 타조 깃털이 달린 챙이 넓은 커다란 모자를 쓰고 다니면서 한껏 멋을 냈다. 하루는 어떤 술주정뱅이가 데카르트와 함께 있던 여자를 모욕한 일이 있었는데 그는 화를 벌컥 내며 그 자를 뒤쫓았다… 그는 그 술주정뱅이의 칼을 쳐서 떨어뜨렸지만 목숨은 살려주었다. 그렇게 살려준 이유는 그 상대가 칼싸움을 못했기 때문이 아니라, 아름다운 아가씨 앞에서 죽는 영광을 입을 주제가 못되었기 때문이었다."

벨의 책을 읽으면 아무리 목석 같은 사람이라도 수학의 세계에 이

끌리게 되어 있다. 칼을 휘두르는 멋쟁이들이 살고 있는 그 세계에 말이다.

어린 와일즈는 페르마의 마지막 정리에 대한 벨의 이야기를 읽고서 그 정리에 매혹되었다. 와일즈는 이렇게 회상했다.

"그 정리는 너무나 간단해 보였는데도 역사상의 위대한 수학자들은 그것을 풀어내지를 못했습니다. 열살 먹은 나도 이해할 수 있는 그런 문제를 말입니다. 그 정리를 일단 알게 된 다음부터 그것이 내 머리에서 떠난 적이 단 한번도 없었습니다. 나는 이 정리를 반드시 풀어내고야 말겠다고 마음먹었습니다."

페르마에 대한 벨의 책은 그의 사후인 1961년에 나왔다. 그는 페르마의 마지막 정리를 풀기도 전에 인류문명이 핵전쟁에 휘말려 소멸해 버릴 것이라고 예측했다. 버클리의 수학 교수인 켄 리벳은 다음과 같이 궁금해 했다.

"만약 벨이 몇 십년 더 살았다면 다음 두 사항 중 어떤 것에 더 놀랐을까? 인류가 멸망하지 않고 살아 남았다는 사실과 1993년 6월 23일 페르마의 마지막 정리가 해결되었다는 사실 중에 말이다."(이 처음 증명에는 결함이 있었고 1994년 9월에 완전히 증명되었다. 역자주)

와일즈는 10대 소년 때부터 페르마 정리의 해결에 매달렸으나 진전을 보지 못했다. 그리하여 당대 수학의 뜨거운 문제였던 타원 곡선(*elliptic curves*:단순한 타원보다 더 복잡한 타원)을 연구하기 시작했고 그리하여 그 주제로 케임브리지 대학에서 박사 학위를 받았다. 와일즈는 그렇게 하여 그후 10년 동안 페르마 정리는 뒷전으로 밀어놓게 된다.

1986년 켄 리벳 *Ken Ribet*은 타니야마-시무라 추측 *Taniyama-*

*Shimura conjecture*이 페르마의 마지막 정리와 관련된다는 점을 증명함으로써 그 자신도 놀라게 되었다. 바꾸어 말하면 페르마의 마지막 정리는 이제 타니야마—시무라 추측을 해결하는 문제로 바뀌게 된 것이었다. 그러나 타니야마—시무라 추측도 30년 가까이 해결되지 않은 문제였으므로 그것도 결코 간단한 문제가 아니었다. 게다가 이 추측을 증명하고자 하는 수학자들은 원래 그 추측을 발표했던 두 사람 중 한 사람의 도움은 받을 수가 없었다. 수학의 짜릿한 매력도 유타카 타니야마의 정신적 고뇌는 해소시켜주지는 못한 모양이다. 페르마 정리의 해결에 거금을 내건 폴 볼프슈켈과는 다르게, 타니야마는 자살의 유혹을 뿌리치지 못했다. 전후 일본의 가장 뛰어난 수학 천재의 한 사람이었던 타니야마는 1958년, 31세의 나이로 자살했다.

와일즈는 켄 리벳의 연구 결과를 알게 되었을 때, 페르마 정리를 해결해보겠다는 의욕이 새롭게 불타올랐다. 그리고 이번에는 그의 손에는 막강한 무기가 들려져 있었다. 타니야마—시무라 추측은 타원 곡선과 관련된 것이었는데, 그는 박사학위를 이 주제로 했기 때문에 타원 곡선에 대해서는 잘 알고 있었다. 그럼에도 불구하고 와일즈는 자신이 성공하리라고 확신하지는 못했다. 다음은 와일즈의 말.

"타니야마—시무라 추측은 오랫동안 해결이 되지 않고 있었습니다. 그 추측을 어떻게 접근해야 할 것인지 아무도 몰랐어요. 하지만 그것은 수학 본류에 해당되는 문제였지요. 내가 이 추측에 대해서 뭔가 시도해보면 비록 문제를 풀지는 못한다고 하더라도 가치있는 수학 연구가 될 거라는 생각은 있었어요. 공연한 시간 낭비라는 생각도 전혀 들지 않았고요. 그래서 평생 나를 사로잡아온 페르마의 로맨스가 수학적으로 인정되는 문제와 결합하게 된 겁니다."

그는 비좁은 자신의 사무실에 7년동안 틀어박혀서 비밀리에 작업을 했다. 타니야마-시무라 추측에 관련된 자료는 모조리 찾아서 읽었다.

"처음 몇해 동안에는 경쟁자가 전혀 없다는 것을 알고 있었습니다. 나를 포함하여 그 어떤 수학자도 어디서부터 시작해야 되는지 몰랐으니까요."

그러나 서서히 퍼즐의 조각들이 맞춰지기 시작했다. 와일즈는 그 경험을 어두운 대저택에 들어가는 경험에 비유했다.

"어떤 방안에 들어가서 몇달 혹은 몇년에 걸쳐서 가구를 더듬는 것과 비슷했습니다. 그렇게 해서 천천히 그 가구들이 어디에 있는지 알게 됩니다. 그러면 당신은 전등의 스위치를 올리는 겁니다. 그렇게 해서 그 방은 불이 환하게 켜지게 되는 거지요. 그런 다음에는 다른 방으로 들어가고 그런 식으로 그 과정을 되풀이하는 것입니다."

1993년경 그 대저택의 모든 방에 불이 켜졌다. 그러나 200페이지에 달하는 증명을 확인 또 확인하면서 그는 대저택에 사람이 몰려오는 것을 막아냈다. 1993년 6월 그는 모교인 케임브리지 대학으로 돌아가 "모듈 형태, 타원 곡선, 갈루아 표현 *Modular Forms, Elliptic Curves, and Galois Representations*"이라는 평범한 제목으로 일련의 강연을 했다. 사흘 동안 그는 강연의 종착역이 어디라는 암시를 전혀 하지 않은 채 강연만 했다. 마지막 날에 운집한 수학자들은 그 강연장을 꽉 채웠다. 그들은 모두 그 강연의 종착역이 어디인지 막연히 감을 잡고 있었다. 켄 리벳은 이렇게 말했다.

"클라이맥스는 단 하나뿐이었고 와일즈 강연의 끝이 어디인지는 이제 명확해졌습니다. 나는 비교적 일찍 와서 맨 앞줄에 앉았습니다…

나는 그 역사적 사건을 기록하기 위해 카메라를 휴대했습니다. 매우 긴장되는 분위기였고 사람들은 흥분했습니다. 우리는 역사적 순간에 동참하고 있다는 느낌을 확실히 갖고 있었습니다. 강연 전 혹은 강연 후에 사람들은 빙그레 웃고 있었습니다. 지난 여러날 동안의 긴장이 최고조에 달해 있었습니다."

마지막 날 강의의 끝 무렵에 와일즈는 칠판에다 마지막 명제를 기술하였다. 그리고 부드러운 목소리로 말했다.

"이것은 페르마의 마지막 정리를 증명합니다. 여기서 강연을 끝내고자 합니다."

잠시 동안 강연장 안은 잠잠해졌다. 이어 우레와 같은 박수가 터져나왔고 와일즈는 일제 기립박수를 받았다.

그러나 그의 감정은 착잡한 것이었다. 그는 일종의 슬픔 같은 것을 느꼈다.

"모든 정수론 학자들이 마음 속 깊은 곳에서 느끼는 그런 느낌이었습니다. 많은 수학자들은 다른 수학자의 문제에 마음이 끌리고 또 그 문제를 자기가 늘 풀고 싶어했으나 이루지 못했다는 느낌을 갖고 있어요. 수학자들에게는 언제나 상실의 느낌이 있습니다." 와일즈는 말했다.

6월 24일, 와일즈 관련 기사는 「뉴욕 타임즈」의 1면에 실렸다. 기사의 제목은 "마침내 오래된 수학의 신비에 '유레카 eureka!'의 소리가 울려퍼지다"였다. 그는 전세계적으로 수학의 공룡을 죽인 사람으로 칭송되었다. 안경을 쓰고 수줍음을 많이 타는 와일즈는 하룻밤 사이에 저명인사가 되었다. 리벳은 「뉴욕 타임즈」에다 전세계 수학자의 1% 중 10분의 1만이 그 기술적인 증명을 이해할 것이라고 말했다.

"그 숫자는 실제보다 좀 많이 잡은 걸 겁니다." 그레이엄이 말했다.

그 증명은 정말로 기술적인 것이었다. 너무나 전문적이어서 처음에는 공룡이 아직 완전히 죽지 않았음을 아무도 알아보지 못했다. 1993년 8월말, 와일즈 동료 중의 한 사람이 그 증명의 결함에 대해서 조용히 지적했다. 와일즈는 그해 가을 그 구멍을 막으려고 애썼으나 12월이 되자 와일즈 증명에 문제가 있다는 소문이 e-mail 통신망을 통해 퍼져나갔다. 와일즈는 자신의 증명에 결함이 있다는 것을 공식적으로 인정했다. 그것은 20세기 최고의 수학자라는 칭송을 받는 사람으로서는 정말 하기 싫은 인정이었다. 이번에 와일즈는 혼자서 일하지 않았다. 그는 케임브리지 동료인 리처드 테일러 *Richard Taylor*의 도움을 요청했고 1994년 9월이 되자 ― 최초의 "증명"으로부터 14개월이 흐른 뒤 ― 그 구멍은 메워졌다. 페르마의 마지막 정리는 이제 공식적으로 증명이 된 것이었다.

1997년 6월 와일즈는 가우스의 본거지였던 괴팅겐 대학을 방문하여 볼프슈켈 상을 받았다. 만약 마르크화가 1920년대의 과격한 인플레에 의해 평가절하되지 않았다면 그 상금은 1997년 달러로 2백만 달러가 되었을 것이다. 와일즈는 상으로 5만 달러밖에 받지 못했지만, 공룡을 마침내 죽였다는 만족감을 느꼈다.

"이 문제를 풀고나니 어떤 해방감이 느껴졌습니다. 나는 지난 8년 동안 오로지 이 문제만 생각했습니다. 아침에 잠에서 깨어나 저녁에 잠들 때까지 오직 이 문제에만 매달렸습니다. 이제 이 특별한 긴 방랑 여행은 끝났습니다. 내 마음은 아주 편안합니다." 와일즈는 말했다.

41세의 나이로 페르마의 수수께끼를 풀어낸 와일즈는 젊은 수학자만이 뛰어난 수학적 업적을 남길 수 있다는 규칙의 예외가 되었다.

"제가 그런 수학계의 규칙에 예외가 되었다면, 그건 대단히 기쁜 일입니다."

에어디쉬는 와일즈의 나이에 대한 얘기가 떠도는 것을 보고 즐거워했다.

"마흔 한 살 먹은 친구가 늙었다면 도대체 나는 어떻게 되는 건가? 소멸해버린 건가?"

에어디쉬는 공룡을 죽여버린 와일즈를 존경했지만, 그 증명을 이해하는 척 하지는 않았다. 또 와일즈가 8년 동안 작업을 하면서 컴퓨터를 전혀 사용하지 않았다는 사실은 에어디쉬를 기쁘게 했다.

20세기의 복잡한 수학 지식을 모두 동원한 와일즈의 증명은 페르마가 여백에 써넣은 증명과는 같은 것일 수가 없었다. 페르마가 정말 증명을 갖고 있었을까 하는 것은 여전히 의문이다. 그는 여백에 써넣은 논평을 가지고 후대 사람들에게 장난을 건 것인가, 아니면 실제로는 오류있는(그러나 본인은 그렇게 생각하지 않는) 증명을 본인이 정말 갖고 있었던 것인가?

"페르마의 판단은 틀릴 수 있다는 것으로 알려져 있어요."하고 에어디쉬는 말했다. 예를 들면 페르마는 1640년에 지수 n이 2 또는 2의 거듭제곱으로만 만들어진 수일 때, $2^n + 1$이 항상 소수를 만들어낸다고 생각했다. 그래서 $n = 2$일 때, $2^2 + 1$은 5이고 또 5는 소수이다. $n = 2^2$일 때, $2^4 + 1$은 17이고 또 17도 소수이다. 그리고 $n = 2^4$일 때, $2^{16} + 1$역시 소수인 65,537이 된다. 이에 대해 에어디쉬는 이렇게 말했다.

"그러나 한 세기가 지난 후에 오일러는 반증을 발견했습니다."

1732년에 $n = 2^5$, 즉 32일 때 $2^n + 1$ 공식은 소수를 만들어내지 않는다는 것이었다. 에어디쉬는 이렇게 회상했다.

"$2^{32} + 1$은 $641 \times 6,700,417$임이 밝혀졌습니다. 이렇게 볼 때 페르마

가 자신이 마지막 정리에 대한 증명을 갖고 있었다는 생각한 것은 착오였기 쉬워요. 나는 기회가 있으면 페르마에게 이 점에 대해서 물어보고 싶어요. 재입국 비자가 필요없는 그곳에 가면 말입니다. 그곳에 가면 되돌아오지 못하니까."

그러나 오일러 역시 오류를 범했다. 페르마는 두 개의 세제곱수의 합이 한 개의 세제곱수가 되지 못한다고 했지만, 한 개의 세제곱수는 3개의 세제곱수와 같게 될 수 있다고 주장했다. 가령 다음과 같은 것이 그렇다.

$$3^3 + 4^3 + 5^3 = 6^3$$

그래서 오일러는 페르마의 마지막 정리를 일반화하여 3개의 네제곱수의 합은 결코 1개의 네제곱수와 같이 될 수 없고 또 4개의 다섯제곱수는 결코 1개의 다섯제곱수와 같이 될 수 없다고 주장했다. 즉 n-1개의 n제곱 숫자는 1개의 n제곱 숫자와 같아질 수 없지만 n개의 n제곱 숫자는 1개의 n제곱 숫자와 같아질 수 있다는 것이다.

오일러의 주장은 잘못된 것이었지만 1966년 레온 랜더 *Leon J.Lander*와 토마스 파킨 *Thomas R. Parkin*이 5제곱에 대한 반례를 내놓을 때까지, 그 오류가 지적되지 않았다.

$$27^5 + 84^5 + 110^5 + 133^5 = 144^5$$

1988년 하버드 대학의 노암 엘키스 *Noam Elkies*는 네제곱에 대하여 다음과 같은 반례를 내놓았다.

$$2{,}682{,}440^4 + 15{,}365{,}639^4 + 18{,}796{,}760^4 = 20{,}615{,}673^4$$

그리고 곧 또다른 수학자가 그보다 작은 숫자로 구성된 반례를 발견했다.

$$95{,}800^4 + 217{,}519^4 + 414{,}560^4 = 422{,}481^4$$

✤

오일러는 비록 뜻하지 아니한 오류를 저지르기는 했지만 그래도 18세기의 가장 위대한 정수론 학자였다. 그리고 에어디쉬가 볼 때 그는 생애의 마지막까지 수학을 연구하다 간 사람이었다. 1783년 9월 18일, 최근에 발견된 천왕성이라는 행성의 궤도를 계산한 후, 오일러는 손자와 놀면서 차 한잔을 마실 생각을 했다. 그는 담배 파이프를 손에 쥔 채 엄청난 뇌졸증을 맞고 마지막 말을 간신히 내 뱉었다.

"나는 죽는다."

에어디쉬는 오일러의 이 임종 에피소드를 즐겨 인용했다.

"언젠가 한번 강의에서 이 스토리를 말해준 적이 있어요. 그랬더니 농담 좋아하는 한 학생이 이렇게 묻더군요.

'그래서 오일러의 또 다른 추측이 증명되었군요.'

나도 오일러처럼 이 생을 마감하고 싶습니다. 강의를 하면서 칠판 위에다 중요한 증명을 완료하는 겁니다. 그 때 한 학생이 이렇게 소리치면서 내게 묻는 겁니다.

'그 증명의 일반적인 경우는 어떻게 되는 거죠?'

나는 그 학생을 포함하여 청중들에게 돌아서면서 빙그레 웃습니다.

'그 문제는 다음 세대에 맡기겠습니다.'

그렇게 말하고 쓰러져 그 자리에서 죽고 싶습니다."

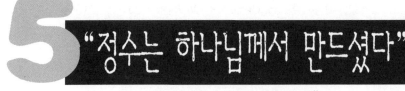

5 "정수는 하나님께서 만드셨다"

"GOD MADE THE INTEGERS"

트리니티 대학의 한 대학원생이

무한의 제곱을 계산해 보았네

그러나 그 숫자를 써나가다가

그만 현기증이 나버려서 그는

수학을 그만두고 신학을 하게 되었네

—작자 미상

A graduate student at Trinity

Computed the square of infinity

But it gave him the fidgits

To put down the digits,

So he dropped math and took up divinity

—Anonymous

1955. 에어디쉬가 스탈린바로스
(오늘날의 두나우즈바로스)의 헝가리 초등학생들에게
강연하고 있다. 초등학교 교실에
스탈린과 레닌의 초상화가 걸려져 있는 게 보인다.

페르마의 마지막 정리의 역사는 정말 흥미진진하다. 그 정리를 그토록 흥미진진하게 만든 것은 그 정리 자체에 무슨 매력이 있어서일까? 그리고 말이 나온 김에 한 마디 더 물어본다면 그 정리는 수학적으로 흥미로운 것인가?

위대한 수학자 가우스는, 소피 제르맹이 이 정리에 흥미를 가지고 연구에 열중하자 격려를 해주기는 했지만, 그래도 흥미로운 수학 문제는 아니라고 생각했다. 1816년 동료 천문학자가 당시 현금에 쪼달리던 가우스에게 프랑스 과학원에서 이 문제의 해결에 3천 프랑을 내걸었다는 소식을 편지로 전하면서 이렇게 권했다.

"그러니 친애하는 가우스, 이 문제를 붙들고 한참 바쁘게 지내는 것도 괜찮을 것 같소."

가우스는 그 동료에게 곧 흥미없다는 편지를 보냈다.

"파리의 상금을 알려준 당신의 뉴스를 대단히 고맙게 생각합니다. 그러나 하나의 독립된 명제로 볼 때 페르마의 정리는 내게 별로 흥미를 주지 않아요. 사람들이 결코 풀지도 못하고 처리할 수도 없는 이런 정리라면 나 자신도 손쉽게 여러 개 만들어낼 수 있으니까 말입니다."

가우스의 오만한 태도를 접어놓는다면, 그의 답변은 어떤 것이 의미있는 수학적 정리를 구성하는가 하는 의문을 불러일으킨다. 스타니슬로프 울람은 컴퓨터 제작 25주년 기념 행사와 관련하여 고등학문 연구소에서 강연을 했다. 그는 이 강연에서 해마다 수학 저널에 발표되는 정리의 수를 대략 계산한 다음, 약 100,000개 쯤이 될 것이라고 말했다. 울람은 이렇게 회상했다.

"청중들은 깜짝 놀랐죠. 그 다음날 젊은 수학자 두 명이 나를 찾아왔어요. 내가 제시한 엄청난 숫자에 자극을 받은 그들은 연구소 도서실에 가서 좀더 체계적이고 자세한 조사를 했어요. 발행되는 수학 저널의 개수에다 연간 발행 부수를 곱하고, 정리가 실린 논문들의 개수를 헤아리고, 논문에 실린 정리의 평균 개수를 헤아린 결과, 연간 약 20만개의 정리가 제기된다는 추산이 나왔답니다. 이처럼 엄청난 숫자가 나왔다는 사실은 분명 깊이 생각해볼 사항입니다… 제기되는 정리의 수가 조사 가능한 숫자보다 더 많다면 누가 그 '중요도'를 결정할 수 있겠습니까?"

그레이엄도 이런 견해에 동의한다.

"오늘날 연간 25만 개 이상의 정리가 쏟아져 나옵니다. 수학에는 증명이라는 개념이 있기 때문에 수학자들은 다른 과학자에 비해 좀더 엄격한 기준을 요구받고 있습니다. 하지만 누가 그 많은 정리를 다 읽어보겠습니까? 때문에 권위에 의한 증명이 횡행하고 있는 겁니다. 그 증명을 내놓았거나 그 증명을 검토한 사람이 믿을 만한 사람이면 그 증명이 맞다고 해주는 겁니다."

심지어 에어디쉬조차도 다음과 같이 말하고 있다.

"나는 이러 이러한 사람이 맞다고 했기 때문에 이러이러한 것이 진리라고 믿습니다."

에어디쉬는 신임하는 사람이 증명을 내놓았기 때문에 4색 지도 정리 *Four Color Map Theorem*가 맞다고 생각했다. 수학의 어떤 분야는 너무나 막연하고 또 너무 미개척지이기 때문에, 이 분야를 연구하는 수학자들을 연구 결과를 다른 사람들과 나눌 수가 없다. 그래서 최소한 100명 이상의 수학자가 동시에 어떤 분야를 연구하기 전까지는 그리 중요한 분야라고 할 수 없다는 말까지 나오고 있다. 사정은 이렇지만 그래도 누군가가 새로운 분야를 개척하기는 해야 하는 것이다.

오락적 수학과 본격 정수론 사이의 경계도 대단히 애매모호하다. 오늘날 아무도 루스-아론 수에 대해서 진지하게 연구하지 않지만 이 수는 오락적 수학의 진영에서는 여전히 인기가 드높다. 루스-아론 수는 비록 생성 배경이 흥미롭기는 하지만, 새로운 수학적 아이디어를 창출해주지 않았고 또 오래된 개념들 사이의 새로운 연결관계를 드러내주지도 못했다.

수학계에서 루스-아론 수보다 약간 나은 대접을 받은 스미스 수 *Smith numbers*는 전화번호에서 시작되었다. 1982년 리하이 대학교에 근무하는 앨버트 윌란스키 *Albert Wilansky*는 동서인 스미스의 전화번호가 특별한 성질을 갖고 있음을 발견했다. 전화번호의 전체 숫자가 소수들을 서로 곱한 것과 같은데, 이 전화번호의 숫자를 더하면 소수들의 구성수를 더한 것과 같은 값이 나온다는 것이었다.

이해가 가는가? 설명은 다음과 같다.
스미스의 전화번호는 493−7775였다.

$$4,937,775 = 3 \times 5 \times 5 \times 65,837$$

$$4+9+3+7+7+7+5 = 3+5+5+6+5+8+3+7$$

윌란스키의 수학적 통찰력은 에어디쉬의 체비셰프 정리의 증명과 같은 수준은 아니지만, 이 수는 「2년제 대학 수학저널」에 실리게 되었다. 윌란스키는 다른 스미스 수도 제시했지만 동서의 전화번호보다 큰 숫자는 발견하지 못했다고 말했다.

예를 들면 9,985도 스미스 수이다. $9,985 = 5 \times 1,997$이면서 $9 + 9 + 8 + 5 = 5 + 1 + 9 + 9 + 7$이기 때문이다. 또 6,036도 그러하다. $6,036 = 2 \times 2 \times 3 \times 503$이면서 $6 + 0 + 3 + 6 = 2 + 2 + 3 + 5 + 0 + 3$인 것이다. 가장 작은 스미스 수는 4인데 소인수인 두개의 2를 합한 것과 같기 때문이다.

대부분의 수학자들은 스미스 수가 비록 흥미롭기는 하지만 다른 수학적 아이디어와 연결되지 않는 별볼일 없는 수라고 생각할 것이다. 그러나 스미스 수가 나온 지 1년 후에 푸에르토리코 대학의 샘 올티카 *Sham Oltikar*와 케이스 웨이랜드 *Keith Wayland*는 스미스 수를 다른 친근한 개념에다 연결시킴으로써 이것을 관심의 대상으로 만들었다. 올티카와 웨이랜드는 스미스 수가 반복 단위(*repunits, repeated units*) 소수로부터 손쉽게 만들어질 수 있다는 것을 발견했다. 반복 단위 소수는 11 혹은 1,111,111,111,111,111,111같이 1이 반복되는 소수를 말한다. 두 수학자는 11보다 큰 모든 반복 단위 소수에다 3,304를 곱하면 스미스 수를 만들 수 있다고 주장했다. 그리고 더욱 중요한 사실로는 1과 0으로만 구성된 모든 소수는 스미스 수가 되는 배수를 갖고 있음도 증명했다. 이어 올티카와 웨이랜드는 무수히 많은 스미스 수가 있느냐고 물었다. 그러나 당시에는 아무도 알 수가 없었다. 그들은 이렇게 적었다.

"1과 0으로만 구성된 소수가 무한히 많은지 알 수 있다면 그 대답은 예스입니다. 이 문제는 그 자체로도 흥미롭고 또 도전적인 문제입니다."

곧이어 웨인 맥도날드 *Wayne McDonald*는 스미스 수는 무한임을 증명했다. 그러나 그 증명은 모든 가능한 스미스 수를 구성하는 방안에 대해서는 언급하지 않았다. 그런 방안이 나와있지 않음에도 불구하고 수학자들은 스미스 수의 연구에 그리 열을 올리지 않는다. 이 수는 그레이엄의 동료들이 요구하는 1백명 이상의 연구자를 끌어당기지 못하는 것이다.

✤

통찰과 연결 ─ 수학자들이 추구하는 것은 바로 이것이다. 카를 프리드리히 가우스 *Carl Friedrich Gauss*는 1777년 독일 브라운쉬바이크에서 석공의 아들로 태어났다. 그는 남들이 전혀 생각해내지 못하는 연결관계를 밝히는 데 귀재였다. 에어디쉬와 마찬가지로 가우스는 수학 신동이었고 노년에 들어서는 자신의 어릴 적 업적을 자랑하기를 좋아했다. 가령 세 살 때에 그는 아버지의 회계장부에서 오류를 발견해냄으로써 아버지가 노동자에게 임금을 더 많이 지불하는 것을 막아주었다. 또 자신이 글 읽기보다 숫자 계산을 먼저 했다고 말하기도 했다.

정말 그는 대단한 계산 능력을 타고 났다. 열살 때 그는 세인트 케더린 초등학교의 산수 시간에 단연 두각을 나타냈다. 그 초등학교는 중세 시대에 건축된 지저분한 건물이었고… 뷔트너라는 아주 엄격한 선생에 의해 운영되었다. 뷔트너 선생님은 자신이 맡은 1백 여명의 학생들에게 너무나 위압적이었기 때문에 학생들은 겁에 질려 자신의 이름이 잘 생각나지 않을 지경이었다고 한다.

어느날 뷔트너 선생은 손에 등나무 회초리를 들고 교실 안으로 들어와 학생들에게 1에서 100까지의 숫자를 모두 합산하라고 지시했다.

제일 먼저 푼 학생은 선생의 책상 위에다 답안지를 올려 놓게 되어 있었다. 두번째로 푼 학생은 그 답안지 위에다 자신의 답안지를 올려놓는 것이다.

뷔트너는 그 시험문제면 한 시간은 족히 걸릴 것이라고 생각했는데, 몇초 뒤 가우스는 자리에서 일어서더니 선생의 책상에다 답안지를 올려놓고 자기 자리로 되돌아갔다. 뷔트너는 가소롭다는 듯이 가우스를 노려보았다. 가우스는 동급생들이 한 시간 동안 끙끙거리며 문제를 푸는 동안 조용히 자리에 앉아 있었다. 뷔트너는 학생들의 답안지를 모두 회수하여 틀린 경우 회초리로 종아리를 때렸다. 마침내 그는 가우스의 답안지를 펴들었다. 거기에는 5,050이라는 합산의 결과만 있을 뿐, 계산 근거가 없었다.

깜짝 놀란 뷔트너는 어떻게 정답을 알았느냐고 가우스에게 물었다. 그에 대해 에어디쉬는 이렇게 말했다.

"가우스가 그 요령을 얘기하자 선생은 이처럼 뛰어난 학생은 평생 처음이라고 생각하게 되었다. 그래서 그 다음부터는 늘 가우스와 함께 작업했다. 그에게 온갖 수학 책을 내주면서 수학 공부를 독려했고 가우스는 평생 이것을 고맙게 생각했다."

가우스의 요령은 어떤 것이었을까? 가우스는 덧셈을 연속적으로 위아래로 두 번, 즉 하나는 작은 수부터 오름차순으로, 다른 하나는 큰 수부터 내림차순으로 마음 속에서 그려보았다.

$$1 + 2 + 3 + 4 + \cdots + 97 + 98 + 99 + 100$$
$$100 + 99 + 98 + 97 + \cdots + 4 + 3 + 2 + 1$$

그런 다음 수평으로 합산하지 않고 수직으로 합산했다. 그렇게 해 보니 총 100쌍이 나왔고 그 쌍의 합은 101이었다. 가우스는 100 곱하기 101을 한 다음, 각 숫자가 두 번 계산되었으므로 나누기 2를 해서 5,050을 얻은 것이다.

그레이엄은 가우스의 이 요령에 대해서 이렇게 설명했다.

"가우스의 계산 방법이 아주 특별한 이유는 그것이 여기에만 해당되는 것이 아니라 첫 50개의 정수, 혹은 첫 1,000개의 정수, 혹은 첫 10,000개의 정수, 혹은 그 어떤 정수의 합을 구하는 데에서도 일반적으로 사용될 수 있다는 점입니다. 가우스는 1에서 n까지의 수의 합을 구하는 데 있어서 $n \times (n+1)$을 2로 나눈 것이 정답임을 보여주었습니다. 이 계산 방법은 정말로 SF의 책에서 나온 것이라 할 수 있습니다."

수학은 구체적 문제와 보편적 결과에 대한 관계, 혹은 어떤 개념과 그에 무관해 보이는 개념(그러나 실은 관계가 있는) 사이의 관계를 찾아내는 학문이다. 유효한 가치가 있는 수학적 개념은 절대로 고립되어 존재하지 않는다. 피보나치 수도 그렇고, 잘 알려진 π도 그렇고, 소수도 그렇다. 심지어 페르마의 마지막 정리에 대한 와일즈의 증명도 그렇다. 이 증명은 이해하기 어렵기는 하지만 디오판투스 방정식의 대수와 타원 곡선의 기하, 이 두 가지 사이의 깊은 관계를 드러내 보인 것이다.

피보나치 수열 1, 2, 3, 5, 8, 13, 21, 34, 55, 89, 144, 233…은 토끼의 번식을 헤아리는 과정에서 생겨난 것이지만, 일단 생겨난 이후에는 자연속의 디자인이나 인간이 만든 디자인에서 아주 흔하게 발견되었다. 가령 해바라기꽃의 씨앗은 항상 서로 반대방향으로 맞물려 돌아가는 두 개의 소용돌이로 이루어지는데, 그 두 소용돌이의 씨앗 수가 서로 다르다. 그런데 신기하게도 그 다른 정도가 항상 피보나치 수를 이루고 있는 것이다. 보다 구체적으로 말해, 시계방향으로 돌아가는 소용돌이가 144개의 씨앗으로 되어 있다면 시계반대 방향의 소용돌이에는 89개 혹은 233개의 씨앗이 있는 것이다.

이 피보나치 수열은 사람이 만든 디자인에서도 등장하는데, 이 수열이 무한에 점점 가까워지면 연속된 두 피보나치 수의 비율은 "황금비 *golden ratio*"에 가까워지게 된다. 황금비는 그리스 인들이 그림을 그릴 때나 파르테논 신전 같은 건물을 지을 때 애용했던 것으로서, 직사각형의 가로 세로 길이의 이상적인 비율을 뜻한다. 실제로 이 피보나치 수는 다른 사물들과도 많은 관계를 갖고 있어서 이 수열만 전문적으로 다루는 『피보나치 계간 *Fibonacci Quarterly*』이 있을 지경이다.

3.141…로 시작하는 비 순환 무한소수인 저 유명한 π는 원을 연구하는 과정에서 생겨난 것이다. 그리스 사람들은 원의 경우, 원주와 지름 사이의 비율에 π라는 일정한 값이 있다는 것을 알았다. 그러나 π는 원과 전혀 관계없는 상황에서도 등장한다. 가령 오일러는 무한히 커지는 연속된 제곱수의 역수들의 합이 π와 관련이 있음을 발견했다.

$$\pi^2/6 = 1/1^2 + 1/2^2 + 1/3^2 + 1/4^2 + 1/5^2 \cdots$$

1777년 뷔퐁 백작 *Comte de Buffon*은 늘어놓은 평행선들 위로 바늘을 떨어뜨릴 때 바늘이 평행선과 겹칠 확률에 대해, π를 이용하여 계산했다.(뷔퐁은 지구의 나이가 성경에서 말한 6000년이 아니라 75,000년이라고 추정함으로써 당대의 사람들을 놀라게 만든 수학계의 풍운아였다).

소수 정리와 관련하여, 가우스는 소수의 배열을 로그와 그 유명한 상수 e와 관련시켰다. 고교 대수 시간에 졸았던 사람이나 그 과정을 이수하지 않은 사람들을 위해 로그의 개념을 간단히 설명해 보면 다음과 같다. 특정한 숫자를 위한 로그는, 밑 *base*이라는 고정된 수를 제곱하면 그 숫자가 나올 때의 제곱수를 말한다. 구체적인 예를 들면:

100의 밑이 10인 로그(줄여서 $\log_{10}$) 는 2가 되는데 $10^2 = 100$이기 때문이다. 이와 마찬가지로 1,000의 $\log_{10}$ 은 3이 되는데 $10^3 = 1,000$이기 때문이다. 이렇게 볼 때 로그는 그 수가 천천히 증가함을 알 수 있다. 100에서 1,000까지 $\log_{10}$은 2에서 3으로 정수가 하나 늘었을 뿐이다.

캘리포니아 주의 주민이라면 잘 알듯이, 리히터 지진계의 크기는 로그로 되어 있다. 그래서 스케일이 2에서 3으로 올라간다는 것은 곧 지진의 파괴력이 10배가 된다는 것을 의미한다. 그리고 2에서 4는 100배의 크기 증가를 의미한다. 이 로그의 증가(로그의 증가는 너무나 천천히 진행되기 때문에 증가라는 말이 좀 무색하기는 하지만)는 지수의 증가와 역함수의 관계에 있다.

또한 다른 수를 밑으로 하는 로그도 만들 수 있다. 가령, 2를 밑으로 하는 로그 1,000은 9보다는 크고 10보다는 작은 수이다. 그 이유는 $2^9 = 512$이고 $2^{10} = 1024$이기 때문이다. 주어진 수의 자연 로그 *natural logarithm*는 $\log_e$로 기표되며 그 수의 자연 로그는 그 수를 만들기 위해 e에 붙는 지수가 된다.

그렇다면 이 상수 e는 무엇인가? 상수 e는 π와 마찬가지로 비순환 무한소수로서 오일러가 소수점 이하 23째 자리까지 계산한 바 있다.

$$2.71828182845904523536028\cdots$$

이것은 또한 무한 급수에 의해 만들어지기도 한다.

$$e = 1 + 1/1 + 1/(1 \times 2) + 1/(1 \times 2 \times 3) + 1/(1 \times 2 \times 3 \times 4) +$$
$$1/(1 \times 2 \times 3 \times 4 \times 5) + \cdots \cdots \cdots$$

자연상수 e는 이름처럼 그리 "자연"스러워 보이지 않는다. 그러나 이 상수는 성장과 소멸이라는 삶의 기본적 과정에 대한 수학적 모델을 구축할 때 너무나 자주 나오기 때문에 그런 이름이 붙게 되었다. 성장과 소멸뿐만 아니라 사람들이 매우 관심이 많은 돈 문제 – 물론 에어디쉬는 돈에 초연했지만 – 에서도 이 상수가 등장한다. 이 상수는 복리계산에서 필수적인 공식인 것이다.

가령 당신이 연간 1백 퍼센트의 이자를 보장하는 은행에다 1달러를 예탁한다고 해보자. 연말이 되면 당신은 원금 1달러, 이자 1달러 도합 2달러를 받게 될 것이다. 그런데 어떤 은행이 반년마다 복리로 이자계산을 해준다고 해보자. 이것은 더 좋은 조건이기 때문에 당신은 6개월 후에 투자액의 절반 즉 50퍼센트에 해당하는 이자를 받게 될 것이고 연말에는 그 이자에 대한 복리이자도 받게 될 것이다. 그렇게 해서 연말에 총 2.25달러를 받게 된다. 가령 3개월마다 복리계산을 해준다면 어떻게 될까? 그러면 연말에 2.44달러가 될 것이다.

그런데 아주 관대한 에어디쉬 은행이 등장하여 1년 내내 연속적으로 복리이자를 계산해준다면 어떻게 될까? 당신은 연말에, 에어디쉬가 즐겨 말하는 대로, "무한히 돈이 많은 부자"가 될까? 글쎄, 그렇지는 않다. 1년에 벌어들일 수 있는 돈은 상수 e 달러에 국한되기 때문이다. 바꾸어 말해서 2.718… 달러가 되는 것이다.

가우스는 그 위대한 통찰력을 발휘하여 소수가 배열되는 패턴을 발견해냈다. 소수가 커질 수록 다음 소수가 나오는 사이는 벌어진다. 즉 소수가 발생하는 밀도는 자연 로그에 반비례하는 것이다. 소수 정리에 의하면 ─ 가우스가 1790년대 후반에 추측해내고 에어디쉬와 셀버그가 1949년에 기초적인 방법으로 증명한 것 ─ 특정수 n 근처에 있는 2개의 연속되는 소수의 평균 거리는 n의 자연로그에 의해서 추정해낼 수 있다. n = 100일 경우, n의 자연로그는 약 4.6이다. 따라서 소수 정리의 예측에 의하면 100근처에 있는 숫자들은 평균 4.6개에 1개 꼴로 소수가 나온다. 이 예측은 얼마나 정확할까?

가령 75와 125 사이에 있는 숫자 중에 소수는 9개(79, 83, 89, 97, 101, 103, 107, 109, 113)가 있는데 이것은 평균 5.5개에 1개 꼴로서, 소수 정리의 예측과 크게 떨어지지 않는 것이다. n의 값이 크면 클수록, 즉 n이 무한에 가까이 갈수록 자연 로그에 의한 추정 밀도와 실제 밀도는 제로(0)에 가까워진다. 모든 정수의 기본 벽돌이라고 할 수 있는 소수가 왜 성장과 소멸의 상수인 e에 밀접하게 연결되어 있는가 하는 점은 오로지 SF 자신만이 대답할 수 있다.

만약 수학적 업적이 표면상으로 상관없는 아이디어들을 서로 연결시키는 능력에 의해서만 측정된다면, 당연히 오일러가 1등을 차지할 것이다. 그는 수학계에서 가장 획기적이고 가장 유명한 공식을 만들어낸 인물이다. 그는 대담한 방식으로 가장 기본수인 0과 1은 물론 π, e, i(-1의 제곱근인 허수) 등을 모두 동원하여 멋진 공식을 만들어냈다. 상수 e 에다 π와 i의 곱을 거듭 제곱하고 이어서 그 값에다 1을 더하면 그 결과는 0이 된다.

$$e^{\pi i} + 1 = 0$$

이 공식의 순백한 우아함, 상형문자적인 아름다움, 촌철살인격의 간결함은 수학자들에게도 커다란 매력의 원천이었을 뿐만 아니라 신비주의자들의 마음을 완전히 사로잡았다.

$e^{\pi i} + 1 = 0$의 아름다움과 간결함에 사람들이 매혹되어온 역사는 오래 되었다. 왜냐하면 수학자들이 π, e, i 등의 개념을 손쉽게 이해하고 받아들인 게 아니었기 때문이다. 이보다 더 간단한 0, 음수, 2의 제곱근 같은 비 순환 무한 소수 등을 받아들이는 일도 그리 쉽지 않았던 것이다. 그래서 4살 때에 이미 음수의 개념을 깨우친 에어디쉬는 조숙한 천재였음에 틀림없다. 서구문화에서는 17세기가 될 때까지 허수를 받아들이지 않았다는 사실을 감안한다면, 에어디쉬의 조숙성은 더욱 놀라운 것이다.

유클리드 시대의 수학자들은 1, 2, 3, 4와 같은 양수로 만족했고 단위 분수로 표기되는 분수(비록 우리 현대인의 눈에는 번거롭게 보이지만)도 편안하게 여겼다. 그러나 고대 그리스인들은 제로나 허수의 개념은 가지고 있지 않았다. 심지어 아리스토텔레스는 과연 1이 숫자냐는 의문을 제기했다. 통상 숫자는 복수를 측정하는 것인데 1은 하나의 단위에 불과했기 때문이었다. 그리스인들은 뺄셈을 하는 데에는 아무런 문제가 없었고 고대의 목축업자들은 여섯 마리의 암소에서 세 마리의 암소를 빼는 것은 어렵지 않았을 것이다. 하지만 −3마리의 암소라는 개념은 진지하게 생각하지 않았다.

마틴 가드너는 이런 상황을 이렇게 논평했다.

"암소 한 마리에서 암소 한 마리를 빼면 아무 것도 남지 않습니다.

그러나 −3마리의 암소를 더하여 3마리의 암소가 0이 되어 버린다는 개념은 마치 소립자와 반(反)소립자가 부딪쳐서 상쇄되어버린다는 얘기로서 아주 우스꽝스러운 것입니다. 이런 얘기는 옛날에 존재했다는 아주 부정적인 성격을 가진 사람을 연상시킵니다. 이 사람이 파티장으로 들어서면 손님들이 주위를 돌아다 보며 이렇게 물었다고 합니다.

'누가 떠나갔지?'"

1660년 확률 이론의 아버지인 블레즈 파스칼 *Blaise Pascal*은 0 보다 적은 것을 수라고 부른다는 것은 넌센스라고 말했다. 그리스와 르네상스 시대의 수학자들은 음수를 가지고 방정식을 푸는 방법을 알고 있었다. 그들은 이러한 수량을 "허구의 *fictitious*" 수량이라고 생각했다. 자본주의의 발흥은 이러한 허구의 수를 실제의 수로 만들어주었다. 차변과 대변을 설정하고 손해를 빨간 글씨(적자)로 표기하는 부기방법 때문에 서구문명은 마침내 17세기에 들어와 음수를 받아들이게 된 것이다.

암흑시대인 중세 내내, 서구의 수학은 단위 분수를 이상할 정도로 편애하고 또 시대에 뒤떨어진 로마 숫자에 의존했다. 일부 서구 수학자들은 그보다 더 좋은 숫자가 있다는 것을 알았으나 그들의 주장은 어둠 속에서 외치는 소리에 불과했다. 비록 단위 분수를 좋아하기는 했지만 레오나르도 피보나치는 광명의 빛을 본 사람이었다. 피보나치는 12세기 후반 이탈리아의 도시 국가인 피사에서 태어났다. 그의 아버지는 부유한 상인이었고 지역사회의 유지였다. 피사에서 그는 라틴어와 유클리드 및 기타 그리스 수학자들의 저서를 공부했다. 그는 학생 시절 북아프리카의 무슬림 도시인 부기아로 옮겨갔다. 세관 관리였던 그의 아버지가 그곳에서 피사로 선적되는 가죽과 모피를 검사하는 일을 맡아보

왔던 것이다. 젊은 피보나치는 아랍 문화권 속에서 교육을 받았고 지중해 연안, 콘스탄티노플, 이집트, 시리아 등지를 여행했다. 그는 오늘날 서구에서 사용하고 있는 힌두 –아랍 숫자가 로마 숫자보다 더 우수하다는 것을 발견했다.

로마 숫자는 덧셈과 뺄셈에서는 아무 문제가 없다. 가령 10 더하기 3의 합은 로마 숫자로도 표기하기가 쉽다.

$$\begin{array}{r} \text{X} \\ +\ \text{III} \\ \hline \text{XIII} \end{array}$$

또 힌두 – 아랍 숫자도 더하기는 수월하다.

$$\begin{array}{r} 10 \\ +\ 3 \\ \hline 13 \end{array}$$

로마 숫자를 더할 때는 숫자 기호를 뭉치기만 하면 된다. 낮은 단위의 숫자 기호를 높은 단위의 숫자 기호로 바꾸기만 하면 되는 것이다. 즉 I가 다섯개일 때 V로 표시하는 것이 그것이다.

$$\begin{array}{r} \text{III} \\ +\ \text{IIII} \\ \hline \text{IIIIIII 또는 VII} \end{array}$$

그러나 곱셈을 할 때에는 아주 번거롭게 된다. 왜냐하면 로마 숫자는 아라비아 숫자 체계의 제2 본질인 자리 값 *place value* 혹은 자리 표기라는 개념이 없기 때문이다. 우리가 23이라는 숫자를 쓸 때 2와 3이 차지하는 자리는 대단히 중요하다. 2가 10의 자리에 있기 때문에 20이 되고 3은 1의 자리에 있기 때문에 그냥 3인 것이다. 이렇기 때문에 23 곱하기 4를 할 때 계산을 하기가 수월한 것이다.

$$
\begin{array}{r}
4 \\
\times\ 23 \\
\hline
92
\end{array}
$$

이것을 계산할 때의 과정을 한번 생각해보라. 4곱하기 3은 12가 나오는데, 당신은 2를 1의 자리에다 쓰고 1은 10의 자리에 갈 것이므로 마음 속에다 새겨놓는다. 그런 다음 10자리의 2와 4를 곱하여 나온 8에다 1을 더하여 92를 얻는다.

만약 이 계산이 로마 숫자로 되어 있다면 과연 어디서부터 시작할 것인가?

$$
\begin{array}{r}
IV \\
\times\ XXIII \\
\hline
\end{array}
$$

그런데 피보나치 당시 이렇게 적어놓고 곱셈을 시도한 사람은 없었다. 13세기의 피사에서 곱셈은 주산으로 했다. 주판알의 다른 열은 은 연중에 자리값의 개념을 갖고 있었다. 주산은 계산만 할 때에는 편리한 물건이었으나 계산의 과정을 기록하거나 계산 결과를 남겨놓을 수 없는 단점이 있었다.

6세기의 인도 수학자들은 자리값 체계를 개발했고 숫자의 자리값 위치를 지키기 위해 제로의 개념을 도입했다. 그렇게 해서 1 뒤에 0이 붙은 숫자, 즉 10은 그냥 1과는 아주 다른 숫자가 되었다. 늘 자신을 늙고 우둔하다고 말했던 에어디쉬는 인도 사람들이 아주 똑똑했다고 말했다. 그들이 제로를 발견해서가 아니라 우둔한 사람(*buddhū*)과 늙은 사람(*buddha*)을 가리키는 힌두 말이 비슷하게 발음되기 때문이었다.

7세기에 들어와 힌두 학자들은 이슬람 사람들에게 인도의 수체계를 소개했고, 0과 자리 값의 개념이 아랍 세계 전역에 급속하게 퍼져나갔다. 6세기 뒤 피보나치는 힌두 - 아랍 숫자의 간편성에 감명을 받아 피사 상인들에게 이 숫자 체계를 널리 알리고자 애썼다. 1202년 그는 『주산의 책 *Liber abaci*』을 저술했는데, 책 내용은 제목과는 달리, 주산과는 별로 관계가 없고 로마 숫자의 구속으로부터 계산을 해방시키자는 것이 대부분이었다. 이 책은 20세기의 관점에서 보자면 낡은 것으로 보인다. 왜냐하면 우리가 당연시하는 것을 애써 설명하고 있기 때문이다. 이 책은 이렇게 시작된다.

"9개의 인도 숫자는 9, 8, 7, 6, 5, 4, 3, 2, 1이다. 이 아홉개의 숫자와 0이라는 기호만 있으면… 그 어떤 숫자도 표기할 수 있다."

그러나 당시 피사 무역계층의 사람들이 『주산의 책』을 전혀 무시해버리자 피보나치는 크게 분개했다. 당시 상업적 번영을 누리던 그들은 너무 바빠서, 제로라는 기호를 채택하지도 않았고 로마숫자를 포기할 생각도 없었다. 하지만 이 책은 피보나치의 동료 수학자들 사이에서는 좋은 대접을 받았고, 서서히 영향력을 발휘하여 서구가 힌두 - 아랍숫자를 채택하는데 큰 도움을 주었다. 15세기에 이르러 아랍 숫자가 동전과 묘석에 등장하기 시작했다. 그리고 17세기에 이르러 침체된 암흑시대에서 완전히 벗어난 서구 수학은 활짝 피어나게 되었는데, 이렇게된 것은 0이라는 기호, 힌두–아랍 숫자, 음수 등에 힘입은 바 크다.

17세기에 들어와 서구의 수학자들은 무한이라는 개념에 정면으로 도전했다. 에어디쉬가 좋아했던 개념들 중의 하나인 무한은 17세기 전까지만 하더라도 신비주의의 영역으로 남겨져서 경원시되던 것이었다. 오로지 신의 권능만이 무한한 것으로 여겨졌었다. 따라서 신의 권능을 단지 방정식의 기호로 축소시키려는 인간은 저주를 받을 것이라는 믿음이 있었다. 만약 신이 이런 기호를 좋아하지 않는다면 어떻게 할 것인가?

아이작 뉴턴 *Isaac Newton*과 고트프리트 빌헬름 라이프니츠 *Gottfried Wilhelm Leibnitz*는 감히 이러한 신의 영역에 들어가고자 했다. 그들은 각자 미적분을 고안해 냄으로써 무한의 개념을 수학의 본류에 합류시켰다. 미적분은 행성의 움직임이나 가마 속의 열의 움직임 등 순간적인 변화나 변화율을 수량화하는 기술의 집합이다. 그래서 미적분은 무한히 작은 것과 무한히 큰것을 함께 다룬다. 무한히 작은 것은, "곡선으로 둘러싸인 영역"을 점점 더 작은 부분들('무한소'라고 불린다)로 나누고 또 나눠진 부분들을 다시 더하여 그 영역의 넓이를 알아내는 과정, 즉 '적분'에 쓰인다. 무한히 큰 것은 '극한'이라고 알려진 미적분의 기본 개념에서 발생한다. 각각의 분모가 바로 앞 분모의 두배 값을 가지는 $1/2 + 1/4 + 1/8 + 1/16 + 1/32 + \cdots + 1/2^n + \cdots$ 이라는 소위 기하급수를 한번 생각해 보라. 이 수식을 아무리 더한다고 하더라도, 비록 1에 가까워지기는 하겠지만 1이 되지는 못한다. 그러나 극한에서는 항의 수가 무한에 접근하면서 총합은 정확히 1이 된다.

이번에는 양수들의 역수의 합으로 이루어진 소위 조화 급수를 한번 생각해보자.

$$1/1 + 1/2 + 1/3 + 1/4 + 1/5 + 1/6 + 1/7 + 1/8 + \cdots + 1/n + \cdots$$

n이 무한에 가까워질 때 이 조화 급수의 극한값은 무엇인가? 이 조화 급수는 위의 기하급수와 다를 바가 별로 없어 보인다. 그러나 기하급수는 항의 수가 무한에 접근할 때 1에 수렴하지만 조화 급수는 수렴하지 않는다. 급수가 너무 천천히 증가하기 때문에 계산에 힘이 들어서 그렇지, 항의 값이 계속해서 작아짐에도 불구하고 조화 급수는 무한히 큰 수가 될 수 있다. 예를 들어 5를 넘기 위해서는 첫 83개 항을 더하면 되고, 20을 넘기 위해서는 첫 3억개 항을 더하면 된다. 100을 넘으려면 무려 10^{43}의 항이 있어야 한다!

또 겉보기에는 간단하지만 행동은 제멋대로인 무한 급수가 있다. 가령 다음의 급수를 보라.

$$1-1 + 1-1 + 1-1 + 1-1 + 1-1 + \cdots$$

여기서 항의 합은 무엇인가? 항을 다음과 같이 묶어보자.

$$(1-1) + (1-1) + (1-1) + (1-1) + (1-1) + \cdots$$

이 경우에 합은 0이 된다. 그러나 항을 다음과 같이 다르게 묶어보면 그 합은 1이 된다.

$$1 + (-1 + 1) + (-1 + 1) + (-1 + 1) + (-1 + 1) + \cdots$$

0은 1과 같은 것이 될 수 없기 때문에 아주 특이한 현상이 벌어지게 된다. 그레이엄은 이렇게 말했다.

"대부분의 사람들이 위의 항을 이렇게 배열하는 것이 잘못되었다고 생각하지 않습니다. 결국 두 경우 모두 더하기만 하는 것이니까요. 하지만 0 = 1이라는 결과는 무한 급수의 경우에는 좀더 까다로운 문제가 존재한다는 것을 보여주었습니다. 그래서 사람들은 한동안 이런 현상 때문에 혼란감을 느꼈지요."

노르웨이의 19세기 천재 수학자인 닐스 헨릭 아벨 *Niels Henrik Abel*은 이러한 급수 때문에 굉장히 흥분했다. 그는 27세의 나이로 요절했는데 죽기 1년 전 이렇게 말했다.

"발산급수는 악마의 발명품이며 그 급수에 의존하여 뭔가를 증명하려 한다는 것은 수치스러운 일이다. 이런 급수를 사용하는 사람은 그어떤 결론도 제멋대로 유도해낼 수 있다. 바로 이 때문에 이 급수가 그토록 많은 오류와 역설을 만들어낸 것이다."

수학자들이 무한급수를 다스리는 데 성공했을 때에도 무한의 개념은 여전히 많은 이례적 사항을 만들어냈다. 예를 들면 19세기에 이르러 무한은 하나의 개념이 아니라 여러 개의 개념임이 증명되었다. 독일의 수학자 게오르그 페르디난트 루드비히 필리프 칸토어 *Georg Ferdinand Ludwig Philipp Cantor*는 1845년 세인트 페테르스부르크에서 태어났다. 그는 무한은 정수와 마찬가지로 다양한 크기로 등장한다는 놀라운 설명을 내놓았다. 칸토어보다 250년 앞서서 저술된 갈릴레오의『두 개의 새로운 과학에 관한 대화 *Dialogue on Two New Sciences*』에서, 갈릴레오는 셀수 있는 정수(1, 2, 3…)와 그 정수의 제곱이 무한히 대응한다는 사실을 지적했다. 우리들이 직관적으로 느끼기에 숫자의 크기에 있어서는 제곱수가 정수보다 훨씬 적을 것으로 여겨지는데도 말이다.

```
1   2   3   4   5   6   7 …
↕   ↕   ↕   ↕   ↕   ↕   ↕
1   4   9   16  25  36  49 …
```

갈릴레오는 이런 난처한 대응을 제대로 해석하지 못했지만 칸토어
는 해석할 수 있었다. 칸토어는 1대 1 대응이라는 것은 액면 그대로 받
아들여져야 하며, 이것은 무한히 많은 정수가 있는 것처럼 무한히 많은
정수의 제곱이 있다는 뜻이라고 말했다. 마찬가지로 그는 모든 정수가
무한인 것처럼 짝수의 정수 또한 무한이라고 덧붙였다.

```
1   2   3   4   5   6   7 …
↕   ↕   ↕   ↕   ↕   ↕   ↕
2   4   6   8   10  12  14 …
```

또한 정수에 대응하는 소수도 마찬가지로 무한이라고 말했다.

```
1   2   3   4   5   6   7 …
↕   ↕   ↕   ↕   ↕   ↕   ↕
2   3   5   7   11  13  17 …
```

칸토어는 이러한 모든 무한 집합 ―제곱수, 정수, 소수 등 ―은 같은
크기라고 결론짓고 이런 크기를 알레프 ―널 *aleph-null*이라고 불렀다.
알레프는 히브리 알파벳의 첫번째 글자이다. 알레프 ―널 크기의 집합
은 가부번 *denumerable* 혹은 가산 무한 *countably infinite*이라고 정의

되었다. 왜냐하면 이 집합의 구성 숫자들은 셀 수 있는 숫자와 1대 1로 대응하기 때문이다.

칸토어는 이어 유리수 – a/b의 형태를 취하는 분수 –의 무한 집합 역시 알레프–널의 크기를 가지는가를 물었다. 유리수의 숫자는 훨씬 더 클 것 같았다. 예를 들어 0과 1 사이의 좁은 간격 사이에는 무한히 많은 유리수가 있기 때문이다. 즉 1/171, 16/17, 19/65, 1/5, 1/8, 231/232 등으로 무한히 존재하는 것이다. 정말로 무한의 영역에 들어가면 본질은 외양과는 다른 형태를 취하는 것이다. 칸토어는 유리수 또한 알레프–널의 크기를 가진 무한히 셀수 있는 수임을 증명했다.

칸토어는 유리수들을 무한히 배열해놓는 방식으로 증명을 시작했다. 첫번째 줄은 분모를 1로 하는 분수를 무한히 늘어놓는 것이다. 두번째 줄은 2를 분모로, 세번째 줄은 3을 분모로, 이런 식으로 무한한 분수의 줄을 만들어놓는 것이다.

$$1/1 \quad 2/1 \quad 3/1 \quad 4/1 \quad 5/1 \cdots$$
$$1/2 \quad 2/2 \quad 3/2 \quad 4/2 \quad 5/2 \cdots$$
$$1/3 \quad 2/3 \quad 3/3 \quad 4/3 \quad 5/3 \cdots$$
$$1/4 \quad 2/4 \quad 3/4 \quad 4/4 \quad 5/4 \cdots$$
$$\vdots \qquad \vdots \qquad \vdots \qquad \vdots \qquad \vdots$$

이같이 무한히 늘어놓는 줄과 열에는 무한히 많은 숫자가 있지만 그래도 칸토어는 여전히 분수를 셀 수 있음을 보여주고 있다. 그 유명한 "대각선 논법 *diagonal argument*"을 이용하여, 분수도 대각선 진행을 통해 셀 수 있는 숫자와 무한히 1대 1로 대응할 수 있음을 보여주었다. 먼저 오른 쪽으로 진행하다가 대각선으로 왼쪽 아래쪽으로 내려갈 수 있는 데까지 내려간다. 이어 한 단계로 아래로 내려가서 오른쪽 위쪽으로 대각선을 취하며 올라갈 수 있는 데까지 올라간다. 이런 식으로 무한히 계속한다.(그는 물론 일부 분수는 반복된다는 것을 알고 있었다. 1/1, 2/2, 3/3, 4/4 등은 모두 1을 다르게 표기한 것들이다. 이런 대체 표기를 만났을 때는 그것을 건너뛰면 된다고 그는 주장한다).

$$1/1 \rightarrow 2/1 \quad 3/1 \rightarrow 4/1 \quad 5/1 \rightarrow \cdots$$
$$\swarrow \quad \nearrow \quad \swarrow \quad \nearrow \quad \swarrow$$
$$1/2 \rightarrow 2/2 \quad 3/2 \rightarrow 4/2 \quad 5/2 \rightarrow \cdots$$
$$\downarrow \nearrow \quad \swarrow \quad \nearrow \quad \swarrow$$
$$1/3 \quad 2/3 \quad 3/3 \quad 4/3 \quad 5/3 \rightarrow \cdots$$
$$\swarrow \quad \nearrow \quad \swarrow \quad \nearrow$$
$$1/4 \rightarrow 2/4 \quad 3/4 \rightarrow 4/4 \quad 5/4 \rightarrow \cdots$$
$$\downarrow \nearrow \quad \swarrow \quad \nearrow \quad \swarrow$$
$$1/5 \quad 2/5 \quad 3/5 \quad 4/5 \quad 5/5 \rightarrow \cdots$$
$$\vdots \qquad \vdots \qquad \vdots \qquad \vdots \qquad \vdots$$

그레이엄은 이것을 이렇게 설명한다.

"각각의 대각선에서 당신은 분모와 분자가 고정된 합을 가진 모든 분수들을 보게 될 것입니다."

칸토어는 이러한 대각선 진행에 의해 분수와 정수 사이에 1대1 대응을 이루었다고 결론지었다.

$$1 \quad 2 \quad 3 \quad 4 \quad 5 \quad 6 \quad 7 \quad 8 \quad 9 \quad \cdots$$
$$\updownarrow \quad \updownarrow \quad \updownarrow \quad \updownarrow \quad \updownarrow \quad \updownarrow \quad \updownarrow \quad \updownarrow \quad \updownarrow$$
$$1/1 \quad 2/1 \quad 1/2 \quad 1/3 \quad 3/1 \quad 4/1 \quad 3/2 \quad 2/3 \quad 1/4 \quad \cdots$$

칸토어 자신도 유리수가 무한 가산임을 보이는 이런 증명에 놀랐다고 한다. 그는 말했다.

"나는 내 눈으로 그것을 보았습니다만 믿을 수가 없습니다!"

칸토어는 무한 가산인 알레프-널($\aleph_0$)의 기이한 산술에 깜짝놀랐다. 예를 들면 이런 것이다.

$$\aleph_0 + 1 = \aleph_0 \text{과} \quad \aleph_0 + \aleph_0 = \aleph_0$$

이 이상한 속성 즉 무한에다 1을 더하면 여전히 무한이고, 무한을 두 배로 해도 여전히 무한이라는 성질은 힐버트 호텔의 역설 *Paradox of Hotel Hilbert*의 핵심 사상이다. 이 역설은 칸토어의 업적에 극찬을 아끼지 않았던 전설적인 독일 수학자 힐버트의 이름에서 따온 것이다. 데이비드 힐버트는 이렇게 말했다.

"칸토어가 우리들을 위해 만들어낸 천국으로부터 아무도 우리를 내쫓을 수 없습니다."

힐버트 호텔은 무한한 개수의 객실을 가진 호텔이다. 어느 날 밤, 모든 객실이 만원인데도 '방 있음'의 간판이 호텔 밖에 내걸렸다. 그때 한 투숙객이 도착했고 접수부의 직원은 그에게 1번 방의 열쇠를 내주었다. 그리고 그 직원은, 1번 방에 있는 투숙객은 2번 방으로, 2번은 4번으로, 3번은 6번으로, 4번은 8번으로, 5번은 10번으로, 이런 식으로 각자 있는 방의 번호에다 곱하기 2를 한 짝수 방으로 가라고 말했다. 이렇게 하면 아무리 많은 새 손님이 오더라도 무한히 받을 수가 있다. 왜냐하면 무한히 많은 홀수 번호의 빈 방이 생기기 때문이다.

무한의 산술이 역설적이지 아니하였으므로 칸토어는 셀수 있는 숫자의 무한보다 더 큰 무한 집단을 찾아 나섰다. 그는 소수점 이하의 숫자로 표기되는 모든 실수의 집합을 탐구했다. 우선 0과 1 사이에 있는 모든 실수를 모두 나열한 다음, 그것을 정수와 대응시킨다.

0.12146789⋯	1
0.3**2**769234⋯	2
0.71**2**34568⋯	3
0.435**6**7233⋯	4
0.6459**4**6784⋯	5
⋯	⋯
⋯	⋯

어쩌면 모든 실수에 대응시킬 수 있는 충분한 크기의 정수가 있을 것처럼 보일지도 모른다. 그러나 실수는 자연수와 절대로 1대1로 대응시킬 수가 없다. 위의 표가 모든 실수를 포함하고 있다고 가정해보자. 그리고 칸토어의 대각선 논법에 따라, 고딕체의 숫자로 만들어진 0.12264 ⋯라는 수를 구성하는 각 자리의 숫자를 다른 숫자로 바꾸어 새로운 수를 만들어보자. 예를 들면 각 자리의 숫자에 1을 더하면 수 0.23375 ⋯가 만들어진다. 이 새로 만든 숫자는 분명히 실수이기 때문에 위의 표 어딘가에 있어야만 한다. 그러나 이 수는 위의 표 어디에서도 찾아볼 수 없다. 왜냐하면 이 숫자가 구성된 방식 때문에 그러하다. 이 수의 첫번째 숫자는 표의 첫번째 수와 다르고, 두번째 숫자는 표의 두번째 수, 세번째 숫자는 표의 세번째 수, 이런 식으로 계속 다르게 나가는 것이다. 그러므로 실수의 표는 미완성의 것이며, 대응시킬 수 있는

실수의 개수가 자연수보다 더 많다는 것을 알 수 있다. 칸토어는 이처럼 더 큰 무한을 발견했는데, 이것을 알레프-원 *aleph-one*이라 불렀다.

"나는 초한 수*transfinite*의 진리에 대해서는 추호의 의심도 가지지 않았습니다. 나는 하나님의 도움으로 이 수를 발견했습니다." 칸토어는 말했다.

칸토어의 이러한 연구 업적은 그 출현 시기가 아주 적절했다. 그가 이 증명을 발표하자 마자 화답이라도 하듯이 당시 교황 레오 13세가 과학의 가르침에 마음을 열라는 회칙을 반포했기 때문이다. 교황이 우연찮게도 그의 입장을 거들어주는 바람에 칸토어는 많은 청중을 확보할 수 있었다.

"나로 인하여 기독교의 철학 사상 최초로 무한의 진정한 이론이 제공될 수 있었습니다." 칸토어는 뻐기듯이 말했다.

일부 기독교 사상가들은 그가 신의 영역을 침범한다고 비판했지만, 다른 사상가들은 신의 위력이 보통 생각하는 것보다 훨씬 크다는 칸토어의 말을 액면 그대로 받아들였다. 그는 신의 영역이 그냥 셀수 있는 무한이기만 한 것이 아니라 그보다 훨씬 큰 초한 수의 영역이라고 주장했다. 에어디쉬는 칸토어에게 경의를 표하면서 SF의 책은 초한 수의 페이지를 가지고 있다고 말했다.

하나님에게 직접 연결되는 하나의 줄을 확보했음에도 불구하고 칸토어는 편안한 생애를 보내지는 못했다. 그가 가장 사랑하던 아들이 13세의 생일을 맞기 나흘 전에 갑자기 원인미상으로 사망하는 비극을 당했고, 칸토어 자신은 정신병원을 들락날락했다. 어떤 때는 상태가 너무 심하여 벽만 멍하니 바라보면서 사나흘 계속 앉아 있곤 했다. 이런 몽환의 상태에서 그는 하나님이 그의 책 페이지를 넘기는 소리를 듣곤 하였다.

그는 상태가 좀 나아져서 정신이 들면 남들이 자신에게 어처구니 없는 음모를 걸고 있다고 생각했다. 그는 셰익스피어의 희곡 중 일부는 프란시스 베이컨 *Francis Bacon*이 썼다고 말하는가 하면, 영국의 첫번째 왕에 관한 메시지를 해독해냈다고 주장했다. 그리하여 그 해독은 "발표되는 즉시 영국 정부를 경악하게 만들 것"이라고 설명했다. 칸토어는 말년에는 독일의 할레에 있는 정신병원에 입원하여 전쟁중의 배급품에 의존해서 연명했다. 정신병원에서 퇴원시켜달라고 가족들에게 끊임없이 호소하던 그는 1918년 1월 6일, 심장 마비로 사망했다. 향년 73세였다.

수학계에서 칸토어를 받아들이는 태도는 신학계의 그것만큼이나 착잡한 것이었다. 힐버트와 버트란드 러셀은 그에게 대단한 칭송을 바쳤다. 러셀은 무한을 통찰한 칸토어의 수학적 천재성은 "당대가 뽐낼 수 있는 최상의 것"이라고 극찬했다. 그러나 당시 수학계의 거장이었던 레오폴트 크로네커 *Leopold Kronecker*는 초한 수의 개념을 무시했고 널리 인용되는 비난의 말을 남겼다.

"정수는 하나님께서 만드셨다. 그 나머지는 모두 인간이 만들어낸 것이다."

크로네커는 정수만이 실제이며 기타 나머지 수들은 수학자의 상상력이 만들어낸 허구적인 것이라는 주장이었다. 위대한 프랑스 기하학자인 앙리 푸앙카레 *Henri Poincare*도 크로네커의 비난에 동의했고 미래의 수학자들은 칸토어의 업적을 "빨리 회복되어야 할 질병"으로 여길 것이라고 말했다. 이런 가혹한 비판은 칸토어의 정신병을 더욱 악화시켰다.

정신이 맑던 시기에, 칸토어는 셀 수 있는 수보다 더 크지만 실수보다 더 작은 무한이 있을까 궁리했다. 그는 이런 무한 집합은 없다고 믿었지만 연속체 가설 *Continuum Hypothesis*이라고 불리는 이 추측을 증명할 수는 없었다.

1900년 파리에서 열린 제2차 수학자 국제대회에서 힐버트는 수학 사상 가장 유명한 연설을 했다. 힐버트는 새로 맞이한 20세기에 긴급히 해결해야 할 23개의 문제를 내놓았다. 그 문제들 중 첫번째 것이 연속체 가설의 증명이었다. 칸토어가 죽고 상당 시일이 흘러간 뒤에 괴델이 연속체 가설을 증명하려 했으나 역시 실패하고 말았다.

1963년, 전에 괴델의 조수였던 29세의 폴 코언 *Paul Cohen*이 현재 널리 사용되는 수학의 공리로는 연속체 가설을 증명할 수 없다고 주장하여 수학계에 일대 파란을 일으켰다. 연속체 가설은 무한집합에 관한 결과에 모순되지 않는 상태로 참일 수도 있고 거짓일 수도 있다, 이것이 코언의 주장이다. 그러나 코언의 증명은 동료 수학자들도 이해하기 어려운 것이었다. 존 배로 *John Barrow*는 『하늘의 파이 *Pi in the Sky*』라는 책에서 이렇게 썼다.

"수학자들은 그 증명이 정확한 것인지 아닌지 검증하는 딱 한 가지 방법을 알고 있었다. 그래서 코언은 당대 수학계의 거장인 괴델의 프린스턴 구내 주택으로 찾아갔다."

당시 편집병을 앓고 있던 괴델은 옛날 조수를 집안으로 들여놓지 않았다. 그는 문을 살짝 열어 코언의 증명 자료만 받아들였을 뿐, 코언 자신을 집안으로 들여놓지는 않았다. 그러나 이틀 뒤 코언은 괴델 가의 다과회(茶菓會)에 초청되었다. 그 증명은 정확했고 스승은 그에게 발간 허가를 내렸던 것이다. 이제 1929년에 괴델이 내놓았던 비 완비성 정리가 실제 상황이 되어 그 추악한 머리를 내밀었다. 괴델이 그 정리를 제기했을 때, 많은 수학자들이 그 정리의 진실을 인정했지만, 그 정리는 대단히 복잡한 수학적 명제에만 해당될 것이라고 생각했다. 그런데 이제 코언은 힐버트가 가장 해결하고 싶어하는 문제가 결정 불가능임을 보여주었다.

에어디쉬는 코언의 결과와 친구 괴델의 반직관적인 작업을 온전히 받아들일 수가 없었다. 에어디쉬는 이렇게 말했다.

"만약 내가 천년을 살 수 있다면 이렇게 물어보고 싶다. 연속체 가설에 해법이 있는가? 가령 당신이 무한 지능을 갖고 있다고 해보자. 그렇다면 연속체 가설이 참인지 혹은 가짜인지를 결정할 수 있겠는가? 대부분의 논리학자는 그렇게 할 수 없을 거라고 말한다. 그렇다. 연속체 가설은 어느 의미에서 결정불가능이다. 그러나 무한 지능은 그것을 결정할 수 있으리라고 생각해볼 수 있다. 우리는 이해하지 못하지만 더 높은 지능은 이해하는 증명방법이 있을 수 있기 때문이다. 나는 그런 고도의 증명방법이 존재한다고 말하려는 게 아니다. 또 그것이 존재한다고 믿는 것도 아니다. 하지만 존재할지도 모른다고 말하고 싶은 것이다."

에어디쉬는 아주 오래된 전도사 얘기를 좋아했다. 어떤 전도사는 길거리에서 전도 대상자를 만나면 이렇게 물었다고 한다.

"당신은 길거리에서 예수님을 만난다면 그분에게 무엇이라고 말하고 싶습니까?"

에어디쉬는 이 전도사 얘기를 하면서 만약 길거리에서 예수님을 만난다면 연속체 가설이 참인지 물어보겠다고 말했다. 다음은 에어디쉬의 말.

"그러면 그 질문에 대한 예수님의 답변에는 다음 세 가지가 있을 수 있다.

첫째, 괴델과 코언이 그 가설에 대해서 모든 것을 다 알아냈다.

둘째, 분명한 대답은 있지만 아직 인간의 두뇌가 충분히 발달되지 않아 그 답을 이해할 수가 없다.

셋째, 성부와 성령과 내(예수)가 창조 이전에 오래전부터 그 문제를 생각하고 있으나 아직 아무런 결론도 내리지 못했다.

이렇게 세 가지 답변 중 대부분의 논리학자들은 첫번째 답이 정답이라고 생각하고 있다."

그리고 그레이엄은 말하기를, 여기에 무한 지능은 아무런 도움도 되지 않는다고 했다. 코언이 이미 연속체 가설이 참이냐 아니냐에 대해서는 궁극적인 의미가 없다는 것을 보여주었기 때문이다. 그 어느 쪽이든(참이든 아니든) 기존의 수학 질서와 일치하는 것이다. 그레이엄은 이렇게 말했다.

"우리 수학계에서 널리 사용하는 공리들이 있습니다. 또 정리를 낳기 위해서 공리를 어떻게 이용하라는 특정한 규칙도 있습니다. 그리고 거기에다 연속체 가설—즉 셀 수 있는 숫자보다 크면서 실수보다 작은 무한집합은 없다는 주장—을 추가한다면 아무런 어려움도 만나지 않을 것입니다.

"그런데 정말 두려운 것은 우리가 현재 사용하고 있는 공리들이 정말 일관성이 있는지(consistent) 어쩐지 아무도 확신하지 못한다는 것입니다. 어떤 사람이 어떤 결과를 증명할 방법을 찾아냈는데, 동시에 그 결과가 진리와 불일치한다는 증명도 할 수 있다는 거죠. 이렇게 되면 문제가 약간 심각해져요. 만일 이게 사실이라면 , 수학을 할 때 우리는 그저 바보같은 게임을 하고 있는 걸까요? 우리가 사용하는 공리들이 언젠가는 모순이라고 밝혀질지도 모르니까 말입니다. 만약 X가 참이라고 증명해주면서 동시에 X가 거짓이라고 증명해주는 시스템이 있다면, 그건 결국 아무거나 다 증명할 수 있다는 얘기가 됩니다. 그럼 우리 수학자들은 도대체 뭐가 됩니까?

"로버트 맨코프 *Robert Mankoff*가 그린 아주 재미있는 만화가 있어요. 수학자 같이 생긴, 옷 잘입은 한 남자가 웨이터와 함께 청구서에 대해서 의논을 하고 있어요. 그런데 그 남자는 이렇게 말하는 겁니다.

'계산은 정확히 되어 있군요. 하지만 난 자꾸 이런 생각이 나요. 이 계산의 바탕이 되는 기본 공리가 모순을 일으킬 수도 있어요. 그렇다면 이 계산은 결국 틀린 게 되는 거지요.'

하지만 나는 이 만화와는 다른 생각을 갖고 있습니다. 만약 수학의 기본이 서로 모순되는 것이라면 그 모순은 지금쯤 나타나서 모습을 드러냈어야 합니다. 그런데 지금까지 그런 모순이 나타나지 않았으니 수학은 아무 문제없는 건지도 모릅니다. 아무튼 집합론은 잘 나가다가 끔찍스러운 역설이 나타나 프레게와 러셀을 좌초시킨 겁니다."

에어디쉬는 괴델과 코언의 주장에 대해서는 유보적이지만 그래도 칸토어의 초한 수는 흔쾌히 받아들였다. 에어디쉬는 늘 유한 조합론의 문제를 무한 혹은 그 너머로 확대하려고 애썼다. 사실 그는 실제의 수보다 훨씬 큰 무한 집합인 "접근불가의 기수들 *inaccessible cardinals*"의 이론 수립에 획기적인 공헌을 하였다.

칸토어의 업적 중 또 하나 멋진 결과는 초월 수(*transcendental numbers*:비 순환 무한 소수, 이 설명은 정확하지 않음. 역자 주)가 실제로 존재함을 증명한 것이다. 오늘날에는 수학계에서 π와 e를 널리 인정하고 있지만 19세기 전만 해도 아무도 이것들을 초월 수라고 증명하지 못했다. 당시 수학계의 지식으로는 π와 e의 소수점 이하 자리를 몇 자리만 확장하면 다른 숫자가 나오는 것이 끝나고 같은 숫자가 반복되리라고 보았다(이 문단의 설명은 초월 수의 정확한 개념과 잘 맞지 않음, 역자 주). 이런 생각이 그후 계속되다가 칸토어가 초한 수의 존재를 증명한 1873년에, 찰스 허마이트 *Charles Hermite*가 e의 초월성을 증명했다. 그러나 이 증명은 그를 완전히 탈진시켰다. 허마이트는 한 동료에게 이렇게 말했다.

"나는 결코 π의 초월성을 증명하려 하지 않을 것입니다. 다른 사람이 이 일을 맡아 성공한다면 난 정말 기쁘겠어요. 하지만, 그 일은 엄청난 희생을 요구할 것입니다."

1874년 칸토어는 초월 수의 집합은 너무 커서 가산이 아님을 보여주었다. 칸토어는 어떤 수가 초월 수이다를 실제적으로 증명하지 않고서도, 겉보기에는 아주 드물게 보이지만 실제로는 그리 드물지 않음을 증명했다. 실제로 초월 수는 친숙한 정수보다 훨씬 더 무한하게 많은 것이다. 그러나 그의 증명은 많은 초월 수 중에서 단 하나만이라도 구체적으로 구성하는 방법을 보여주지 못하고 있다. 칸토어가 초월 수의 수는 정수보다 많다고 증명했음에도 불구하고 실제로 그 수는 찾아내기가 어려운 것이다.

허마이트의 증명이 있고 나서 8년이 흐른 뒤, 뮤니히 대학의 페르디난트 린데만 *Ferdinand Lindemann*이 마침내 π의 초월성을 증명했다. 그것이 1882년이었고 아르키메데스가 π의 값을 대략 소수점 이하 두 자리까지만 개략적으로 계산했던 시절로부터 2,100년이 흐른 시점이었다. 오늘날 π는 소수점 이하 500억 자리 이상까지 확대되는 것으로 알려져 있다. 공학의 세계에서는 대체로 π의 소수점 이하 39자리까지만 계산하면 되는 것으로 정해져 있다. "그렇게 하면 이미 알려진 우주를 둘러싸는 원의 둘레를 구하는 오차가 수소 원자의 반지름보다 적은 것으로 알려져 있다."

존재 증명이라는 개념—어떤 것의 구체적 실체를 보이지 않고서도 어떤 것이 존재한다고 주장하는 증명—은 구세대의 수학자들에게는 황당한 것이었다. 그러나 시간이 지나면서 이 증명 방법은, 당연히 그래야 하겠지만, 꽤 폭넓게 받아들여졌다. 확실히 존재 증명은 오늘날 비수학적인(일상적인) 상황에서도 그리 낯선 것은 아니다. 가령 내가 좌석 5만 개의 경기장을 운영한다고 하자. 그런데 아무데나 앉는 야외 콘서트용으로 그 경기장을 빌려주었다고 하자. 그래서 입구를 통과한 관객의 수가 49,999명이라고 하자. 그러면 하나 남은 빈 자리가 정확히 어디 있는지는 모르지만, 빈 자리가 존재한다는 것은 확신할 수 있는 것이다.

수학에 대한 에어디쉬의 획기적인 기여 중 하나는 확률론적 방법 *probabilistic method*이라고 불리우는 새롭고 강력한 형태의 존재 증명을 내놓은 것이다. 에어디쉬는 1947년 램지 문제를 풀기 위하여 이 기술을 도입했다. 가령 어떤 파티에 한 무리의 사람이 있다고 가정해 보라. 에어디쉬는 동전을 던져서 각 쌍의 사람들이 친구인지 아니면 낯선 사람인지 결정한다. 그 결과는 친구와 낯선 사람을 무작위로 짝짓는 것이다. 에어디쉬는 이어 파티의 인원수가 너무 많지 않다면, 특정한 사람들로 짝을 지을 가능성이 나오지 않을 확률이 아주 높다고 증명했다. 그레이엄은 이와 관련하여 이렇게 말했다.

"다루는 대상의 숫자가 많아지면 당연히 구조를 피할 수 없게 되지요. 그게 바로 램지 이론입니다. 에어디쉬는 확률론적 방법을 도입하여 다루는 대상의 숫자가 많더라도 특정 구조를 피할 수 있다고 증명한 것이지요. 하지만 이 방법은 실제로 그런 구조를 피하는 구체적 방법은 말해주지 않습니다. 뭐라고 할까, 이런 것과 비슷합니다. 어떤 수가 합성수임을 증명할 수는 있지만, 어떤 소인수로 구성되어 있느냐를 보여줄 수는 없는 것과 같지요. 그런 인수가 틀림없이 존재한다는 것은 알지만, 그 인수에 대한 단서는 없는 거예요. 확률론적 방법이 꼭 이와 같습니다. 이 방법에 의해서 존재하고 있는 것으로 알려진 숫자가 상당수 있지만 사람들은 그 숫자를 어떻게 구축해야 하는지는 모르는 겁니다."

수학적인 문제를 동전을 던져 해결한다는 아이디어는 정밀도를 최고로 치는 수학에서는 놀라울 정도로 획기적인 것이었다. 그러나 이 아이디어는 이제 컴퓨터 과학에서 하나의 상식이 되었다. 여기서 아이러니라고 할만한 사항은 컴퓨터를 경원시한 에어디쉬가 컴퓨터 계산 이론에 크게 기여했다는 점이다. 무작위 선택은 때때로 데이터 흐름의 정체(停滯)를 막는 탁월한 방법인 것으로 드러났다. 이바스 피터슨은 『무작위성의 정글 *The Jungle of Randomness*』라는 책에서 이렇게 썼다.

"두 사람이 보도 위를 서로 다른 방향으로 걷다가 마주쳤습니다. 둘은 충돌을 피하기 위해 몸을 움직였는데 계속 같은 방향으로만 움직였기 때문에 당황스러운 춤을 계속 추고 있는 꼴이 되어버렸습니다. 그 정체된 상황이 풀릴 때까지 말입니다. 이때 동전 던지기가 이 두 사람의 문제를 해결해줄 수 있습니다. 서로 갈등하는 문제를 풀어야 하는 컴퓨터, 혹은 2개 이상의 현실적인 코스를 선택하는 문제를 결정해야 하는 컴퓨터에도 이 동전 던지기가 도움이 되는 것입니다."

AT&T의 연구개발 부서에서 35년을 근무한 그레이엄은 이렇게 말했다.

"무작위 기법은 전화 통화를 연결하는 데에도 효과적입니다. 만약

1989년 8월. 무작위 그래프 학술대회에서 에어디쉬가 "무작위" 경주를 주관하고 있다. 경주를 시작하기 위해 먼저 에어디쉬가 커다란 주사위를 던졌다. 이렇게 해서 돌아야 할 운동장 바퀴수를 먼저 정한다. 그러나 수학자들이 결승선에 다가오자 에어디쉬가 다시 주사위를 던져 추가로 돌아야 할 바퀴 수를 정한다.

교환 시스템이 표준 회선에서 과부하를 일으키면, 시스템은 다른 회선으로 통화를 돌리도록 하는 겁니다. 뉴욕-시카고 간 통화가 보통 1번 회선을 사용한다고 해봅시다. 이 1번이 통화중일 때는 2번으로, 2번이 통화중일 때는 3번으로 밀려나도록 해놓았다고 해봅시다. 그러나 이렇게 구체적으로 적체를 피하는 방식을 정해놓으면 오히려 교환 시스템이 마비되어버릴 수가 있습니다. 이런 시스템 상의 난관을 피하기 위해서는 규칙을 아예 정하지 않고 무작위로 통화를 연결해주는 겁니다. 물론 오늘날에는 이것과는 약간 다른 방식을 취하고 있지만 그래도 전화 회사에서 무작위 방식이 가장 선호되던 때가 있었습니다.

"이와 똑같은 계산상의 문제가 스타워즈 계획의 초기에 제기되었습니다. 가령 많은 미사일이 우리 나라를 침공해 오고 있어서 그것을 방어해야 한다고 해봅시다. 어떻게 그 미사일을 요격할 겁니까? 누가 무엇을 먼저 떨어뜨려야 합니까? 이럴 때 제기된 아이디어가 무작위로 한다는 것이었습니다. 먼저 날아오는 미사일을 보면서 아무 미사일이나 선택하여 요격하는 겁니다. 수 천 개의 공격 미사일을 요격하는 수 천 개 이상의 방어 미사일을 무 작위적으로 운영할 경우, 어떤 공격 미사일을 놓치게 될 가능성은 거의 없습니다. 그러나 일이 잘못 되었을 경우에는 그에 따르는 가공할만한 징벌이 있습니다. 저런, 아무도 저 공격 미사일은 막아내지 못했네. 그래서 워싱턴이 불바다가 되었네! 그래서 무작위 방어가 아주 효과적임을 증명할 수는 있지만 상대방을 납득시키지는 못하는 것입니다. 국가방위의 문제는 논리의 차원하고는 다른 차원인 것입니다. 증명할 수 있느냐 혹은 증명할 수 없느냐의 문제가 아닌 겁니다."

1989년 폴란드 포즈난에서 열린 무작위 그래프 이론 학술대회에 모인 수학자들은 에어디쉬의 확률론적 방법을 기념하기 위해 무작위 경주를 벌였다. 그들은 언제 경기가 끝날지 모르는 상태에서 트랙을 돌았기 때문에 달리는 속도를 조절할 수 없었다. 경기가 시작되기 전 대회의 주관자인 에어디쉬는 거대한 주사위를 던졌다. 트랙을 돌아야 할 바퀴 수를 정하기 위해서였다. 수학자들이 결정된 바퀴 수를 거의 다 돌았을 때, 에어디쉬는 또다시 주사위를 던져 추가로 돌아야 할 바퀴 수를 정했다. 그러면서 에어디쉬는 빙긋이 웃었는데, 그는 사람들을 괴롭히는 SF의 역할을 즐기고 있었다.

6 염소를 뽑을 확률

GETTING THE GOAT

내가 해줄 수 있는 조언은 이것입니다. 그 문을 열지 않는 조건으로

내가 5천 달러를 내놓도록 당신이 나를 설득할 수 있다고 한다면, 당신은

그 돈을 가지고 집으로 가십시오.

– 몬티 홀 *Monty Hall*

GETTING THE GOAT 6

사망하기 3개월 전인 1996년 6월. 에어디쉬는 필라델피아에서
허브 윌프의 65회 생일을 기념하여 열린 학술대회에서
알버트 니젠휘스에게 수학적인 사항을 설명하고 있다.

정수는 에어디쉬의 친근한 친구였지만 그도 가끔 정수를
잘못 판단하는 경우가 있었다. 비록 그의 직관이 훌륭하기는 했지만 언
제나 완벽한 것은 아니었다. 실제로 그가 바조니를 마지막으로 방문했
을 때, 그는 까다로운 수학 문제에 걸려 넘어졌던 것이다.(당시 바조니
는 포도주 수확으로 유명한 캘리포니아의 한 카운티에 마련한 은퇴 가
옥에서 살고 있었다.)

  그 문제는 「퍼레이드 *Parade*」지에 실리는 매릴린 보스 사반트
*Marilyn vos Savant*의 칼럼 "매릴린에게 물어보세요"에 나왔던 문제였
다. 화려하고 자신감에 넘치는 보스 사반트는 전문 수학자들의 미움을
받는 여자였다. 그녀는 자신이 세계에서 가장 높은 IQ 점수인 228을 기
록하여 기네스북에 올랐다고 자랑하고 돌아다녔다. 그녀는 또 열분해
탄소로 만든 결혼 반지를 보라는 듯이 뽐내었는데, 그 반지는 그녀의
남편 로버트 자빅 *Robert Jarvik*이 발명한 것이었다. 그녀는 『이 세상에
서 제일 유명한 수학 문제』(1993)라는 책도 써냈는데, 이 책에서 와일
즈의 페르마의 마지막 정리 증명이나 아인슈타인의 상대성 원리 등에
대해서 의문을 제기했다. 하지만 정통 수학계에서는 그녀의 저서에 냉

소적인 반응을 보였을 뿐이다.

"매릴린에게 물어보세요"는 인생상담 칼럼인 "엘로이즈의 충고"와 비슷한 것으로서, 다양한 수학 문제를 다루고 있다. 사람들이 그녀를 싫어하는 것은 수학을 수수께끼 수준으로 격하시켰기 때문이다. 그녀의 「퍼레이드」 칼럼은 매주 일요일 수백만의 독자에 의해서 애독된다. 또 그녀의 책자나 강연은 상당한 수입을 올려주었다. 그러나 많은 정통파 수학자들은 저서를 펴내도 단 1센트도 벌어들이지 못한다.

1990년 9월 9일자 칼럼에서 보스 사반트는 독자가 제출한 문제의 답안을 내놓았다.

당신은 현재 게임 쇼에 나와 있고 당신에게 세 개의 문 중 하나를 고르는 선택권이 주어져 있다. 한쪽 문 뒤에는 경품인 승용차가 한 대 숨겨져 있고 다른 두개의 문 뒤에는 말라비틀어진 염소가 각각 한 마리씩 들어 있다. 만약 승용차가 있는 문을 연다면 그 차량은 당신의 것이 된다. 가령 당신이 문 1을 마음 속으로 선택했다 치고, 어느 문에 차량이 숨겨져 있는지 아는 게임쇼의 사회자가 염소가 들어있는 문 하나를 당신에게 열어보인다고 하자. 그런 다음 사회자가 당신에게 묻는다.

당신은 문 1을 그대로 고수하겠는가 아니면 다른 문으로 옮겨가겠는가?

당신이라면 어떻게 하겠는가?

이 문제를 소위 몬티 홀 딜레마라고 한다. 몬티 홀의 전형적인 게임 쇼인 '흥정합시다'에 출연한 손님들은 이와 유사한 문제를 만나게 되었다. 단지 상품이 염소가 아니라는 사실만 약간 달랐다. 보스 사반트는 정기 구독자들에게 다른 문으로 옮겨가라고 조언했다. 문 1을 그대로 고수하는 것은 1/3확률밖에 안되지만 옮겨가면 2/3확률이 된다는 것이었다. 그녀는 독자들을 납득시키기 위해 1백만 개의 문을 상상해 보라고 말했다.

"당신은 문 1을 선택합니다. 그리고 문 뒤에 뭐가 있는지 훤히 아는 사회자가 문 777,777을 제외하고 나머지 문들을 모두 열어보였다고 해봅시다. 그렇다면 당신은 재빨리 그 남아 있는 문으로 옮겨가겠지요? 그렇지 않습니까?" 보스 사반트는 말했다.

그러나 쉽게 설득되지 않았다. 그녀의 칼럼이 나가자마자 항의하는 독자들의 편지가 마구 날라들었고 그 중에는 수학자의 편지도 들어 있었다. 그들은 문을 옮겨갈 경우 확률은 2/3가 아니라, 50대 50으로 같다고 주장했다. 1990년 12월 2일 칼럼에서 그녀는 일부 독자의 편지를 공개했다.

> 수학을 전공하는 수학자로서 일반대중의 수학 지식이 이처럼 결핍되어 있는 것에 우려를 느낍니다. 당신의 오류를 시인함으로써 도움을 주시기를…
> 로버트 자크스, 조지 메이슨 대학, 수학박사

> 당신은 틀렸어요, 아주 크게 틀렸어요. 내가 그 이유를 설명하지요. 사회자가 염소를 보여주고 난 다음에는 두 문 중 하나를 고르면 확률이 50대 50이 되는 겁니다. 그러니까 문을 바꾸든 말든 확률은 그대로인 거예요. 우리 나라 사람들의 수학 지식이 너무나 결핍되어 있어서 걱정입니다. 제발 세계 최고 IQ운운 하면서 선전하지 말기 바랍니다. 정말 창피한 일이에요!
> 스코트 스미스, 플로리다 대학, 박사

이번에 보스 사반트는 자신의 분석을 더욱 명확히 하기 위해 6개의 결과를 모두 예시한 도표를 만들었다.

문1	문2	문3	결과(문1 고수)
차	염소	염소	승리
염소	차	염소	패배
염소	염소	차	패배

문1	문2	문3	결과(문 이동)
차	염소	염소	패배
염소	차	염소	승리
염소	염소	차	승리

그녀는 이렇게 적었다.

"이 표에 의하면 문을 바꾸면 3번 중에 2번 이기며, 문을 그대로 고수하면 3번 중에 1번 이길 뿐입니다."

그러나 그 도표는 그녀의 비판자를 침묵시키지 못했다. 동일한 주제를 다룬 세번째 칼럼(1991년 2월 17일자)에서 그녀는 9대1 정도로 그녀를 비판하는 편지가 많으며 비판자 중에는 국립건강원의 부원장, 국방정보센터의 부소장 등도 있다고 밝혔다. 그 편지들 중에는 보스 사반트야말로 염소이며, 여자는 남자들과는 다른 방식으로 수학문제를 푼다고 공격했다. 조지 타운에 사는 박사인 E.레이 보보는 이렇게 적었다.

"당신의 게임 쇼 문제는 정말 말도 안 되는 엉터리입니다. 이 논쟁을 계기로 우리 나라의 수학 교육이 얼마나 위험한 수준인가 널리 알려졌으면 좋겠습니다. 만약 당신이 당신의 오류를 솔직히 시인한다면 당신은 이 위기 상황의 타파에 큰 기여를 하게 될 것입니다. 당신의 마음을 바꾸기 위해서, 도대체 얼마나 많은 수학자들이 분노해야 한단 말입니까?"

보스 사반트는 자신의 칼럼에서 이렇게 썼다.

"현실이 그들의 직관과 상충될 때 사람들은 동요하게 됩니다."

이번에 그녀는 다른 설명 방법을 썼다. 가령 사회자가 문을 열어서 염소를 보인 다음, UFO가 게임쇼 무대 위에 내렸다고 해보자. 그리고 거기서 초록색 피부의 키 작은 외계인이 내린다. 당신이 원래 무슨 문을 선택했는가를 묻지 않고, 그 초록색 여자에게 남은 두 문 중 하나를 고르라고 한다면 그때는 차가 나올 확률이 50대 50이다.

"그렇게 되는 것은 그 초록색 여자가 원래 게임 참가자의 혜택을 누리지 못하기 때문이다. 즉 사회자의 도움을 받지 못한 것이다 … 만약 차가 문2 뒤에 있었다면 사회자는 당신에게 문3을 열어보였을 것이다. 만약 차가 문3 뒤에 있었다면 사회자는 당신에게 문2를 열어보였을 것이다. 그래서 당신이 문을 옮겨간다면 상은 문2나 문3 뒤에 있게 된다. 당신은 어느 쪽으로 가든 이기게 된다! 그러나 옮겨가지 않고 문1을 고수하면 당신은 차가 문1 뒤에 있을 때에만 이기게 된다."

보스 사반트의 말은 백퍼센트 맞는 말이었다. 수학자들은 멍청한 표정을 지으며 그 말을 시인해야만 되었다.

⚓

바조니는 에어디쉬에게 몬티 홀 문제를 말해주었다. 다음은 바조니의 말.

"나는 에어디쉬에게 정답은 옮겨가는 것이라고 말해주었어요. 그리고 다른 얘기를 하려고 했지요. 그러나 놀랍게도 에어디쉬는 이렇게 말했어요.

'아니, 그거 답이 아닌 것 같애. 옮겨가 봐야 차이가 없어.'

나는 그 순간 그 얘기를 괜히 꺼냈다 싶었어요. 그 정답에 대해서 다른 생각을 갖고 있는 사람들은 곧 흥분을 하면서 감정적이기 되기 때문이죠. 그래서 아주 언짢은 상황이 벌어졌어요. 하지만 거기서 모면할 방법은 없었죠. 그래서 내가 학부 학생들에게 수량적 관리기술을 가르칠 때 사용하는 의사결정 도표 *decision tree* 에 의한 해결법을 그에게 보여주었습니다."

바조니는 보스 사반트가 작성한 일람표와 유사한 의사결정 도표를 만들어서 보여주었다. 그러나 그것은 에어디쉬를 납득시키지 못했다. 바조니는 이렇게 말했다.

"믿지 않으니 어떻게 해볼 도리가 없더군요. 나는 그것을 에어디쉬에게 설명해주고 다른 데로 가버렸어요. 한 시간 뒤에 그가 아주 화를 내며 내게 다가왔어요.

'자네는 나한테 왜 옮겨가야 하는지 설명해주지 않았어. 도대체 왜 설명해주지 않는 거야.'

나는 미안하다고 말했어요. 나는 그 이유는 모르지만 의사결정 나무 분석이 나를 충분히 납득시킨다고 대답했어요. 그랬더니 그는 더욱 당황하더군요."

바조니는 자신의 제자 학생들에게서 그런 반응을 본 적이 있었다. 하지만 20세기 최고의 수학자인 사람에게서 그런 반응이 나오리라고는 꿈에도 생각하지 않았다. 바조니는 계속해서 이렇게 말했다.

"물리학자 등 과학자들은 확률이 사물에 부착되어 있는 것으로 생각하는 경향이 있어요. 가령 동전의 경우를 들어봅시다. 앞쪽이 나올 확률은 절반이지요. 과학자들은 이 절반의 확률이 곧 동전의 속성 혹은 구체적 성질이라고 생각하는 경향이 있어요. 그래서 내가 동전을 공중으로 100번 집어던져 매번 뒤쪽만 나오면 사람들은 뭔가 잘못 되었다, 즉 동전이 잘못되었다고 생각합니다. 하지만 동전은 전혀 바뀐 게 없어요. 내가 맨처음 던질 때와 똑같은 동전일 뿐입니다. 그러니 내 마음을 바꾸어야 하는 겁니다. 왜냐하면 내 마음이 구체적 정보에 의해 업그레이드 되었기 때문이죠. 이것이 베이즈 *Thomas Bayes*의 확률인식 *Bayesian view of probability*입니다. 내가 확률이 마음의 상태라는 것을 깨닫기까지 많은 시간이 걸렸습니다. 에어디쉬는 확률이 곧 구체적 사물에 부착되어 있는 것으로 생각했기 때문에 문을 옮겨가는 것이 현명하다는 사리를 이해하지 못한 것입니다."

바조니의 은퇴 저택은 골프장 주변에 있었다. 에어디쉬는 몬티 홀 문제와 기타 SF만이 아는 추측에 대해서 곰곰 생각하면서 골프장 울타리를 따라 산책을 하겠다고 고집을 부렸다. 다음은 로라 바조니의 말.

"그런데 골프장 사람들은 그런 산책을 금했어요. 골프공에 맞을 수가 있다는 거지요. 날아가는 골프공은 총알이나 마찬가지로 위험하니까요. 그래서 우리는 그에게 그쪽으로 산책나가지 말라고 했어요. 하지만 계속 고집을 부리더니 결국 산책을 나갔어요. 그는 자신의 자유를 구속받는 것은 딱 질색이니까."

에어디쉬가 산책에서 돌아왔을 때, 바조니는 고인이 된 에어디쉬의 친구 스타니슬로프 울람이 개발한 몬테 카를로 방법 *Monte Carlo method*에 의해 몬티 홀 문제를 풀려고 애쓰고 있었다. 1946년 울람은 뇌염에서 회복하는 과정에서 혼자 하는 카드 게임을 많이 했다. 울람은 이렇게 회상했다.

"나는 많은 시간을 들여서 순수 조합론적 계산을 통한 특정 카드 놓기의 확률을 살펴보았다. 그러다가 문득 이런 생각이 들었다. 이런 '추상적인 방법' 보다는 차라리 카드를 100번 정도 되풀이해서 늘어놓고 성공적인 플레이의 횟수를 세어 보는 것이 더 좋지 않을까. 초고속 컴퓨터가 등장한 새 시대에서는 이미 이런 방법이 실현가능해지고 있다. 이어서 나는 중성자의 확산 문제와 수리 물리학의 다른 문제에 대해서 생각했다. 또 특정 미분 방정식에 의해 표현되는 변화과정을 일련의 무작위적 연산으로 대치시킬 수 있을까도 생각해 보았다."

이 몬테 카를로 방법이라는 이름은 울람의 친척 한 사람을 기념하기 위하여 붙여진 것이다. 그 친척은 몬테 카를로의 룰렛 도박장을 뻔질나게 들락거린 사람인데 방정식을 푸는 방식이 아니라, 컴퓨터 상의 무작위 시뮬레이션 방식으로 룰렛 도박장의 이길 확률을 계산했다는 것이다. 바꾸어 말하면 혼자 하는 게임에서 특정 카드패의 승률을 찾아내기 위해, 컴퓨터에게 수백가지의 무작위 카드패를 점검하여 특정 카드패의 이길 확률을 점검하게 하는 것이다.

바조니는 자신의 개인 컴퓨터에다 몬티 홀 문제의 몬테 카를로 시뮬레이션을 해보았다. 별로 컴퓨터를 사용하지 않는 에어디쉬는, 그 개인 컴퓨터가 문을 옮겨갈 것인가 혹은 말것인가 무작위적으로 선택하는 것을 지켜보았다. 100회 시도해본 결과 옮겨가는 쪽의 확률이 2대 1로 높게 나왔다. 그래서 에어디쉬는 자신이 잘못되었다는 것을 시인했다. 그러나 그 시뮬레이션은 컴퓨터로 4색 지도 정리를 증명한 것만큼이나 불만족스러운 것이었다. 그것은 SF의 책에서 곧바로 나온 증명이 아니었다. 그것은 왜 옮겨가는 것이 좋은지 그 이유를 설명하지 못했다.

여전히 바조니의 설명이 부족하다고 생각하면서 에어디쉬는 떠날 준비를 했다.

그것은 에어디쉬와 바조니가 마지막으로 서로의 얼굴을 보게 되는 방문길이 되었다. 에어디쉬는 차로 두 시간 정도 걸리는 샌프란시스코 국제공항까지 바조니가 데려다 주었으면 하고 바랐다.

"난 그렇게 하지 않을 거야. 너무 멀어." 바조니가 말했다.

"그럼 어떻게 가야 하지?" 에어디쉬가 물었다.

"자네를 버스에 태워줄게."

"그래도 불안한데."

"왜?"

"버스에서 내리면 그 다음엔 어떻게 해야 돼?"

"버스에서 내리면 운전사가 자네의 여행가방을 꺼내 보도 위에다 올려놓아 줄 걸세. 그러면 유나이티드 에어라인 카운터 앞에 티케팅을 담당하는 남자가 있어. 그 남자에게 자네 비행기표를 보이면 그가 여행가방을 알아서 처리해줄 거야."

에어디쉬는 혼자서 공항에 나가야 한다는 것을 불만스럽게 생각했지만 결국 동의했다. 다음은 바조니의 말.

"그가 나중에 전화를 해왔어요. 내가 말한 그대로라고 말이에요. 그는 너무나 남의 보살핌을 받는 일에 익숙이 되어 있었어요. 그래서 자기 혼자서는 아무것도 못한다고 생각하는 경향이 있었지요. 어릴 때부터 어머니가 그런 식으로 키워서 그런 마음 상태를 갖게 된 겁니다."

에어디쉬는 몬티 홀 문제를 잊어버리지 않았다. 그는 그레이엄에게 전화를 걸어서 SF의 책에서와 같은 증명을 요구했다. 그레이엄은 말했다.

"몬티 홀 문제의 핵심은, 게임쇼 사회자가 다른 문으로 옮겨갈 기회를, 훨씬 앞선 시점(時點)에서, 제공하고 있다는 것입니다. 이것이 깊이 명심해야 할 게임의 규칙 중 일부입니다."

에어디쉬는 그레이엄의 설명을 받아들였다. 그레이엄은 계속해서 말했다.

"에어디쉬는 뭔가 이해되지 않는 것이 있을 때, 상대방에게 계속 질문을 합니다. 그런데 그 질문은 상대방을 편하게 해주는 그런 게 아니에요. 그는 자꾸만 설명 도중에 끼어들면서 화를 내요. 반대로 그가 누군가에게 설명해줄 때, 그의 설명 역시 따라가기가 쉽지 않아요. 내 아내 팬도 한번은 그의 설명에 너무 화가 나서 앞으로 다시는 그와 함께 일을 하지 않겠다고 생각했을 정도니까요. 그래서 나는 두 사람 사이에서 절반은 통역자, 절반은 중재자로 나서야 했어요. 폴은 뭔가 설명할 때 중간 과정을 쑥 빼버리는 거예요. 만약 그를 잘 안다면 그 순간 그의 말을 중지시키고 그 빠진 부분을 보충해달라고 요구해야 돼요. 또 팬도 뭔가 설명할 때 어떤 부분을 쑥 빠뜨리는 거예요. 그래서 두 사람이 의사 소통을 할 때, 서로 빼먹는 부분이 많아서 애를 먹는 거죠. 폴이 해법을 간절히 원한 문제가 있었는데 팬이 그걸 풀었어요. 그는 아내에게 해법을 설명해달라고 요구하더군요. 아내가 설명을 막 시작했는데 그가 다른 접근방법을 제시하는 거예요.

'아니, 폴, 난 지금 이걸 설명하는 중이에요.'

하고 아내가 말했습니다. 그리고 반 시간 정도 지나니까 아내는 완전히 좌절해버리고 말았습니다.

'난 팬의 영어가 시원치 않아서 내게 이걸 설명해주지 못한다고 생각해.'

청과 그레이엄과 함께 까다로운 문제를 풀던 한 때. 에어디쉬는 그 누구보다도 수학을 하나의 사회적 활동으로
바꾸어놓은 사람이었다.

이렇게 말하는 거예요!

아내의 영어는 거의 완벽하기 때문에 에어디쉬의 그런 대답은 아
내를 매우 화나게 했지요. 폴은 자꾸 자기 방식으로만 문제를 보려고
하는 거예요. 가령 어떤 사람이 복잡한 추측을 생각해내고 그 사람 나
름으로 마음 속에서 이런 저런 표기법을 가지고 설명하려는데, 폴이 느
닷없이 이렇게 방해를 하는 식이에요.

'그걸 이렇게 다른 방식으로 한번 해 보세요. 이러 저러한 것을 역
(逆)으로 정의하여 보세요.'

그건 오른손 운동 선수에게 왼손으로 운동하라고 요구하는 거나
비슷한 거지요.

만년에 폴은 자신의 설명이 때때로 남들에게 이해하기 어렵겠다는
생각을 갖게 되었어요. 자신의 과거 논문들을 다시 읽으면서 그 점을

알게 된 거지요. 그가 30년 전 혹은 40년 전에 쓴 논문들은 그 자신도 이해하기가 어려웠던 거예요. 그는 한번은 내게 이렇게 물었어요.

'요즘 내가 좀 달라진 것을 못느끼나요?'

'별로 못 느끼겠는데요.'

'당신처럼 예민한 사람이 못느끼다니요. 최근에 나는 아주 우울해져 있습니다.'

'글쎄, 그런 것도 같군요.'

'난 점점 재능이 전만 못한 것 같아요. 이런 사태를 어떻게 해야 할지 모르겠어. 그래서 우울한 거요.'

'폴, 그래도 당신은 다른 사람들보다 몇 수 위에 있습니다.'

그는 자신이 우둔한 실수를 저질렀을지 모른다면서 내게 체크를 시켰어요. 하지만 그는 거의 실수를 하지 않았습니다."

그의 우울증은 일견 이해가 되는 일이다. 그는 수학을 더 이상 하지 못한다면 그때는 자살하고 말겠다는 말을 입버릇처럼 되뇌었던 것이다.

그러나 에어디쉬의 예리한 유머 감각은 그의 정신을 늘 부축해주었다. 그가 그래프 이론의 간단한 결과를 놓치자 그는 이렇게 말했다.

"나는 이제 남의 감독을 받아야 한다… 헝가리는 예전에 반 봉건주의 나라였다. 그래서 돈많은 귀족이 나이가 들어 술, 여자, 음악에 자신의 재산을 탕진하면 그의 가족들은 그를 가두어놓고 철저히 감독했다. 비록 그에게 많은 돈이 주어지기는 하지만 결코 쓸 수는 없는 것이다."

여러 해 동안 에어디쉬의 피곤하고 병든 용모는 그의 친구들을 우려하게 만들었으나 그건 기우에 불과한 것으로 판명되었다. 1940년대에 바조니는 이렇게 회상했다.

"우리는 그의 건강이 너무나 나빠서 그가 얼마 살지 못할 것이라고 생각했다. 우선 몸이 너무 약했다. 건강한 것 같지도 않았다. 하지만 그는 그 어떤 사람보다 오래 살았다."

생애 마지막 10년 동안에 건강 문제가 에어디쉬의 활동에 다소간의 제약을 가한 것은 사실이다. 그러나 그 시기에조차도 다른 수학자의 입장에서 본다면 거의 분주하다고 할 정도로 일을 많이 했다. 그는 한쪽 눈이 거의 실명상태였지만 필요한 치료를 받는 동안 수학을 못할 것 같아 망설였다. 멤피스 대학의 램지 이론가인 랄프 포드리 *Ralph Faudree*는 이렇게 말했다.

"에어디쉬는 한때 안경을 떨어뜨린 적이 있었어요. 그런데 안경알 하나가 깨어졌을 뿐 안경이 못쓰게 되지는 않았어요.

'상관없어요. 어차피 그 쪽 눈은 보이지도 않으니까.'

에어디쉬는 이렇게 말하면서 안경을 다시 쓰더군요. 하지만 안경알이 깨진 사금파리가 그의 눈을 찌를까봐 우려한 나는 그 안경을 다시 벗게 해서 깨어진 쪽 안경알을 완전히 닦아냈습니다. 나는 그레이엄이 벨 연구소에 똑같은 안경을 가지고 있다는 것을 알고 있었어요. 그래서 그 안경을 좀 보내달라고 했지요. 그랬는데 잠시 뒤에 보니까 폴이 멀쩡한 안경을 쓰고 있는 거예요. 그레이엄이 그처럼 빨리 안경을 보냈을 것 같지 않았는데 말이에요.

'그 안경, 그레이엄이 보내준 겁니까?'

'아니요.' 그가 당황하면서 말했어요. '그런데 이 안경도 별 도움이 되지 않는군요.'

그는 잠시 생각에 잠기더니 이렇게 덧붙여 말했어요.

'아마도 다른 사람의 안경을 쓰고 있는 게 아닌가 싶어요.'

그는 이어 웃음을 터뜨리며 말하더군요.

'방을 같이 쓰고 있는 친구의 안경일 거예요! 그 친구한테 전화해서 알아봐야겠는걸.'

마침내 그는 한쪽 눈이 완전 실명되었고 긴급히 각막이식 수술을 받아야 할 상태가 되었다. 그러나 마땅한 각막 증여자를 찾기가 쉽지 않았다. 랄프 포드리의 아내이며 간호사인 패트 포드리가 영향력을 발휘하여 기다리는 줄을 좀 앞당겨주었다.("이 각막 수술은 수학계의 앞날을 훨씬 진보시켜 줄 겁니다."라고 그녀는 병원측에다 말했다.)

그렇게 하고서도 여러 달이 지나야 포드리 부부는 마땅한 각막을 발견할 수 있었다. 당시 에어디쉬는 비행기로 멤피스를 막 떠나, 강연지인 신시내티로 가는 중이었다. 처음에 그는 각막 이식 수술보다는 강연을 더 중시하여 강연지로 계속 가려고 했다. 그러나 주위 사람들이 몇 차례 엄중한 경고를 하자 마지못해 수술에 응하게 되었다.

수술은 두 시간 정도 걸렸다. 수술을 하기 전에 집도 의사는 수술과정을 그에게 자세히 얘기해주었다.

"의사 선생님, 내가 글을 읽을 수 있을까요?"

에어디쉬가 물었다.

"물론이죠. 그렇게 하려고 이 수술을 하는 게 아니겠습니까."

에어디쉬는 수술실로 들어갔다. 수술실의 불빛이 어둠침침해지자 그는 갑자기 동요하기 시작했다.

"왜 불빛을 낮추는 겁니까?"

"그래야 수술을 할 수 있으니까요."

"아까 내가 글을 읽을 수 있다고 하지 않았습니까?"

이어 그는 집도 의사와 논쟁을 벌였다. 한쪽 눈은 실명상태이지만 다른 쪽 눈은 멀쩡하기 때문에 그 눈으로 얼마든지 글을 읽을 수 있는데 왜 수술실을 어둡게 하느냐는 것이 에어디쉬의 주장이었다. 집도 의사는 멤피스 대학 수학과로 여러 번 전화를 걸었다.

"여기 수술실로 수학자를 한 사람 좀 보내 주시겠습니까? 그래서 수술 도중에 에어디쉬가 수학을 논의할 수 있도록 말입니다."

수학과는 그 요구에 응했고 그리하여 수술은 원만하게 진행되었다. 포드리는 이 수술과 관련하여 이렇게 말했다.

"각막 이식 수술을 받으면, 두 눈의 초점을 맞추기까지 한참 동안 애를 먹게 됩니다. 두뇌가 초점을 맞추는 방법을 다시 익혀야 하니까요. 에어디쉬는 1년 동안 비참한 시기를 보냈습니다. 물건이 두 개로 보인다고 끊임없이 투덜거렸어요. 그로서는 정말 어려운 시기였을 거예요. 수학 자료를 읽는 것이 그에게는 무엇보다도 중요한 일이었으니까요."

에어디쉬의 심장도 눈만큼이나 좋지 않았다. 다음은 포드리의 증언.

"그는 10년 동안 갑자기 맥박이 빨라지는 증세로 고통을 당해왔습니다. 나는 그리스 레스토랑에서 그와 식사를 하고 있었는데 그의 맥박이 갑자기 150까지 치솟았습니다. 나는 얼른 그를 응급실로 데리고 갔습니다. 모니터가 부착된 채 병상에 누워있던 그의 모습이 아직도 생생하게 기억납니다. 모니터에 나오는 그의 맥박 수치는 정말 높았어요. 그런데 맥박이 갑자기 곤두박질 치는 거예요. 너무나 급속히 떨어지기 때문에 0까지 떨어지는 게 아닌가 싶었어요. 그랬는데 65에서 멈추더군요. 심장 전문의는 계속 입원하라는 지시를 내렸고 에어디쉬는 그래도 일은 계속해야 한다고 우겼어요. 그는 침상 위에다 수학 자료를 죽 늘어놓고 있었고 수학자들이 병실을 들락날락했어요. 간호사들은 그것을 제지해 보려고 했지만 헛수고였어요. 그는 헝가리에서 입원했을 때도 마찬가지였어요. 의사와 간호사들은 짜증이 이만저만이 아니었지요."

포드리의 멤피스 대학 동료인 치프 오드맨 *Chip Ordman*은 이렇게 회상했다.

"1988년 봄, 내 아내와 나는 당시 부다페스트에 있던 에어디쉬를 방문했습니다. 당시 가벼운 심장마비를 일으켜 입원중이었어요. 그는 가는 병원마다 커다란 병실이 없어서 이 병원 저 병원으로 옮겨다니고 있다고 말하더군요. 그를 찾아오는 방문객이 많았기 때문에 큰 병실이 필요했던 거지요. 정말 새 병실은 널찍하기는 했지만 일대 혼란이더군요. 수학 저널과 신문들이 온사방에 쌓여져 있었어요. 에어디쉬는 거기 누워서 세 그룹과 동시에 수학을 토론하고 있더군요. 한쪽 구석에 있는 그룹과는 헝가리어로, 다른 구석에 있는 그룹과는 독일어로, 그리고 나머지 그룹과는 영어로 수학 토론을 하고 있더군요. 그러면서 시간을 쪼개어 나와 내 아내에게 말을 거는 거였어요. 의사들이 병실로 들어오자 그가 소리치더군요.

'가세요! 내가 지금 바쁜 게 안 보입니까? 몇 시간 뒤에 오세요!'

그러자 의사들이 고분고분 물러나더군요."

안질과 심장병도 그의 25개국 순회 강연을 막지는 못했다. 그의 강연을 듣겠다는 사람들이 점점 늘어나 청중을 모두 수용하려면 아주 큰 강의실이 필요했다. 그러나 그의 늙고 힘없는 목소리는 강의실 뒤쪽까지 들리지 않았다. 그는 자신의 인기가 갑자기 높아진 것을 이렇게 설명했다.

"다들 이렇게 말하고 싶은 거지요. '나는 에어디쉬를 기억한다. 심지어 그의 마지막 강연에도 참석했었다.'"

그의 생애 마지막 해인 1996년은 특히 힘든 해였다. 조합론, 그래프 이론, 계산이론에 관한 연간(年間) 국제 심포지움이 에어디쉬의 생일에 맞추어 3월에 개최되었다. 그 회의는 플로리다 주의 보카 레이턴과 루이지애나 주의 바톤 루즈 사이를 왕복하면서 진행되었는데 그는 전통적으로 목요일에 강연을 했다.(1994년 보카에서 강연을 할 때 그는 "아마도 마지막 제곱을 맞이하는 것"일 거라고 말했다. 그가 9제곱인 81세에 도달했다는 얘기였고, 10제곱 즉 100살까지는 살지 못할 거라는 암시였다.)

1996년 3월 보카 강연을 중간쯤 해나가다가, 그는 의자에서 일어서서 칠판에 뭔가를 쓰다가 막대기처럼 몸이 굳어지면서 앞으로 쓰러졌다. 이 때 그는 혈압이 매우 낮았고 맥박 수는 37까지 떨어졌다. 그는 가슴에 마이크를 부착한 채로 강단에 엎드려 있었다. 사람들은 놀라면서 불안해했고 질서유지 요원은 사람들을 강의실 바깥으로 내보내려 하고 있었다. 그때 에어디쉬가 의식을 회복하고 이렇게 말했다.

"사람들에게 가지 말라고 해주세요. 설명해줄 문제가 두 개나 더 남아 있어요."

그날 늦게 벌어진 일에 대하여 친구인 알렉산더 소이퍼 *Alexander Soifer*는 이렇게 회상했다.

"마르디 그라 축제에 참가하기 위해 뉴올리언스 여행이 계획되어 있었어요. 물론 나는 그의 곁에 남아 있겠다고 말했지요. 하지만 그는 이렇게 말하더군요.

'여행을 가서 축제를 즐기고 오세요. 난 괜찮습니다. 아무것도 아니에요. 마르디 그라 축제를 참관하고 난 뒤에는 내 방으로 오세요. 수학 문제를 좀더 풀 것이 있으니까.'"

그해 6월 그는 산타 크루스 대학의 수학과 교수인 게르하르트 링겔 *Gerhart Ringel*의 강연을 들었다. 미시간 주 칼라마주에서 열린 수학대회였다. 루이빌 대학의 집합론 학자이며 에어디쉬와 논문을 2편 작성한 마이클 제이콥슨 *Michael Jacobson*은 당시를 이렇게 회상했다.

"그 강연이 끝나고 사람들이 강의실에서 빠져나가고 있었어요. 맨 앞줄에 앉아 있던 폴이 조용한 목소리로 링겔에게 질문을 했어요. 질문 도중 그는 앞으로 거꾸러지면서 정신을 잃었어요. 그날 정오 무렵 의사들은 그에게 맥박 조정기를 부착시켰습니다. 그리고 그날 저녁 폴은 종강 만찬에 참석했습니다. 심장 전문의 두 사람이 그의 양옆에 앉아 있었습니다. 폴은 자리에서 일어나 고개를 약간 숙여 인사를 하고 그 의사들을 소개했습니다. 그리고 이렇게 말했어요.

'자, 이제 오전에 링겔 박사에게 물었던 질문을 끝마치고 싶습니다.'

이 일화는 에어디쉬라는 인간을 잘 말해주고 있어요. 수학은 곧 그의 목숨이었습니다."

소이퍼의 회상은 다음과 같이 계속되었다.

"그는 다른 사람들의 동정을 원하지 않았어요. 그가 칼라마주에서 내게 전화를 걸었을 때 그는 맥박 조정기를 부착했다는 얘기를 하지 않았어요. 오히려 나와 애들과 내 아내 그리고 나의 유럽 방문 계획에 대해서 물어보더군요. 나는 부다페스트에 들리겠다고 말했어요.

'아니, 난 프라하로 갈 걸세.'

그는 그렇게 말했을 뿐 자신의 심장 상태에 대해서는 단 한 마디도 내비치지 않았어요. 나중에서야 그 사실을 알았습니다. 9월에 에어디쉬가 사망했다는 소식을 듣고 대단히 가슴이 아팠습니다. 나는 프라하로 가서 그를 만날 계획이었거든요. 그는 우리에게 자신이 영원히 살 거라는 묘한 생각을 심어놓았어요. 그는 수 십년 동안 노년과 죽음에 대해서 농담을 해왔어요. 노년에 대한 그의 다양한 유머는 우리에게 일종의 예방주사 같은 거였습니다. 우리는 폴이 영원히 살거라는 믿음의 면역 주사를 맞았던 거지요. 아니, 영원은 아니더라도 적어도 우리들만큼은 오래 살거라고 믿게 만들었던 거지요."

7 남은 자들의 파티

SURVIVORS' PARTY

친애하는 론

혹시 안다면 폴 아저씨의 생일을 좀 가르쳐주세요. 그러면 우리는 뭔가 앞으로 기다려볼 것이 생겨서 우울해지지 않을 테니까요. 감사합니다,

— 에드 *Ed*

추신: 나는 그가 SF에게 온갖 골치거리를 안겨줄 것으로 믿어요.

에드,

에어디쉬는 SF의 책을 읽느라고 너무 바빠서(당분간) 아무에게도 골치거리를 안겨줄 것 같지 않네요. 폴의 생일은 1913년 3월 26일입니다.

— 론 *Ron*

1980년대 중반, 카메라에는 관심도 없이 에어디쉬가 일본 하꼬네에 있는 산간 휴양지에서 열린 조합론 학회 도중 휴식시간에 어려운 문제와 씨름하고 있다.

SURVIVORS' PARTY

7

1997년 3월의 멤피스 대학교. 학생들은 봄방학을 맞아 캠퍼스를 잠시 떠났다. 만약 4대륙에서 온 260명의 세계적 수학자들이 아니었더라면 그 대학의 캠퍼스도 무척 적적했을 것이다. 그들은 미국 수학 학회 919차 회의에 참석하기 위해 그 대학에 모인 것이었다. 사과나무에는 꽃이 피었고 솔새들은 짝을 찾아 지저귀며, 인근의 미시시피 강의 흙탕물은 거의 홍수 수준으로 불어났다. 박스형의 네모난 벽돌 건물의 창문없는 강의실에 앉아 있던 수학자들은 봄의 개화(開花)를 아랑곳하지 않았다. 그들은 기꺼이 그 강의실에 들어박혀 추측을 하고 증명을 했다.

　칙칙한 건물의 외관과는 상관없이 그 건물 안에 들어 있는 사람들의 머리 속에서는 우아한 생각이 계속 넘쳐나고 있었다. 벽돌에는 파이 기호가 새겨져 있는 것도 아니고 안뜰에는 가우스나 오일러의 동상이 있는 것도 아니었다. 모래에 원을 그리고 있는 아르키메데스, 혹은 목욕탕에서 반쯤 벗은 채 뛰쳐나오면서 "유레카!"라고 외치는 아르키메데스의 부조(浮彫)가 있는 것도 아니었다. 알렉산드리아의 여자 수학자 히파티아를 그린 그림도 걸려 있지 않았다. (히파티아는 5세기 초 성난 군

중의 손에 이끌려 교실 바깥으로 끌려나와, 굴껍질로 피부를 벗기운 채 사망한 비극의 수학자이다).

그 건물이 수학과 전용 건물임을 웅변적으로 말해주는 것은 건물의 외관이 아니라 복도 벽에 대충 붙여져 있는 공고문들이었다. 형광 착색제 *Day-Glo*로 씌어진 오렌지 색깔의 포스터는 에르고딕 *ergodic* 이론에 대한 세미나를 공고하고 있었다. 또다른 게시물은 반 등각 *quasiconformal* 함수에 관한 특별 강연을 알리고 있었다. 다가오는 그래프 이론 학술회의에 관한 게시물도 볼 수 있었다. 그리고 에어디쉬의 사망을 알리는 부고가 있었다. 그외에 무작위적으로 씌어진 잠언도 있었다.("숫자는 안전하다." "수학자는 일을 더 잘 처리한다.") 또 기이한 생각을 적어 놓은 것도 있었는데, 다음의 것은 출처가 밝혀지지 않은 것이다.

> 일부 나라에서는 대학 교수가 강단에 올라서서 학생들에게 교과서를 읽어주는 것이 전형적인 교수 방식이다. 학생들의 질문은 버릇없는 미국식이라고 하여 철저히 금지된다. 여기 미국 학생들이 익숙한 수업방식과 아주 대조적인 예를 든다면 유명한 헝가리 해석학자인 F.리에즈 Riesz의 수업 사례를 들 수 있다. 그 교수는 부교수와 조교수를 데리고 강의실로 들어오는데 이들은 수업 중에 그의 조교로 뛴다. 조교수는 칠판에다 그날 강의할 내용을 적는다. 그러면 리에즈는 뒷짐을 진 채 교실 앞 또는 중간에 서서 고개를 끄덕거린다.

복도 벽에 붙여져 있던 다음과 같은 만화들은 이 건물의 분위기를 잘 보여준다.

그러나 수학과의 게시물 중 가장 기이한 것은 성령 강림절 벽보였다.

"증명이라고? 이게 바로 증명이다, 이놈아!"

"하나님의 육신. 거룩한 약속을 당신께(성령께서는 다른 언어로 말함으로써 증거하신다)". 수학 기호들로 뒤덮인 흑판에는 어린아이 같은 커다란 글씨가 이렇게 씌어져 있었다.

"예수께서 가라사대 내가 곧 길이요 진리요 생명이니 나로 말미암지 않고는 아버지께로 올 자가 없느니라."

성서 지대의 중심지인 멤피스에서는 SF의 심중을 읽어내려고 바쁜 사람이 수학자만은 아니라는 것을 알 수 있다.

호리호리한 몸집의 50대 사나이가 복도를 어슬렁거리면서 나중에 할 강연 내용을 연습하고 있었다. 그는 이렇게 중얼거렸다.

"자주 사용하지 않으면 뇌세포는 위축됩니다. 나라는 사람은 그 사실에 대하여 하나의 살아 있는 증거입니다. 대학 보직을 맡고 난 이래 수학을 할 시간이 별로 없었습니다. 그래서 내 머리는 녹이 슬었습니다. 내가 증명을 하면서 어려운 단계를 제대로 설명하지 못한다면 난처한 일입니다. 우리의 연구 결과를 발표하기 위해 젊은 동료를 데려왔어야 하는 건데. 에어디쉬가 인간은 하루에 5만개의 뇌세포를 잃는다고 농담을 하곤 했는데, 여기 내가 그 농담의 타당성을 증명하고 있소."

이 불안하게 서성거리는 수학자가 서 있는 곳의 뒷벽에는 시드니 해리스 *Sidney Harris*의 만화가 걸려 있었다. 그러나 이 만화는 그 수학자에게 별로 위안이 될 것 같지 않았다.

만화 속의 한 늙은 수학자는 난해하다는 표정을 지으며 멍하니 칠판을 바라보고 있다. 그 칠판에는 이렇게 씌어져 있었다.

$$\begin{array}{r} 2 \\ + 4 \\ \hline \end{array}$$

스타니슬라프 울람(옆은 그의 아내 프랑수아즈).
폴란드 이민 수학자인 울람은 50년에 걸쳐 에어디쉬와
수학적인 협력을 해왔다. 울람은 즐겨 이렇게 말했다.
"노망의 첫번째 징조는 정리를 잊어버리는 것이고,
두번째는 바지의 지퍼를 올리지 않는 것이고,
세번째는 지퍼를 내리지 않는 것이다."

두명의 젊은 수학자들이 그보다는 훨씬 복잡한 수학기호가 적혀져 있는 이웃 칠판 앞에 서서 그 늙은 수학자를 바라보다가, 그중 하나가 이렇게 상대방의 귀에다 대고 속삭였다.

"저 사람도 한때는 비엔나에서 날리는 수학자였대."

체스의 챔피언이나 발레의 스타와 마찬가지로, 권위있는 수학자들도 자신의 능력이 손가락 사이로 빠져나가는 날이 오리라는 두려움을 가지고 있다. 그리고 이런 날은 노년보다 훨씬 먼저 온다. 에어디쉬는 울람의 다음과 같은 말을 자주 인용했다.

"노망의 첫번째 표시는 수학의 정리를 잊어버리는 것입니다. 두번째 표시는 바지의 지퍼를 올리지 않는 것이요, 세번째 표시는 지퍼를 내리지 않는 것입니다."

복도를 어슬렁거리던 수학자는 갑자기 발걸음을 멈추고 어떤 강의실 안쪽을 들여다보았다. 노망 따위는 전혀 걱정할 필요가 없는 젊은 그래프 이론 학자가 청강생들을 웃기는 얘기를 막 마무리 짓고 있었다.

그는 말을 하다 말고 잠시 멈추더니 칠판 위에 씌어진 길다란 수학 기호들을 뚫어져라 쳐다보았다. 2분 뒤 그는 어깨를 한번 들썩하더니 청중들에게 돌아서며 이렇게 말했다.

"이게 참일까 하고 생각하기에는 다소 미심쩍은 부분이 있지만 30분 동안 깊이 생각해보면 참이라는 것을 알게 될 겁니다."

청중은 모두 웃음을 터뜨렸다. 그 젊은 교수의 강의가 끝났고 3명의 청중은 자리에 남아 그에게 좀더 깊은 질문을 할 차비를 차리고 있었다.

나머지 청중들은 강의실에서 나와 두개의 커다란 갈색 플라스틱 탱크가 놓여져 있는 접는 테이블 쪽으로 걸어갔다. 그 탱크는 커피 통이었는데 하나에는 '카페인 있음'이라고 표지가, 다른 하나에는 '카페인 없음'이라는 표지가 붙어 있었다. 수학자들은 그래프 이론 강연을 듣기 전에 한 차례 커피를 마셨는데 이상하게도 커피 통의 표지들이 바뀌어져 있었다. 약간 당황한 그들은 커피 통을 쳐다보며 서 있었다. 그들이 가진 두뇌의 힘은 최신의 그래프 이론을 완벽하게 검증할 만큼 뛰어난 것이었지만 카페인의 존재 여부를 가리는 데에는 무력했다.

'집합의 즐거움'이라고 씌어진 티셔츠를 입은 볼록한 아랫배를 가진 한 수학자의 머리에서 전구가 반짝하고 켜졌다. 그는 앞으로 나서더니 손에든 일회용 컵으로, 반은 한쪽 커피 통에서 나머지 반은 다른 커피 통에서 받았다. 그때 동료가 웃으며 말했다.

"게임 이론적 해법이로군!"

그때 카페인을 너무 많이 섭취하여 깡마른 수학자가 앞에 나섰다.

"또 다른 해법이 있지."

그는 하나의 커피 통 앞에 컵을 내밀고 4분의 1만큼만 채웠다.

"이건 점근(漸近) 해법이지. 난 카페인 과다섭취 상태라서 조금만 있어도 충분해. 컵 안에 무엇이 들어있어도 나는 언제나 원하는 효과를 얻을 수 있거든."

그때 그들 옆에는 물리학자 한 사람이 서 있었다. 그는 수학자들이 그렇게 복잡하게 생각하는 이유를 알지 못했다. 그는 한쪽 탱크가 다른 탱크보다 더 크다는 사실을 지적했다. 그리고 더 큰 탱크가 아마도 카페인이 든 커피일 거라고 짐작했다. 많은 사람들이 카페인이 들어있는 커피를 마시니까 말이다. 수학자들은 그 간단한 해결법에 깜짝 놀랐다. 물리학자는 이렇게 말했다.

"이런 생판 다른 접근법은 내게 오래된 농담을 생각나게 하는군요. 물리학자와 수학자가 어느날 함께 국토 횡단 비행기를 타고 가게 되었습니다. 두 사람은 각자 여행 일기를 썼습니다. 그들은 아이오와 주에서 하얀 말 위를 날아가게 되었습니다. 물리학자는 이렇게 썼습니다.

아이오와에는 하얀 말이 한 마리 있다.'

수학자는 반면에 이렇게 썼다고 합니다.

'중서부 어느 곳에 하나의 말이 존재한다. 그 말의 등은 하얗다.'"

✢

에어디쉬는 1974년 처음으로 수학적 진실을 찾아 멤피스를 방문하게 되었다. 당시 두 명의 젊은 수학자 랄프 포드리와 딕 셸프 *Dick Schelp*를 만났는데 이들은 램지 이론의 까다로운 문제를 풀어보여 그에게 깊은 인상을 남겼다. 에어디쉬는 이들과 함께 있는 것을 너무나 재미있게 생각하게 되었고 그리하여 1996년까지 매년 이 언덕 위의 도시(멤피스)를 방문하게 되었다. 어떤 해에는 4번이나 방문할 정도였다.

이 방문의 성과는 너무나 좋았다. 그는 포드리와는 46편의 공동 논문을 작성했고 셀프와 기타 3명의 멤피스 수학자들과는 여러 편의 공동 논문을 썼다. 이 멤피스 수학자 중에는 헝가리에서 이민온 천재 수학자 벨라 볼로바시도 들어 있었다. 1957년 당시 14살이던 볼로바시는 헝가리의 악명 높은 학생 수학 경시대회에서 우승을 했고 부상으로 부다페스트 호텔에서 에어디쉬를 만나보게 되었다. 볼로바시는 이렇게 회상했다.

"나는 아홉살이 되었을 무렵부터 수학을 열심히 하고 싶다는 생각을 했습니다. 하지만 수학자라는 직업이 있는지는 몰랐어요. 그러니까 수학을 한다고 해서 누군가가 월급을 줄 것 같지는 않았던 거지요."

에어디쉬는 어린 볼로바시에게 수학자도 돈 버는 직업이라고 알려주었음이 틀림없다. 그들의 첫번째 만남 이후 그들은 40년 동안 교제를 하면서 15편의 공동논문을 남겼다.

에어디쉬와 볼로바시가 멤피스에서 마지막으로 만난 것은 1996년 3월이었다. 정기 멤피스 수학 학회가 마침 에어디쉬의 생일날과 겹치게 되었다. 그가 항상 하던 농담대로 "생일 잔치"가 된 것이었다. 그는 1996년에 83세가 되었고 그 당시의 소감을 이렇게 말했다.

"83세보다는 38세가 더 좋지. 노년이라는 단어는 많은 나라에서 불쾌한 어감을 갖고 있어요."

그는 헝가리어로 "노년은 불쾌하다"라고 말한 다음 이어서 히브리어, 프랑스어, 독일어로 똑 같은 말을 했다.

노년이든 아니든 그의 원기왕성함은 여전했다. 테네시 주에서 학생들에게 진화론의 교육을 금지시킨 "원숭이 법안 *monkey bill*"을 "파시스트적인 넌센스"라고 야유했다. 에어디쉬는 그날의 공식 강연을 마무리 지으면서 이렇게 말했다.

1993년. 헝가리 이민자인 조지 세케리시, 에스터 클라인, 그레이엄의 아내 팬 청 등이 헝가리의 케스트헤즈에서 열린 한 학술대회에서 에어디쉬의 80회 생일을 축하하고 있다.

1993년. 에어디쉬의 오랜 협력자인 베라 소시도 케스트헤즈의 학술대회에 참가하여 에어디쉬의 80회 생일을 축하해주었다.

"당신들은 내가 늘 해오던 말을 알고 있습니다. 수학을 빼놓고 모든 것이 곧 끝이 나게 되어 있습니다. 이것은 수학에 관한 강연에도 해당됩니다. 내가 살아 있다면 다시 돌아올 것입니다. 그렇지 못하다면 돌아오지 못할 것입니다."

에어디쉬는 결국 그 해를 넘기지 못했다. 그래서 1997년 대회 때 그의 빈 자리는 더욱 크게 느껴졌다. 그의 생일이 이제 그의 추모제가 된 것이었다. 벨라 볼로바시가 폴 에어디쉬 추모 강연의 테이프를 끊었다. 볼로바시는 2백명의 청중 앞에서 말했다.

"폴 에어디쉬의 생애를 기념하기 위해 여기 모인 우리들은 즐거운 한때를 보내야 할 것입니다."

그러나 모두들 즐거워한 것은 아니었다. 특히나 볼로바시가 소개한 주요 연설자들은 더욱 그러했다. 에어디쉬의 가장 가까운 친구의 미망인이며 또 에어디쉬와 함께 35편의 공동논문을 남겼던 베라 소시는 이렇게 말했다.

"나는 1948년에 폴 에어디쉬를 처음 만났습니다. 당시 나의 고등학교 선생님이면서 그의 친한 친구였던 티보르 갈라이 *Tibor Gallai*가 소개를 해주었습니다. 그를 맨 마지막으로 본 것은 40년 뒤 바르샤바에서였습니다. 그가 사망하기 하루 전날에도 우리는 오래 토론을 했습니다. 그는 당시 논문을 준비중이었습니다."

그가 연구 중이던 문제들을 몇 가지 회상한 다음 소시는 실물 환등기에다 그의 편지들을 올려놓았다. 청중들은 에어디쉬의 꼬불꼬불한 글씨를 직접 보고서 매료되었다.

"그는 최근의 결과에 대해서 매우 기뻐했을 것입니다. 그러나 그것을 보지 못하고 돌아가서 정말 유감입니다." 소시가 말했다.

"아마도 그건 SF의 책에 들어 있겠지요. 그는 지금쯤 그 책을 읽고 있을 겁니다."

누군가가 소리쳤다.

모두들 동의한다는 듯이 고개를 끄덕였다.

"우리가 폴 에어디쉬를 추모하고 싶다면 그가 남긴 추측을 증명해야만 합니다. 그것보다 더 큰 추모는 없을 것입니다." 소시가 말했다.

그녀의 연설은 청중에게 감명을 주었다. 나중에 청중들은 에어디쉬와 그의 어머니의 사진첩을 넘겨보도록 초대되었다.

이어 셀프리지가 말했다.

"폴처럼 어머니를 사랑한 아들도 없을 겁니다. 나는 1966년 봄에 처음으로 그녀를 알게 되었어요. 아주 자상한 부인이었지요. 우리는 폴처럼 그녀를 아뉴카(어머니)라고 불렀습니다. 폴과 내가 150년 된 문제를 풀었을 때 그녀도 마침 일리노이 대학에 함께 있었습니다."

그것은 연속적인 정수들의 곱은 제곱, 세제곱 혹은 그 이상의 거듭제곱이 될 수 없음을 증명한 것이었다. 그 증명의 핵심적인 아이디어는 에어디쉬가 제시했다. 셀프리지는 계속 말했다.

"물론 나는 그와 함께 연구를 했습니다만 그가 말한 것을 한 두 가지 개선한 정도였습니다. 내 노력은 몇 푼 어치밖에 가치가 없었어요.

'폴, 이건 당신이 해결했습니다. 난 도와준 것뿐이에요.'

그는 내 말을 듣고 기분 나빠했습니다. 그는 공동 논문이라고 주장했고 결국 그렇게 되었습니다. 나는 그 중요한 논문의 공동작성자가 되어 한량없이 기뻤습니다. 그는 정말 관대한 사람이었고 나에게 영감을 주어 내가 못할 거라고 생각했던 문제까지도 해내게 했습니다. 나는 논문을 별로 발표하지 않는 사람으로 소문이 나 있었습니다. 우리가 그 논문 「연속되는 정수의 곱은 결코 제곱이 되지 않는다」를 완성하는 데에는 무려 9년이 걸렸습니다. 그 논문이 마침내 1975년에 발표되었을 때, 1966년에서 1975년 사이에 사망한 폴의 수학자 친구 여섯 명에게 헌정되었습니다. 폴이 죽었을 때 나는 부다페스트에서 거행된 그의 장례식에 참석했습니다. 나는 장례식에 가는 것을 아주 싫어하지만 참석해 보니 잘 왔다는 생각이 들었습니다."

공식 추모식은 1996년 10월 18일(금), 오전 11시에 개최되었다. 5백 명 이상의 문상객이 참석한, 헝가리 최대 규모의 추모식이었고 마치 국가 원수의 장례식을 연상시켰다. 그 주에 수학자들의 추모식이 있었고 이어 그 다음 주 월요일에 가까운 친구들이 그의 유해를 라코스케레주르 *Rakoskeresztur*에 있는 유대인 묘지의 부모 묘소로 운구했다. 셀프리지는 그날을 이렇게 회상했다.

"나는 다른 사람들이 다 떠나가기를 기다렸어요. 그런 다음 무릎을 꿇고서 25년 된 비석을 어루만지면서 '아뉴카!'라고 소리쳤어요. 그녀와 폴이 얼마나 서로 사랑했는지 잘 알고 있기 때문이었지요. 폴과 나도 또한 서로 사랑했었습니다."

✤

멤피스 대회가 끝나자, 대회의 주최자인 랄프 포드리는 그때까지 남아 있던 사람들을 모두 자기 집으로 불러서 '남은 자들의 파티'를 개최했다. 포드리 가족의 식탁을 덮고 있는 낡은 분홍색 식탁보에는, 지난 해의 파티에 참석한 사람들이 매직펜으로 써넣은 서명이 가득 들어차 있었다. 에어디쉬의 제멋대로 휘갈겨 쓴 서명도 여기 저기 보였다. 식탁 옆에는 아주 큰 검은 깃발이 있었다. 포드리가 사정을 설명했다.

"이 깃발에는 사연이 있습니다. 에어디쉬는 여러번 여기서 생일 잔치를 했는데 그때마다 검은 깃발을 내걸고서 잔치를 했으면 하고 투덜거렸요. 그래서 어느 해 내 아내 패트가 그의 투덜거림을 더 이상 참지 못하고 이 검은 깃발과 검은 케이크를 만들어주었어요."

그 해의 살아남은 자들은 이해한다는 듯이 그 깃발을 쳐다보며 고개를 끄덕거렸고 또 식탁보에다 서명을 써넣었다. 돼지고기 껍질 요리, 구운 콩, 맥주 등을 먹고 마시며 그들은 에어디쉬의 일화를 서로 나누었다. 지금은 멤피스 대학의 학장이 되어 있는 포드리는 이렇게 회상했다.

"그가 70년대에 처음 멤피스를 방문했을 때, 그는 하루 세시간밖에 자지 않았어요. 아침 일찍 일어나서 개인 편지나 수학 관련 편지를 썼어요. 그는 주로 일층에서 잤어요. 그가 처음 우리 집에서 잔 날, 시계가 잘못 되어 있었어요. 시계는 아침 7시를 가리키고 있었지만 실은 4시 40분이었어요. 그는 우리들이 다 일어났으리라 생각하고 아주 소리 높여 텔레비전을 틀었어요. 나중에 나를 더 잘 알게 된 후에는 아침 일찍 내 침실의 문에 노크를 하면서 이렇게 말했어요.

'랄프, 당신은 존재하고 있습니까?'

정말 그가 일하는 속도는 살인적이었어요. 그는 오전 8시부터 시작해서 그 다음날 새벽 1시 30분까지 일했어요. 물론 식사를 하기 위해 중간에 휴식을 취하기도 하지만 식사 시간 중에도 냅킨에다 뭔가를 쓰면서 수학 얘기만 했어요. 그는 보통 1주 혹은 2주 정도 머물다 갔는데 그가 가고 나면 탈진해서 뻗어버리게 되었지요. 그가 가고난 다음에는 며칠 동안 계속해서 그에게서 전화가 왔어요.

'증명을 완료했나요? 타이피스트에게 타자를 부탁했나요?'

나는 한번은 아래층에 있는 에어디쉬 스위트에 가서 직접 자보기도 했어요. 하지만 그게 나의 수학적 정력을 도와주지는 않더군요. 나는 다른 수학자들에게 한번 그 방에서 자보라고 권하기도 했어요."

마이클 제이콥슨에게도 그와 유사한 경험이 있었다.

"포드리만 그런 경험을 한 게 아닙니다. 나는 에모리 대학의 대학원생이던 1976년에 에어디쉬를 처음 만났어요. 그는 강연을 하고 나서 강연 끝에 이렇게 선언하더군요.

'나의 두뇌는 열려 있습니다. *My brain is open.*'

그것은 그와 함께 어떤 수학 문제를 의논해도 좋다는 표시였습니다. 그래서 나는 그에게 다가가 당시 내가 작업중이던 조합론 문제를 의논했습니다. 그는 단 한 순간도 주저하지 않고 이렇게 대답했어요.

'당신은 다른 문제를 찾아볼 필요가 있습니다.'

바꾸어 말하면 그 문제는 너무 어렵다는 것이었습니다. 당시 학생이던 나는 그런 답변을 듣고 커다란 충격을 받았습니다. 비록 충격이 크기는 했지만 수학을 그만두겠다고 생각할 정도는 아니었습니다. 7년 뒤 내가 루이빌 대학에 근무할 때, 나는 그를 다시 만나서 우리의 첫 만남을 상기시키면서 그 당시 내가 받았던 충격을 말했습니다. 하지만 그는 대화 내용을 기억하지 못하더군요. 그래서 그 문제를 다시 한번 말해보라고 요청했어요. 내가 말해주니까 그는 이렇게 답변하더군요.

'그래요, 그건 너무 어려운 문제였어요. 그건 아직도 해결이 안 되었습니다.'

정말 그의 말이 맞았습니다. 그의 수학적 통찰력은 대단한 것이었습니다. 21년이 지난 지금에도 그 문제는 아직 풀리지 않고 있습니다.

"1976년에 그를 처음 만났을 때에도 그는 시간이 늘 부족한 형편이었어요. 그는 재빨리 사람들의 재능을 알아보았습니다. 천재적인 재능을 가진 사람들을 늘 찾아다니고 있었지요. 내가 연구하던 문제를 너무 어렵다고 물리치는 그를 보고서, 나는 그가 나의 재능을 그리 탐탁하게 생각하지 않는다고 짐작했어요. 하지만 내 친구들은 다르게 생각했어요. 그가 나의 연구를 괜찮게 생각했다는 거예요. 그래서 그후 10년 간, 1년에 한번씩 루이빌 대학을 방문하여 1주씩 묵고 갔어요. 그가 처음 루이빌을 방문한 것은 1983년이었습니다. 당시 나는 총각이었고 그는 나와 함께 묵었습니다. 그건 아주 신나는 경험이었습니다. 나는 그가 굉장히 열심히 일한다는 얘기를 이미 듣고 있었습니다. 그래서 나도 열심히 일하겠다는 각오를 다지고 있었지요. 하지만 그 정도로 열심히 하리라고는 상상도 하지 못했습니다. 첫날에 우리는 새벽 한 시까지 수학을 연구했습니다. 나는 완전히 탈진해버렸습니다. 나는 이층 침실로 갔고 그는 일층의 손님 방에서 잤습니다. 그런데 새벽 4시 30분이 되자 주방에서 항아리가 달랑거리는 소리가 들리는 거예요. 그는 계속 소리를 냈어요. 나보고 어서 빨리 일어나라고 신호를 보내는 거였지요. 나는 여섯 시 쯤 비틀거리며 아래층으로 내려갔어요. 그가 맨 처음 나를 보고 한 말이 무엇인지 아세요?

'굿모닝'이나 '잘 잤냐?' 따위가 아니었습니다. 그는 이렇게 말했어요.

'n을 정수라 하고 k를…'

곧바로 수학 얘기였어요. 나는 아직 옷도 제대로 입지 않은 상태였고 눈은 반쯤 감긴 상태였어요. 나는 거기서 나의 한계를 정했지요. 샤워를 하기 전에는 수학을 할 수 없다고 말이에요."

에모리 대학의 수학교수인 로날드 구드 *Ronald Gould*는 이렇게 말했다.

"에어디쉬는 하루 세 시간밖에 안 자지만 낮 동안에 잠깐씩 선잠을 잤어요. 하지만 그렇게 선잠을 자면서도 수학을 계속 했어요. 나는 어느 날 저녁 그에게 어떤 증명을 설명하고 있었어요. 그런데 그가 조는 거예요. 그래서 관심 없나 보다 생각하고 설명을 중단했지요. 내가 중단하니까 그가 고개를 쳐들면서 계속 하라는 거예요. 이런 식으로 그날 저녁이 지나갔어요. 그가 졸다가 내 말이 중단되면 깨어나고, 졸다가 깨어나고, 뭐 그런 식으로 말이에요. 그런데 정말 놀라운 일은 그 다음에 벌어졌어요. 그렇게 졸았는데도 나의 증명을 완벽하게 이해하더군요!"

그가 수학에 그처럼 많은 시간을 투입했다는 것도 이례적이지만 그가 수학에 몰두한 장소들도 이례적인 곳이었다. 장례식장은 결혼식장 만큼이나 수학을 하기에 알맞은 곳이었다. 휴일도 수학 연구에 장애가 될 수는 없었다. 밴더빌트 대학의 마이크 플러머 *Mike Plummer*는 이렇게 말했다.

"1983년에 우리 가족은 크리스마스를 지내기 위해 부다페스트에 들렀어요. 그 도시는 크리스마스를 대단한 명절로 여기지요. 그 시기에는 도시의 기능이 모두 중지되고 모든 가게가 문을 닫습니다. 버스도 안 다녀요. 택시를 이용하려면 며칠 전에 예약을 해야 합니다. 우리는 친구를 방문하기 위해 옷을 차려입고 택시를 기다리고 있었습니다. 그렇게 선 채로 서성이며 기다리는데 누군가가 문을 두드리는 것이었습니다. 내가 문을 열었더니 거기 에어디쉬가 서 있더군요.

'플러머, 메리 크리스마스. f(x)를 연속 함수라고 할 때…'

그래서 우리는 택시가 나타날 때까지 수학 토론을 했어요. 차마 그만하고 집으로 가라고 말하지 못하겠더군요."

폴 아저씨의 후견인들이 다 겪은 바이지만, 포드리도 에어디쉬가 대접하기 쉬운 손님은 아니라는 것을 톡톡히 깨닫게 되었다.

"그는 온도와 환풍에 대해서 아주 민감했어요. 우리 집은 2층인데 각 층마다 에어컨 조절 장치가 되어 있습니다. 그런데 일층 조절장치는 그가 주로 묵는 방 밖에 있어요. 언젠가 한번은 수학자 손님을 한 분 더 모시게 되어, 에어디쉬를 이층에 모셨습니다. 그는 자다가 너무 더워서 아래 층으로 내려와 에어컨 조절 장치를 아주 높여놓았습니다. 하지만 그건 이층 에어컨과는 관계가 없는 것이었습니다. 그런데도 그는 아래 층으로 내려와 자꾸만 에어컨의 강도를 높였습니다. 우리가 아침에 일어나 보니 아래층 창문에 서리가 끼었더군요.

"그는 꼭 닫힌 방을 싫어했습니다. 그래서 그가 묵는 아래층 방의 문을 약간 열어두고 우리는 이층으로 올라간 적이 있습니다. 그런데 밤

늦게 큰 비가 내렸어요. 그는 이층으로 올라와 우리를 깨우더니 이렇게 말했어요.

'창에 비가 뿌리는데. 뭔가 조치를 해야겠어.'"

그는 실생활의 물건 다루는 일은 그토록 서툴렀지만, 사람들에게는 늘 친절했다. 다음은 베라 소시의 말.

"한참 외국에 나가 있다가 헝가리에 돌아오면 그는 나이많은 부인들을 방문했어요. 귀국한 지 첫 이틀 혹은 사흘 동안은 수학자들의 어머니 혹은 미망인들을 방문했지요.

1994년 부다페스트에 있던 에어디쉬는 젊은 헝가리 조합론 수학자인 졸탄 퓌레디 *Zoltán Füredi*를 불러냈다. 그와 퓌레디는 9편의 논문을 공동으로 저술한 친근한 사이였다. 그는 퓌레디와 함께 수학자 동료의 장모되는 부인을 찾아갔다. 다음은 퓌레디의 회상.

"그 부인은 휠체어에 앉아 있었습니다. 무슨 이유인지는 모르지만 심기가 불편한 것 같았어요. 그래서 하녀에게 끊임없이 불평의 말을 해댔습니다. '그건 거기다 놓지 마.' '왜 에어디쉬 교수님에게 먼저 대접하지 않는 거야?' 등등 온갖 이상한 말을 하였습니다. 그런 다음 우리는 약 30분 동안 얘기를 나누었지요. 말은 대부분 에어디쉬 혼자 했습니다. 우리가 그 집을 나서자 하녀가 문까지 배웅을 나왔어요. 그때 그는 하녀에게 아주 많은 액수의 팁을 주었습니다. 그녀가 부당하게 대우받는다는 것을 안다는 듯이. 나는 그걸 보고 감명 받았습니다. 그는 늘혼자 있고 싶어하는 사람이었지만 그래도 쉴새없이 남한테 친절을 베풀었습니다.

"그는 정말 남다른 사람이었습니다. 나는 지난 3년 동안 힘겨운 이혼생활을 해왔습니다. 그분은 내게 2주마다 전화를 해주었어요. 전화할 때마다 애들 소식을 물으면서 애들이 안 되었다는 얘기를 했습니다. 그런 다음 내게 아주 흥미진진한 수학문제를 내놓았어요. 말하자면 수학적 흥미를 계속 불러일으켜 나를 도와주려고 했던 거지요. 나는 1992년부터 시작한 논문을 끝내기 위해 지금껏 애를 쓰고 있습니다. 그가 이렇게 타계하고 보니 그 논문을 얼른 끝내야 되겠다는 생각이 듭니다. 그 논문에 대한 아이디어를 그 분이 많이 제공해주었으니 말입니다."

포드리도 에어디쉬의 인품에 대해서는 잘 알고 있었다.

"그는 정말로 남을 생각해줄 줄 아는 사람이었다. 그는 늘 내 애들에 대해서 신경을 썼다. 애들의 안부를 물었고 또 애들이 잘못되면 함께 걱정을 해주었다. 1981년 내가 헝가리에 상당 기간 머물게 되었을 때, 그는 만나는 사람마다 나와 내 가족을 잘 돌봐달라고 부탁했다. 어떤 사람에게는 우리의 건강 문제를, 어떤 사람에게는 아이들의 학교 문제를 책임지고 맡아달라고 부탁했다. 그는 어려운 사람들을 보고 그냥 지나치지 못했다. 러시아 수학자들이 땡전 한푼 없이 헝가리에 도착했을 때 그는 가진 돈 전부를 그들에게 주었다.

"그는 남들이 애호하는 것도 함께 신경써 주었다. 설혹 그것이 그의 마음에 들지 않는 것이라 할지라도. 가령 그는 개를 싫어했다. 개가 그에게 가까이 다가오면 이렇게 말했다.

'저 파시스트 개가 나를 물려고 하는 겁니까?'

공교롭게도 우리 집에는 개가 두 마리 있었는데 그는 개들이 그에게 달려들며 인사하는 것을 내버려두었다.

'좋았어. 나를 기억하는군.'

그가 아침이면 우리들보다 훨씬 일찍 일어나기 때문에 우리는 커피와 시리얼을 주방에다 미리 준비해두고 잠이 들었다. 어느날 아침 내가 주방에 내려와 보니 주방 바닥에 시리얼이 어지럽게 흩어져 있었다. 어떻게 시리얼이 거기에 떨어져 있는지 의아했다. 설혹 그가 새 시리얼 통을 꺼내어 플라스틱을 찢으려고 했더라도 그렇게 많이 흘릴 수는 없었다. 나는 도저히 짐작을 하지 못하면서 그 흘린 시리얼을 쓸어담았다. 그 다음날 아침 또다시 주방에는 시리얼이 흩어져 있었다. 에어디쉬가 거기 주방에 쭈그리고 앉아서 시리얼을 한주먹씩 떨어뜨리며 개에게 먹이를 주고 있었다."

에어디쉬는 가는 집마다 어지럽게 늘어놓기로 소문이 나 있었다. 딕 셀프는 이렇게 회상했다.

"폴은 늘 손씻는 것을 좋아했습니다. 그는 정말로 세균을 두려워했어요. 그래서 새 타월을 내놓아도 그걸 사용하지 않았습니다. 그는 손에서 물방울을 떨어뜨려 저절로 손이 마르는 것을 좋아했습니다. 내 아들은 그가 화장실을 한번 쓰고 나면 마치 수영장 한 가운데를 걸어가는 느낌이 든다고 말했어요. 온 사방이 물 천지였으니까요."

그래도 물은 청소하면 그만이었다. 어떤 폴 아저씨 후견인은 그보다 더 심한 경우를 당하기도 했다. 다음은 플러머의 회상.

"그는 우리 집에 왔을 때 우리 애 방에서 잤어요. 그는 여러가지 피부 질환을 앓고 있기 때문에 각종 마르고 습한 피부약, 각각 다른 로션과 파우더 등을 휴대하고 다녔어요. 그래서 증세에 따라 적절히 그것들을 사용했습니다. 우리 집에 들린 그는 샤워를 하고 나니 피부가 따끔거렸던 모양입니다. 그는 어떤 피부약을 사용해야 될지 잘 몰라서 로션과 탤컴 파우더를 동시에 사용했습니다. 그리고는 로션과 파우더를 방 바닥에다 온통 쏟아놓았어요. 침실 바닥에는 자신의 발자욱을 남기고 말이에요. 그 발자국이 아직도 애들 침실에 남아 있습니다!"

에어디쉬는 남의 물건만 이처럼 심하게 다룬 것이 아니었다. 그는 자기 자신의 물건도 그렇게 험하게 사용했다. 그것이 에어디쉬의 후견인들에게 하나의 위안이라면 위안일 수도 있었다. 포드리는 다음과 같은 일화를 회상했다.

"나는 그가 새 양복을 망쳐버린 일을 기억하고 있습니다. 누군가가 그에게 그 양복을 선물한 직후의 일이었어요. 우리는 차를 몰고 멤피스에서 루이지애나 주로 가던 중이었습니다. 보통 55번 주간(州間) 고속국도를 타고 가는데 에어디쉬는 보다 한적하고 경치가 좋은 길로 가자고 고집을 부렸어요. 그래서 나체스를 통과하여 일부 전전(戰前)의 집들을 지나가게 되었습니다. 우리는 이런 집들 뒤를 흐르는 미시시피 강을 따라 산책을 했습니다. 그런데 어느 지점에 이르니 쇠사슬 울타리가 쳐져 있고 울타리 위에는 뾰족한 쇠꼬챙이가 꽂혀 있었습니다. 이윽고 그 울타리는 강과 만나게 되었고 더 이상 나아갈 수 없게 되었습니다. 늘 조급한 폴은 우리가 울타리를 뛰어넘어야 한다고 주장했습니다. 셀프와 나는 간단히 그 울타리를 뛰어넘었습니다. 그런데 폴이 울타리를 넘다가 그 쇠꼬챙이에 약간 걸렸어요. 그가 막 뛰어내리는데 부욱 하고 뭔가 찢어지는 소리가 나더군요. 알고보니 새로 산 신사복 바지가 30센티 정도 찢어진 거예요. 그는 아주 당황하더군요.

'폴, 신사복, 다른 거 없어요?'

'아니, 없어. 좋은 건 입고 있는 거 뿐이야. 한 벌 더 있기는 하지만 그건 입으면 피부가 쓸려.'

루이지애나에 도착하자 그는 자기 방으로 직행했어요. 우리는 그 바지를 양복점에 보낼 생각이었지요. 그러나 그는 웃으며 방에서 나왔어요. 거울을 비춰 보았더니 아무 문제도 없다는 거예요. 외투가 알맞게 가려준다면서. 그 다음날 우리는 점심 식사하는 곳까지 걸어갔어요. 여전히 조급증이 심한 그는 지름길인 듯한 골목길로 가자고 우겼어요. 그래서 내가 이렇게 말했어요.

'폴, 당신은 그 길로 갈 수 없습니다.'

'왜? 왜 못 간다는 거지?'

'골목길 막다른 곳에 울타리가 있습니다.'

그는 어제의 바지 찢어진 일을 기억하면서 싱긋이 웃었습니다.

"이봐, 헝가리 속담에 이런 말이 있어. 그 집 아들이 금방 교수형을 당한 집에 가서는 밧줄 얘기를 하지 말라.

정말 에어디쉬다운 대답이었습니다."

∞∞ "우리 수학자 모두는 약간 미친 겁니다"

"WE MATHEMATICIANS ARE ALL
A LITTLE BIT CRAZY"

1989년 8월. 졸고 있는 걸까 아니면 생각하는 걸까? 폴란드의 포즈난에서 열린 무작위 그래프 학술회의의 정식 회원들과 함께 찍은 사진에서 머리를 숙이고 있는 사람이 바로 에어디쉬이다.(그는 두번째 줄의 오른쪽에서 두번째 자리에 앉아 있다. 그의 옆 오른쪽 끝은 그레이엄. 그 앞쪽은 조엘 스펜서가 앉아 있고 스펜서 옆은 그레이엄의 아내 팬 청이다).

"WE MATHEMATICIANS ARE ALL A LITTLE BIT CRAZY"

나는 수학자가 아니다. 나는 세상 사람들이 깜짝 놀랄 만한 추측을 내놓은 적도 없고 또 정리를 증명한 일은 더더욱 없다. 나의 에어디쉬 번호는 무한대이다. 하지만 나는 멤피스에서 있었던 "살아남은 자들의 파티"에 참석했다. 나는 마치 내 집에 온 것처럼 그 파티의 분위기에 젖어들었다. 나도 폴 에어디쉬의 인품에 감동받았기 때문이다. 그의 정직함, 그의 취약함, 그의 놀라운 집념, 그의 관대함, 심지어 악동같이 신에게 도전하는 그의 장난기까지도 나는 사랑했다.

나는 그 파티에 참석한 그의 동료들을 돌아다 보았다. 그들은 장난기가 많은 다양한 인품의 사람들이었다. 그들의 크기와 치수는 제 각각이었다. 동글동글하게 생긴 사람, 바짝 마른 사람, 게으른 사람, 옷에 신경 쓰는 사람, 젊은 여자, 나이 많은 남자, 여자 밝히는 사람, 외톨이 등 10여 개 이상의 나라에서 온 사람들이 거기에 섞여 있었다. 그들은 모두 보편 타당한 수학의 진리를 추구하는 사람들이라는 점에서 공통된다. 수학이라는 교회는 아주 커다란 천막 같은 철학을 갖고 있어서 수학의 진리를 추구하는 사람이라면 누구든지 받아들인다. 멤피스 파티에 참석한 사람들은 영리하고 재치 넘쳤으며 또 에어디쉬를 연상시키는 잠언을 연발했다. 일부 소수의 사람들은 수줍어 하며 혼자 조용히 앉아서 맥주를 홀짝거렸다. 대부분의 사람들은 아주 정상인 것처럼 보였다. 그중 한 두 명만이 치료 순서를 기다리는 외래환자처럼 불안한 기색을 했을 뿐이었다.

수학은 광기(狂氣)와는 아주 친숙한 분야이다. 에어디쉬는 즐겨 이렇게 회상했다.

"내가 1935년에 케임브리지에서 란다우 *Landau*를 처음 만났을 때 그는 내게 이렇게 말했다. '*Wir Mathematiker sind alle ein bißchen meschugge.*' 이 독일어의 뜻은 '우리 수학자 모두는 약간 미친 겁니다' 이다. 그리고 1932년에 나는 삼각급수를 주로 연구하는 시돈 *Sidon* 이라는 헝가리 수학자를 만났다. 그는 아주 뛰어난 수학자였으나 보통 수학자보다 약간 돌아버린 데가 있었다. 그는 경계선상의 정신분열증 환자였다. 사람들 말로는 그가 대화를 할 때는 이런 태도를 취했다고 했다."

그러면서 에어디쉬는 시돈의 태도를 흉내냈다. 그것은 벽에 바싹 기대어서 벽에다 대고 말하는 것이었다.

"하지만 그는 수학을 말할 때는 멀쩡했다. 1937년 투란과 내가 그를 방문했을 당시 그는 피해망상증을 앓고 있었다. 그는 문을 약간만 열더니 이렇게 말했다.

'나중에 적당한 때에 지금과는 다른 사람을 찾아오시오.'

시돈은 그처럼 나중이 되면 멀쩡해지는 것이었다. 아무튼 지금으로서는 이 슬픈 얘기를 잊어버리기로 하자. 사실 시돈은 아주 우스꽝스럽게, 시라노 드 벨쥐락 *Cyrano de Bergerac*처럼 죽었다. 사다리가 그의 다리 위로 떨어져 그의 다리를 부러뜨렸고 그래서 입원을 했는데 폐렴으로 죽었다. 하지만 아쉽게도 나중에 자신이 아주 유명해진 것을 보지 못하고 죽었다. 이제는 모든 수학자들이 그의 이름을 알고 있다."

그레이엄도 수학자의 광기에 대해서는 할 말이 많은 사람이다.

"수학을 하게 되면 평균으로부터 많이 이탈해도 여전히 생존할 수 있습니다. 바꾸어 말하면 생계를 꾸릴 수가 있다는 것이지요. 수학을 하는 사람 중에는 죽어도 세일즈맨은 되지 못하는 사람이 수두룩합니다. 하지만 수학을 할 정도의 통제력은 가지고 있는 겁니다. 어떤 사람은 아주 많이 이탈해버리는데 그 대표적인 사례가 존 내시 *John Nash*지요."

존 내시는 프린스턴 대학의 수학자로서 1994년에 노벨 경제학상을 받은 인물이다. 수상 업적은 그가 스물 한살이던 1949년에-그러니까 반세기 전에-작성한 27페이지 분량의 게임이론에 대한 박사논문이다. 그의 스승들은 그가 문제를 풀 때 전광석화와 같은 속도로 해치우기 때문에 그를 "어린 가우스"라고 불렀다. 『포춘 *Fortune*』지는 1958년에 그를 "신 수학 *New Mathematics*"의 떠오르는 별이라고 칭송했다. 그러나 창조력이 절정에 달한 그 시점에 정신분열증이 그를 덮쳤다. 그는 환청을 들었고, 낯선 사람이 그를 염탐한다고 생각했고, 사람과 숫자를 서로 엉뚱하게 연관시켰다. 그는 한 줄 짜리 엽서에서 그런 증세를 언급했다.

"나는 오늘 77번 버스를 탔는데 그건 나에게 당신을 연상시켰습니다."

그는 서른살의 젊은 나이에 매사추세츠 주의 벨몬트에 있는 정신병원에 강제 입원하게 되었다. 당시 그 병원에는 시인 로버트 로웰 *Robert Lowell*도 입원하고 있었다. 내시는 끝내 치료가 되지 않았다. 그는 프린스턴 대학의 건물을 배회했고, 캠퍼스 도서관에서 어슬렁거렸으며, 레베카 골드스타인 *Rebecca Goldstein*의 소설 『마음과 몸의 문제 *The Mind-Body Problem*』에서 작중인물로 나오는 '파인 홀의 유령'의 모델이 되었다. 20년이 지난 뒤 내시는 약물이나 치료의 도움 없이 갑자기 순간적으로 회복이 되었고 그래서 스톡홀름으로 여행을 할 수 있게 되었다. 노벨상 위원회는 정신병을 앓고 있는 사람에게도 상을 줄 수 있느냐는 문제를 놓고 격론을 벌인 끝에 무방하다는 결론을 내렸다.

수학계에서는 내시와 시돈만이 정신병을 앓은 것은 아니다. 칸토어는 망상증 환자가 되었고 괴델은 편집증 환자가 되었고 합성수의 날에는 성행위를 하지 않으려 했던 수학자는 폭행을 저질러 죄수가 되었다. 어디 그뿐인가. 유나보머라는 우편물 살인범으로 유명한 디오더어 카진스키 *Theodore Kaczynski*도 1962년 미시간 대학에서 수학박사 학위를 받은 인물이다.

그레이엄은 수학과 광기에 대해서 이렇게 말한다.

"나는 그 문제에 대해서 하나의 이론을 가지고 있습니다. 수학의 수많은 분야에서는 자신만의 수학적 세계를 창조하는 것이 자연스럽고 또 당연한 일입니다. 그렇게 되면 많은 선택안을 가질 수 있게 되지요. 그들은 이런저런 성질을 가진 구조를 생각합니다. 그래서 이런 구조만을 원하고 저런 구조는 배척할 수가 있는 거지요. 반면 물리학자에게는 이런 자유가 없어요. 그들은 실제 세계에 의해 제약을 받고 또 그것을 연구하려고 애씁니다. 물리학에서는 중력이 역 제곱인 상황에서 역 세제곱은 상상할 수가 없습니다. 하지만 수학에서는 이런 것을 언제나 상상할 수가 있어요. 슈트라우스가 아인슈타인에 대해서 한 말을 기억하세요? 아인슈타인은 어떤 질문이 좋은 질문인지 분명하지 않기 때문에 수학을 전공하지 않았다는 겁니다. 물리학에서는 중요한 문제가 어떤 것인지 명확하니까 그 문제만 붙들고 늘어지면 되는 겁니다. 이에 비해 수학에서는 어디서부터 시작해야 할지도 불분명합니다.

"수학에서는 새로운 어떤 것, 색다른 어떤 것을 한다는 프리미엄이 있습니다. 그것은 수학자를 평생 사로잡을 수도 있습니다. 또 수학자 스스로 규칙을 만들어내는 경향이 있습니다. 가령 A + B가 B + A 와 같지 않다고 생각하는 거지요. 하지만 모든 사람은 이게 같다는 것을 압니다. 하지만 어떤 수학자는 같지 않다고 일단 생각해 보는 거지요.

"물론 속으로는 이렇게까지 기괴하지 않은 사람도 있습니다. 단지 천재들이 그렇게 하니까 일부러 그런 우스꽝스런 흉내를 내기도 하는 것입니다. 아인슈타인은 한때 과학적 명성의 대가에 대하여 친구에게 이렇게 털어놓았습니다. 사람들이 끊임없이 그를 찾아와 대화를 하려고 한다는 것이지요. 그러자 그 친구는 이런 조언을 해주었다고 합니다. 당신의 머리를 자르는 시늉(미친 척)을 하면 그들을 단번에 물리칠 수 있다고 말입니다.

"그래프 이론에는 극단의 문제 *extremal problems*라고 불리우는 문제들이 있습니다. 이것은 '그래프가 가질 수 있는 가장 큰 변의 수는 얼마인가?' 하는 등의 질문을 다루는 것입니다. 에어디쉬는 그런 문제를 다룬 적이 있어요. 나는 오페라 하우스를 사버린 유럽 귀족의 얘기를 들었습니다. 그 귀족은 친구들에게 오페라 하우스 표를 나눠준 다음, 대머리 친구들을 모두 일정한 자리에 앉도록 만들었습니다. 그가 발코니에서 내려다 보니까 비록 대머리 본인들은 잘 모르지만, 그 대머리의 집단은 뭔가 특이한 내용을 전달하는 것만 같았습니다. 이 얘기를 듣고서 나도 극단의 문제만 다루는 수학자들을 한 자리에 불러모으면 어떨까 하는 생각을 해보았습니다. 내가 알고 있는 온갖 이상한 사람들을 한 자리에 불러 모은 다음, 그들이 초청된 이유는 말하지 않고서 그들이 어떻게 반응하는가 살펴보는 겁니다."

많은 수학자들이 세속으로부터 도피처를 찾다보니 결국 수학을 연구하게 되었다고 한다. 아인슈타인은 이렇게 말했다.

"나는 쇼펜하우어의 말에 동의합니다. 인간을 예술과 과학으로 유도하는 가장 강력한 동기 중의 하나는 고통스러운 일, 황량한 일, 늘 바뀌는 욕망의 족쇄 등으로부터 벗어나고자 하는 것입니다. 고상한 마음을 가진 성격은 개인적인 일상사에서 벗어나 객관적 지각과 사색의 세계로 도피하고자 하는 것입니다."

버트란드 러셀은 혼란스런 청소년기를 보냈다. 그는 자살도 생각해보았지만 아직 해결하지 못한 수학 문제 때문에 자살을 실천에 옮기지 못했다. 반면 어떤 사람들은 러셀이 그토록 풀려고 했던 문제들을 풀지 못했기 때문에 자살했다. 논리학자들은 암울하고 어두운 정리에 대해서 농담을 한다. 그 정리는 발견한 사람을 미치게 만들어버리는 그런 정리이다. 그레이엄은 이렇게 말한다.

"많은 훌륭한 수학자들이 정신병 직전까지 갔다가 가까스로 구출을 당합니다. 그들은 모든 문제의 해결은 불가능하다는 것을 알기 때문에 우울해지는 것이지요. 만약 당신이 우표수집가라면 이 세상에 있는 우표를 모두 수집하는 것이 가능합니다. 그러나 수학에서는 모든 정리를 풀 수는 없습니다. 그것은 정말 사람의 기를 꺾는 일이지요."

✤

론 그레이엄은 1986년에 나를 에어디쉬에게 소개시켰다. 우리가 처음 만났을 때 에어디쉬는 거의 나를 주목하지 않았다. 그는 머리를

THE UNIVERSITY OF ADELAIDE

G.P.O., Box 498,
Adelaide,
South Australia 5001

Dear Fan + Ron (1985 VII 23)

I hope you had a pleasant time in Brazil. Selberg gave the Turán memorial talk in Budapest and left yesterday. I phoned Vera yesterday.

Please send 100 dollars in my name to the relief organization of your choice for the earthquake in Mexico - the s. f. struck them with unearthly viciousness. Please send my mail between VIII 1 and VIII 20 to Univ of Western Ontario Math Dept London Ontario Canada c/o Prof D Borwein Math Dept

Kind regards

E. P.

1985년 8월 9일자 에어디쉬의 편지. 수학 등식이 적혀있지 않은 특이한 편지(그가 하루에 4,5통씩 내보내는 편지는 온통 수학등식으로 가득 차 있다).
자선기관에 늘 돈을 내놓았던 에어디쉬는 그레이엄과 청에게 지진구호 사업에 100달러를 기부하라고 부탁하고 있다.

푹 숙인 채 계속 이런 저런 추측을 하고 있었다. 그때 나는 몇 주 동안 그의 여행지를 같이 따라다닐 생각을 했다. 사소한 잡담은 일체 배제한 채 수학 문제를 얘기하고 싶어하는 그의 동료 수학자들의 집을 불시에 방문하고 싶었다. 론은 미리 에어디쉬가 방문할 동료 수학자 집에 전화를 걸어서 나를 따뜻하게 맞아들이도록 해주었다. 나는 그가 묵는 집에서 함께 묵었고 그와 함께 19시간 있으면서 그가 추측하고 증명하는 것을 지켜보았다. 나는 서른살의 팔팔한 청년이면서도 73세의 병들어 보이는 노인의 행사 스케줄을 따라가지는 못하는 것이 부끄러웠다. 그래서 그의 암페타민을 같이 복용할까도 생각해 보았으나 그만두고 대신 카페인을 열심히 섭취했다.

나는 에어디쉬와 함께 한 여행의 일지를 작성했고 그것을 기사로 만들어 『아틀랜틱』지에 기고했다. 그 기사는 발표되자 마자 많은 관심을 끌었다. 몇 년 뒤 에어디쉬를 다시 만났을 때 그 일을 어떻게 생각하느냐고 물었다.

"무엇을 말인가?"

"제가 쓴 기사에 대해서 말입니다."

"아, 그 기사! 자네, 그 기사, 지금 가지고 있나?"

나는 기사의 사본을 한 부 그에게 건네주었고 그는 그 기사에 얼굴을 바짝 처박고 한줄 한줄 꼼꼼이 읽어나갔다. 상당히 오랜 시간이 흐른 것처럼 느껴졌다.

"어떻게 생각하십니까?"

마침내 내가 물었다. 그는 고개를 옆으로 저었다.

"좋아. 한 가지만 빼고는 말이야."

나는 그가 체비셰프의 발견, 4색 지도 문제, 소수 정리 등에 대한 나의 설명이 부족하다고 말하려는 줄 알았다.

"벤제드린 얘기는 안 하는 게 좋을 뻔했어. 물론 그게 사실과 다르다는 얘기는 아니야. 수학을 전공하려고 마음먹는 아이들이 그 약물을 복용해야 성공할 수 있겠다고 생각하면 곤란하잖아."

정말 에어디쉬다운 말이었다. 그는 늘 엡실런을 생각하는 사람이었던 것이다.

감사의 말

이 책은 상당 부분 에어디쉬, 그의 동료들, 그 동료들의 배우자 등의 구두 증언을 바탕으로

하여 씌어졌다. 이 책은 로날드 그레이엄의 자상한 도움이 없었다면 씌어지지 못했을 것이다.

그는 에어디쉬의 동료들을 만나게 해주었을 뿐만 아니라 그에 관한 수 백 통의 편지와

e-mail을 읽게 해주었고 또 여러 날 동안 시간을 투입하여 내게 수학을 설명해 주었다.

에어디쉬의 수학적 업적에 대해서 좀더 알고 싶은 분은 로날드 그레이엄이 팬 청과 함께 쓴

『에어디쉬의 그래프 이론:그가 남긴 미해결의 문제 *Erdős on Graphs: His Legacy of Unsolved*

Problems 』을 참조하기 바란다. 그레이엄은 이 책에 인용된 에어디쉬의 편지 이외에도

여러 장의 사진을 제공해주었다. 나는 부다페스트의 유년 시절에 대해서 증언해준

앤드루 바조니에게도 감사를 표하고 싶다. 또한 다음의 사람들에게도 각별한 감사 표시를

하고 싶다. 팬 청, 앤 데이븐포트, 패트 포드리, 랄프 포드리, 피터 피시번, 마그다 프레드로,

졸탄 퓌레디, 로날드 구드, 리처드 가이, 멜빈 헨릭슨, 마이클 제이콥슨, 캐롤 라캉파녜,

아론 메이어로위치, 벨빈 나단슨, 치프 오드먼, 마이크 플러머, 조지 퍼디, 브루스 로스차일드,

딕 셸프, 존 셀프리지, 알렉산더 소이퍼, 베라 소시, 조엘 스펜서, 마리안 스펜서,

루이스 슈트라우스, 프랑수아즈 울람, 로라 바조니, 데이비드 윌리엄슨, 허브 윌프,

피터 윙클러. 『아틀랜틱 The Atlantic』의 편집자인 윌리엄 휘트워스와 C. 마이클 커티스에게도

감사하고 싶다. 이들은 1987년 11월자 『아틀랜틱』지에 에어디쉬에 대한 기사를 쓰도록 내게

권유했었다. 또 그를 따라 여행을 다닐 취재 비용도 제공해주었다. 에어디쉬의 이야기를

이처럼 단행본으로 만들도록 도와준 봅 밀러, 릭 코트, 윌 슈월브에게도 감사하고 싶다.

– 폴 호프만 *Paul Hoffman*

옮긴이의 해설

알레프 널($\aleph_0$, Aleph-null), 알레프 제로(Aleph-zero)

알레프 널은 알레프 제로라고도 하며 $\aleph_0$로 나타낸다. 알레프($\aleph$)는 히브리 알파벳의 첫 글자이다. 집합론에서 집합의 크기를 비교할 때 농도(cardinality)라는 개념이 사용되는데, 무한집합 중에서 가장 중요한 집합인 자연수 전체집합의 농도를 알레프 널, 즉 $\aleph_0$이라고 한다. 유리수 전체의 집합의 농도도 $\aleph_0$이다.

알레프 원($\aleph_1$, Aleph-one)

알레프 널보다 큰 농도 중에서 가장 작은 농도를 알레프 원($\aleph_1$)이라고 한다. 연속체 가설(Continuum Hypothesis)은 $\aleph_1 = c$라는 주장이다. 여기서 c는 실수 전체집합의 농도를 나타낸다. 즉, 정수 집합(또는 유리수 집합)의 농도와 실수 집합의 농도 사이에는 다른 농도가 없다는 것이다.

점근해(Asymptotic Solution)

주어진 문제의 정확한 해에 점점 접근해 가는 풀이를 말한다. 소수 정리(Prime Number Theorem)가 대표적인 예이다.

공리(Axiom)

수학에 있어서, 여러 가지 이론은 몇몇 명제를 전제로 하고 그것들만을 써서 전개되곤 한다. 그중 기초가 되는 명제를 그 이론의 공리라고 부른다. 즉 공리란 어떤 이론의 출발점이 되는 가장 기본적인 바탕이 된다. 공리론적 집합론(Axiomatic Set Theory)은 몇 가지 공리체계에 기초하여 정립된 이론의 대표적인 예이다.

양분 그래프(Bipartite Graph)

어떤 그래프의 꼭지점(vertex)들을 다음 조건이 만족되도록 양분할 수 있을 때, 그 그래프를 양분 그래프라고 한다. 양분된 꼭지점들의 두 집합을 A, B라고 할 때,

그래프의 모든 모서리는 A의 점과 B의 점을 연결한다.

칸토어(Cantor, Georg)

집합론의 창시자로, 처음으로 무한집합을 체계적으로 연구하는 방법을 제시하였다. 그의 이론은 초창기에는 그의 은사인 크로네커 등을 비롯한 많은 수학자들에게 받아들여지지 않았다. 또 부랄리포르티(Burali-Forti)에 의해 제기된 역설, 영국의 러셀(B. Russell)에 의해 제기된 역설 등으로 집합론이 많은 어려움을 겪으면서 만년에는 정신병에 걸려 고생하다 심장마비로 사망하였다. 그러나 그의 집합론은 힐버트(Hilbert) 등에 의해 적극적으로 옹호받고 발전하여 현대의 수학기초론(Foundations of Mathematics)의 중요한 영역이 되었다.

카마이클 수(Carmichael Numbers)

페르마의 작은 정리에 의하면 p가 소수이고 a가 p의 배수가 아니면 $a^{p-1}-1 = 0$ (mod p)이 성립한다. 더 나아가 오일러 정리에 의하면, 임의의 자연수 n과 (n, a) =1(즉 n과 a는 서로 소)인 a에 대하여 $a^{\phi(n)}-1 = 0 \pmod{n}$이 성립한다. 이때, $\phi(n)$은 오일러 함수이다. 그러나 오일러 정리에 있는 모든 조건을 만족시키지만 소수가 아닌 홀수인 합성수 n이 존재하는데 이러한 수를 카마이클 수라고 한다. 카마이클 수는 절대 유사 소수(absolute pseudoprime)라고도 한다. 561, 1105, 1729 등이 그 예이며 무수히 많은 카마이클 수가 존재한다는 것이 1994년에 증명되었다.

코언(Cohen, Paul)

1934년에 미국에서 태어난 수학자이며, 30세에 스탠퍼드 대학의 정교수가 되었다. 그는 1963년에 'forcing'이라는 개념을 사용하여 연속체 가설에 관한 유명한 미해결 문제를 해결하였다. 즉, 일반 연속체 가설은 기존 집합론의 공리계로부터 증명될 수 없음을 증명하였다. 다시 말하면, 일반 연속체 가설은 기존 집합론의 공리계와는 독립적인 관계라는 것으로서, 일반 연속체 가설을 인정해도, 인정하지 않아도 논리적으로 아무런 문제가 없다는 것이다. 이는 이 문제와 관련된 1938년의 괴델의 업적 이후 가장 괄목할 만한 성과이다. 1966년에는 필즈 상을 받았다.

복잡도 이론(Complexity Theory)

어떤 문제가 여러 가지 알고리즘에 의해 풀릴 때 각각의 알고리즘에 관한 비교를 통해 어떤 알고리즘이 가장 효율적인가를 결정하는 것은 중요하다. 복잡도 이론은 이러한 상황에서 다양한 척도를 통해 어떤 알고리즘이 효율적인 알고리즘이고 어떤 알고리즘이 상대적으로 비효율적인 알고리즘인가를 연구하는 분야이다. 예를 들어 계산의 복잡도는 크게 시간 복잡도와 공간 복잡도로 나누어 생각할 수 있고 어떤 계산에서 이 두 복잡도가 가장 적은 알고리즘이 최고의 알고리즘이라고 결론 내릴 수 있다.

시간 복잡도는 산술연산의 횟수, 계산기계의 조작 횟수 등이고, 공간 복잡도는 계산 중간에 저장되어야 할 것들의 수이다. 한편 여러 가지 계산 문제는 그 시간 복잡도에 따라 P-Problem, NP-Problem 등 다양하게 분류할 수 있다. 복잡도 이론에서 가장 유명한 미해결 문제는 다음 가설을 증명(또는 반증)하는 것이다:$P \neq NP$. 여기서 P는 P-Problem 전체의 집합이고, NP는 NP-Problem 전체의 집합이다.

연속체 가설(Continuum Hypothesis)

어떤 집합 X의 농도 m에 대하여 X의 모든 부분집합을 원소로 갖는 집합을 생각할 수 있다. 이 집합을 집합 X의 멱집합이라고 하는데 이 멱집합의 농도는 2^m이다. 실수 전체의 집합의 농도 c는 $2^{\aleph_0}$임을 증명할 수 있다. 연속체 가설은 자연수 전체 집합의 농도 $\aleph_0$에 대하여 $\aleph_0 < n < 2^{\aleph_0}$를 만족시키는 농도 n은 존재하지 않는다는 것이다. 한편, $\aleph_0$와 $\aleph_1$을 비롯한 어떠한 초한(transfinite) 농도 m에 대하여 $m < n < 2^m$을 만족시키는 농도 n은 존재하지 않는다는 가설을 일반 연속체 가설(Generalized Continuum Hypothesis)이라고 한다.

Continuum Hypothesis is Unprovable.

칸토어가 연속체 가설을 주창한 이래 연속체 가설의 참 또는 거짓에 대한 많은 논란이 있었는데 1938년에 괴델에 의해 연속체 가설과 선택 공리가 다른 집합론 공리와 무모순성(consistency)이라는 사실이 밝혀졌고, 1963년에는 코언에 의해 일반 연속체 가설이 다른 집합론 공리로부터 독립임이 밝혀졌다. 이것은 집합론의 다른 공리를 써서 연속체 가설이 참이거나 거짓임을 증명할 수 없음을 뜻한다. 이는 기하학에서 평행선 공준과 같은 상황임을 뜻한다.

가산 무한집합(Countably Infinite Sets)

농도가 알레프 널인 집합을 가산 무한집합이라 한다. 즉, 자연수 전체집합과 일

대일 대응 관계에 있는 집합을 말한다. 자연수 전체의 집합, 정수 전체의 집합, 그리고 유리수 전체의 집합 등이 가산 무한집합이다. 가부번 집합(denumerable set)과 같은 개념이다.

반례(Counter-examples)
어떤 수학적 명제가 거짓임을 증명하기 위한 한 방법으로서 그 문제가 주장하는 바를 반증하는 예를 제시하는 방법이 있다. 이때 그 예를 그 명제에 대한 반례라고 한다.

가부번 집합(Denumerable Sets)
자연수 전체의 집합처럼 무한집합이기는 하지만 1번, 2번, 3번, … 등과 같이 번호를 부여할 수 있는 집합을 말한다. 가산 무한집합(countably infinite sets)과 같은 개념이다.

대각선 논법(Diagonal Argument)
집합론의 창시자 칸토어에 의하여 소개된 논법으로 실수 전체의 집합이 비가산(uncountable)임을 보이는 데 사용된다. 유리수 집합이 가산(countable)임을 증명할 때에도 사용한다.

타원 곡선(Elliptic Curve)
유리수 위에서 정의된 타원 곡선은 $y^2 = f(x)$로 표현되는 대수 곡선이다. 이때 $f(x)$는 유리수를 계수로 가지는 x에 관한 3차 다항식이며 복소수 위에서 서로 다른 근들을 갖는다. 타원 곡선에 관한 이론은 최근 여러 분야에 이용된다. 타니야마-시무라 추측은 타원 방정식과 모듈 형태(modular form) 사이에 존재하는 긴밀한 관계에 관한 것이고, 이 발견은 1994년에 앤드루 와일즈(Andrew Wiles)가 페르마의 마지막 정리를 증명하는 데 결정적 역할을 하였다. 또, 타원 곡선 이론은 암호학에서 소인수 분해의 알고리듬, 공개 열쇠 암호 체계의 설계 등에도 활용된다.

오일러 공식 $e^{\pi i} + 1 = 0$
스위스의 수학자 오일러에 의하여 발견된 공식으로서 수학의 아름다움을 나타내는 좋은 예이다. 대표적인 두 초월수 π 와 e, 허수 단위 i, 대표적인 연산인 덧셈, 곱셈, 거듭제곱, 그리고 덧셈과 곱셈에 관한 단위원(항등원)인 0과 1이 등호(=)로 아름답게 어우러져 있다.

페르마의 마지막 정리(Fermat's Last Theorem)

'n 이 3 이상의 자연수일 때 $x^n + y^n = z^n$은 양의 정수해를 가지지 않는다' 라는 것을 증명하는 문제. 이 문제는 300년이 넘게 미해결 문제로 남아 있다가 1994년 앤드루 와일즈에 의하여 증명되었다. 타원 방정식과 모듈 형태 사이에 긴밀한 관계가 있다는 타니야마−시무라 추측과 타니야마−시무라 추측이 증명되면 페르마의 마지막 정리도 증명된다는 리벳, 프레이 등의 발견이 이 정리의 해결에 결정적인 역할을 하였다.

피보나치 수열(Fibonacci Sequence)

이탈리아의 수학자 피보나치에 의하여 1200년에 소개된 수열로서 1, 2, 3, 5, 8, 13, 21, 34, 55, 89, 144, … 와 같이 계속된다. 위의 항을 처음부터 각각 f_0, f_1, f_3,…라고 하면 $f_n + f_{n+1} = f_{n+2}$, (n=1, 2, 3, …)이다. 피보나치 수열은 황금비 $\frac{1+\sqrt{5}}{2}$ 와도 관계가 있다. 즉, $\lim_{n \to \infty} \frac{f_{n+1}}{f_n} = \frac{1+\sqrt{5}}{2}$ 가 성립한다.

필즈 메달(Fields Medal)

국제 수학자 회의(ICM, The International Congress of Mathematicians)는 4년마다 한 번씩 열리는데, 이 회의에서 지난 4년간 가장 현저한 수학적 업적을 올린 수학자에게 수여하는 상이다. 40세가 넘으면 수상 대상에서 제외함으로써, 수상자의 향후 역량도 중요시한다. 수학 분야의 노벨상에 해당되는 상으로, 한국에서는 아직까지 수상자를 배출하지 못하였다.

4색 지도 정리(Four Color Map Theorem)

구면 위(또는 평면 위)의 임의의 지도를 색칠하려면 4가지의 서로 다른 색이 필요하고 동시에 충분하다는 내용으로 1879년 케일리가 맨 처음 제안하였다. 상당 기간 동안 이 주장에 대한 증명이 되지 않았는데, 1976년 일리노이 대학의 아펠과 하켄에 의하여 한 가지 증명이 발표되었다. 그러나 그들의 증명은 상당 부분을 컴퓨터의 계산에 의존하므로 여러 가지 논란을 야기시켰다.

게임 이론적 해법(Game-theoretic Solution)

상충하는 목표를 가지고 있는 집단 사이에 벌어지는 게임을 분석하고 승리를 위한 전략을 연구하는 수학 분야를 게임 이론(Game Theory)이라고 한다. 그 자체가 가지는 학문적 멋과 가치도 있지만 경제학, 정치학 등에의 응용성이 크다. 주어진 문제에 대한 게임 이론 관점에서의 해법을 게임 이론적 해법이라고 한다.

GIMPS(Great Internet Mersenne Prime Search) Project

인터넷에 연결된 컴퓨터를 이용하여 큰 메르센 소수를 찾는 연구 사업이다. GIMPS의 홈페이지(http://www.mersenne.org)에서 프로그램을 다운받아 설치하고 실행하면 PrimeNet server에 접속하여 자신의 컴퓨터가 계산에 이용된다. 8000대 이상의 컴퓨터가 이 계획에 참여하고 있으며 일렉트로닉 프론티어 재단(Electronic Frontier Foundation)이 천만 자리 이상의 메르센 소수를 찾는 사람에게 십만 달러의 상금을 걸었다. 1999년 8월까지 38개의 메르센 소수가 알려졌는데 그 중에서 가장 큰 네 개가 GIMPS 프로젝트에 의하여 발견되었다. 2004년 6월에는 $2^{24036583}-1$이 소수임이 밝혀졌는데, 이는 약 723만 자리의 수이다. 천만 자리 크기의 새로운 소수를 발견하기 위해, 이 프로젝트는 계속 진행중이다.

괴델(Gödel, Kurt)

20세기 최고의 수학자 중 한 명으로 꼽히는 수리논리학자이다. 공리계에 관한 비완비성 정리(The Incompleteness Theorem)를 발표하여 수학계에 큰 충격을 주었다. 특히 러셀과 화이트헤드가 추구하던 수학적 이상이 실현 불가함을 보였다. 1938년, 선택 공리(Axiom of Choice)와 연속체 가설은 기존의 집합론 공리계와는 무모순적(consistent)임을 증명하였다. 이는 수학기초론에서 공리계에 대한 새로운 이해를 가능케 하였다. 말년에는 정신적 불안으로 부인의 사망 이후 굶어 죽었다.

하이젠베르크의 불확정성 원리(Heisenberg Uncertainty Principle)

양자역학에서 입자-파동의 2중성을 이해하기 위하여 하이젠베르크가 유도한 원리이다. 즉 어느 시각에 있어서 전자의 위치와 운동량을 정확히 측정하고자 할 때 위치를 정확히 측정하면, 운동량을 정확하게 측정할 수 없고, 반대로 운동량을 정확히 측정하면, 그 전자의 위치를 정확히 측정할 수 없다는 것이다.

이러한 원리는 뉴턴의 고전 역학이나 아인슈타인의 상대성 이론과는 배치되므로 초창기에는 많은 논란을 불러일으켰다. 사실, 아인슈타인은 끝까지 이 이론을 지지하지 않았다. 그러나 지금은 양자역학의 기초가 되는 이론으로서, 양자 암호학, 양자 컴퓨터, 양자 계산 등 현대 물리학에서 폭넓게 인정받고 있다.

비완비성 정리(Incompleteness Theorem)

괴델의 정리로서 수학계에 큰 충격을 주었다. 자연수에 관한 이론을 형식화함으로써 얻어진 어떤 형식체계가 모순이 없더라도 그 형식체계 내의 어떤 자연수에 관한 공식 A가 존재하여 A가 참인지 아니면 거짓인지를 모두 증명할 수 없는 식 A가 존재한다는 것을 증명한 것이다.

고등학문 연구소(Institute for Advanced Study)

미국 뉴저지 주의 소도시 프린스턴에 소재한 이 연구소는 재정, 조직, 행정 면에서 프린스턴 대학과는 전혀 상관없다. 그러나 두 기관은 상호 세미나 및 강의 참가, 도서관 이용 등에서 밀접한 지적 협력관계를 유지하고 있다. 1933년 아인슈타인이 첫 교수로 부임하게 되면서 이 연구소는 세계 최고의 연구소로 부각되었다.

프린스턴 대학의 수학과에서 저명한 수학자 세 명 — 알렉산더(J. Alexander), 폰 노이만, 베블렌(O. Veblen) — 을 첫 영구 교수진으로 초빙하였는데, 이들이 부임하여 연구소의 기틀과 위상을 확립하였다. 특히, 젊은 학자들에게 이상적인 연구환경을 제공하는 것으로 유명하다. 이런 점에서 전 소장이었던 오펜하이머(J. R. Oppenheimer)는 이 연구소를 '지식인 호텔' 이라고 부르곤 했다.

크로네커(Kronecker, Leopold)

독일의 수학자로 특히 방정식론, 정수론 등 근대 대수학에 공헌이 컸다. '정수는 하나님께서 만드셨지만, 다른 수는 인간의 작품' 이라는 유명한 말도 남겼다. 그는 비구성적 논증, 특히 비구성적 존재 증명(non-constructive existence proof)에 회의를 가졌다. 그와 같은 신념 때문에 그는 자신의 제자인 칸토어의 집합이론을 받아들일 수 없었다.

메르센 수(Mersenne Number)

정수 n에 대하여 2^n-1의 형태의 수를 메르센 수라고 한다. 이 수가 소수이기 위해서는 n이 소수여야 하는데 이러한 소수를 메르센 소수라고 한다. 메르센 수 2^n-

1을 이진법으로 나타내면 111 … 111$_{(2)}$ (1이 n개)와 같이 된다.

몬테 카를로 법(Monte Carlo Method)

몬테 카를로 법은 스타니와프 울람에 의해 처음으로 소개되었는데 일반적으로 난수를 이용하여 수학의 문제를 푸는 방법을 총칭한다. 해석적으로 풀기 어려운 문제를 풀 때 자주 이용된다. 현대 암호학에서 자주 사용하는 기법으로 몬테 카를로 법에 의한 소수판정 알고리듬 등이 있다. 몬테 카를로 적분(Monte Carlo Integration)도 유용한 응용이다.

비유클리드 기하학(Non-Euclidean Geometry)

볼리아이와 로바체프스키 등에 의하여 독립적으로 발견된 기하학이다. 비유클리드 기하학은 유클리드 기하학의 제5공준인 평행선 공준을 이와는 다른 공준으로 대신하여 논리를 전개하는 기하학을 총칭하는 용어이다. 타원 기하학(Elliptic Geometry, Riemannian Geometry), 쌍곡선 기하학(Hyperbolic Geometry, Lobachevsky-Bolyai Geometry) 등이 대표적인 예이다. 아인슈타인의 상대성이론은 비유클리드 기하학, 특히 리만 기하학에 그 이론적 근거를 두고 있다.

모든 집합으로 이루어진 집합에 관한 역설(Paradox in Set of Sets)

영국의 논리학자 러셀에 의하여 제기된 역설로서, 초창기의 집합론에 큰 도전이 되었다. 특히 당대 최고의 논리학자인 프레게의 이론과 기대를 뿌리째 흔들기도 하였다. A={X | X ∉ X}를 집합이라고 가정하면 A가 집합 A의 원소라고 가정하든, A가 집합 A의 원소가 아니라고 가정하든 모두 모순에 도달하게 된다. 이 역설을 해결하고자 노력하면서 집합론은 새롭게 발전하게 되었다.

평행선 공준(Parallel Postulate)

유클리드의 저서 『원론(Elements)』에 있는 다른 네 개의 공준과 비교하여 볼 때, 유난히 서술이 길고, 그 내용도 비교적 복잡하다. 이런 이유로 수학자들로부터 많은 관심을 받았고, 결과적으로 비유클리드 기하학이 탄생하게 되었다.

소수 정리(Prime Number Theorem)

소수 정리는 $\pi(x)$를 x보다 작은 소수의 수라고 정의할 때 $\lim\limits_{x \to \infty} \dfrac{\pi(x)}{x/\ln x} = 1$이 성

립한다는 것이다. 이 문제는 가우스가 처음으로 제기하였으며 1896년에 복소함수의 이론을 이용하여 증명되었다. 1948년 셀버그와 에어디쉬에 의하여 기본 정수론의 방법으로도 증명되었다.

수학 원리(Principia Mathematica)

이 책은 러셀과 화이트헤드에 의해 쓰여졌으며 수리논리학과 수학의 기초에 관한 저서이다. 총 3권으로 구성되어 있으며 1910년과 1912년, 1913년에 발간되었다. 그러나 이 책이 궁극적으로 추구한 이상은 결코 달성될 수 없다는 것이 괴델과 코언의 연구 결과로 밝혀짐으로써, 이 책의 가치는 크게 훼손되었다. 내용이 난해하여 이 책을 읽은 사람은 극히 적은 것으로 전해진다.

Probability is a State of Mind.

수학에서 확률론적 접근은 막강한 힘을 발휘하면서 동시에 많은 논란을 야기했다. 단정적 접근으로는 불가능해 보이는 여러 문제가 확률적 접근으로 가능해졌는데, 영지식 증명, 전화로 동전 던지기, 소수 판정법 등이 좋은 예가 된다. 1976년 아펠과 하켄에 의한 4색 지도 정리의 증명도 한 예라고 할 수 있다. 하이젠베르크의 불확정성 원리에 의한 물리계의 확률론적 속성을 아인슈타인도 수용하지 못하며 "God does not throw dice.(하나님은 주사위 놀이를 하지 않는다.)"라고 한 말은 유명하다. 4색 지도 정리의 증명에 관한 여전한 논란도 같은 맥락에서 이해될 수 있다. 이러한 현상은 확률이 관찰 대상에 내재된 속성이라기보다는 관찰자의 마음의 문제, 인식의 문제이기 때문이다.

확률론적 방법(Probabilistic Method)

고전적인 논증은 단정적이다. 특히 수학적 증명은 그러하였다. 그러나 현대 정보 사회가 도래하여 다양한 조건을 충족시키는 논증 형태가 필요하게 되었는데, 컴퓨터를 비롯한 테크놀로지의 발달은 이러한 요구를 충족시킬 수 있게 하였다. 그중의 하나가 확률론적 방법이다. 확률론적 방법은 기존에는 가능하지 않던 논증도 가능하게 할 만큼 그 힘이 막강하다. 예를 들어, 영지식 증명(zero-knowledge proof)이라는 확률론적 방법은 자기가 가진 정보를 단 1비트도 노출시키지 않고, 자기가 그 정보를 소유하고 있음을 증명할 수 있게 한다.

증명(Proof)

증명이란 증명자(prover)가 확인자(verifier)에게 어떠한 사실을 이해시켜 수긍하게 하는 과정이다. 가장 일반적인 예가 수학적 증명이다. 현대에 들어 확률론적 증명 같은 새로운 형태의 증명 방법이 대두되었지만, 역시 단정적 증명(deterministic proof)이 가장 보편적인 방법이다. 증명은 공리나 기존의 정리와 같이 누구나 인정할 수 있는 사실과 논리적으로 옳은 논증만을 통하여 전개되어 최종 결론에 도달해야 한다. 그런데 현대 수학의 체계에서 증명될 수 없는 수학적 주장들이 있음이 증명되었으며, 연속체 가설과 선택 공리가 그 좋은 예이다.

양자 역학(Quantum Mechanics)

분자, 원자, 소립자 등의 미시적 물리계의 역학을 다루는 이론 체계이다. 미시적 물리계에서는 고전적인 뉴턴 역학이나 아인슈타인의 상대성 이론과는 다른 새로운 이론이 필요한데 양자역학은 이를 위한 이론이다. 처음에는 아인슈타인을 비롯한 여러 학자로부터 인정받지 못했지만 지금은 폭넓게 인정받고 있다. 더 나아가 양자 암호학, 양자 컴퓨터의 설계 등에 기본적인 이론을 제공한다.

라마누잔(Ramanujan, Srinivasa)

1887년에 인도의 마드라스 근교에서 태어난 신비로운 천재 수학자로서 영국의 정수론 학자 하디에 의해 서구에 소개되었다. 하디는 그를 역사상 최고의 천재 수학자로 평가하였다. 그의 계산 능력은 불가사의하였는데 본인은 신이 꿈속에서 자신에게 공식을 알려 준다고 하였다. 라마누잔 함수라고 불리는 한 모듈 함수는 현대의 초끈 이론(superstring theory)과 깊은 관련이 있다. 고립된 연구 환경으로 인하여 그의 많은 연구는 서구 수학의 재발견에 그쳤다.

램지(Ramsey, Frank Plumpton)

1903년에 영국에서 태어나 1930년에 요절한 천재 수리논리학자로서 러셀의 제자이다. 완벽한 불규칙은 없다는 것을 이론적으로 설명하는 램지 이론(Ramsey Theory)으로 유명하다.

무작위 기법(Random Method)

길고 복잡한 어떤 계산을 할 때, 그 과정에서 불필요한 계산을 많이 함으로써 불필요한 수고를 할 때가 있다. 이러한 상황에서 무작위 기법을 적용하면 보다 효율적으로 계산을 할 수 있다. 사실, 기존의 방법으로는 가능하지 않은 계산도 이 기법으로 가능한 경우도 많이 있다. 이 기법은 확률론적 접근이라고 할 수 있다. 치환군 계산에서도 자주 사용된다. 기존의 그래프 이론과 함께, 근래에는 에어디쉬에 의하여 소개된 무작위 그래프(Random Graph) 이론도 활발히 연구되고 있다.

리만 가설(Riemann Hypothesis)

복소수 $s = \sigma + it$ 에 대하여 함수 $\zeta(s) = \sum_{n=1}^{\infty} \dfrac{1}{n^s}$를 리만의 제타함수라고 한다. 리만의 추측은 $\sigma \neq \dfrac{1}{2}$이면 $\zeta(s) \neq 0$이라는 것이다. 이것은 아직까지 미해결 문제이며 이 문제가 옳다면 몇 개의 다른 정리의 증명이 될 수 있다는 사실이 알려져 있다.

초끈 이론(Superstring Theory)

물리학에서 전자기 이론, 중력 이론 등의 모든 이론을 통합하고자 하는 시도, 즉 '만물의 이론' 으로서 제안된 이론이다. 모든 물질은, 길이가 10^{-33} cm에 넓이와 높이는 없는 초끈(superstring)으로 이루어졌다는 것이 이 이론의 기초이다. 양립하기가 어려운 양자 역학 이론과 일반 상대성 이론을 조화시킬 수 있는 이론으로서, 특히 블랙홀의 중심이나 대폭발(Big Bang) 직전의 우주의 상태와 같은 특이한 물리적 상황을 설명할 수 있다. 이 이론에 의하면 우주는 10차원 또는 26차원이어야 한다. (M-이론의 경우, 우주를 11차원으로 설명한다.) 우리가 보통 인식하고 있는 4차원(공간과 시간) 이외의 다른 차원에 대해서도 언급하고 있다.

타니야마(Taniyama, Yutaka)

1927년 일본에서 태어난 수학자로, 타원 함수와 모듈 형식 사이에 깊은 관계가 있음을 처음으로 간파하였다. 이 발견이 타니야마-시무라 추측이다. 후에 리벳과 프레이 등에 의하여 타니야마-시무라 추측이 증명되면 페르마의 마지막 정리도 증명된다는 사실이 발견됨으로써 페르마의 마지막 정리의 증명을 가능하게 하였다. 1958년에 자살하였는데 정확한 이유는 알려지지 않았다. 그가 사망한 뒤 수 주일 후 그의 약혼녀도 자살하였다.

타니야마-시무라 추측(Taniyama-Shimura Conjecture)

타원 곡선 이론에 관련된 추측으로 일본인 수학자 타니야마에 의하여 1955년에 제기되었다. 이 추측은 페르마의 마지막 정리와 밀접하게 관련되어 있다는 것이 1980년대에 알려졌고, 이 사실은 앤드루 와일즈가 1994년에 페르마의 마지막 정리를 증명하는 데 큰 단서를 제공하였다. 미국의 콘래드, 테일러, 디아몽 그리고 프랑스의 브르이유는 1999년에 타니야마-시무라 추측을 증명했다고 발표하였다.

The Class of All Classes is a Class.

'집합(set)'이라는 개념을 보통 정의하듯 정의하고, 'The set of all sets is a set.'이라고 하면 모순이 생긴다. 그러나 '집합(set)'이라는 용어를 아끼고 'class'라는 용어를 정의하지 않음으로써 아무런 수학적 의미를 부여하지 않고 사용하면, 'The class of all classes is a class.'라고 무리없이 말할 수 있다.

초월수(Transcendental Numbers)

어떤 실수 α가 어떠한 유리계수 다항식 $f(x)$에 대해서도 $f(\alpha)=0$를 만족시키지 않을 때 α를 초월수라 한다. 대수적인 수(algebraic number)의 상대 개념이다. 대표적인 예로서 원주율 π와 자연 로그에 나타나는 e를 들 수 있다. 사실, 대수적인 수 전체의 집합은 가산적(countable)인데 초월수 전체의 집합은 비가산적(uncountable)이므로 수학적 의미에서 초월수가 대수적인 수보다 월등히 많다고 할 수 있다.

초한 농도(Transfinite Cardinality)

자연수는 유한집합의 농도를 나타내는 데 비해, 알레프 널 $\aleph_0$, 알레프 원 $\aleph_1$, … 등은 무한집합의 농도를 나타낸다. 이와 같은 무한집합의 농도를 초한 농도라고 한다. 초한 농도는 여러 가지 면에서 유한 농도의 경우와는 판이하게 다른 성질을 가진다. 연속체 가설은 초한 농도에 관한 것이다. 한편, 자연수 집합에 적용되는 수학적 귀납법은 자연수 집합보다 더 일반적인 정렬집합(well-ordered set)에 적용할 수 있는 초한 귀납법(transfinite induction)으로 확장될 수 있다.

INDEX

가부번 집합 82, 288, 360

가산 무한집합 288, 360, 361

가우스, 카를 프리드리히 14, 43, 57,
  58, 110, 120, 148, 178, 253, 254,
  264, 269, 270, 273, 274, 275, 276,
  279, 325, 349, 364

갈루아 113

갈릴레오 287, 288

계산의 기술 45, 140

고등학문 연구소 129, 130, 149, 159,
  162, 163, 164, 166, 167, 268, 363

고프만, 캐스퍼 25

고합성수 120, 121, 122

골드 바흐, 크리스티안 52

공리 150, 153, 157, 295, 297, 358,
  365, 366

괴델, 쿠르트 14, 43, 149, 150, 157,
  158, 159, 162, 163, 295, 296, 297,
  298, 350, 359, 363, 365

그래프 이론 26, 30, 68, 179, 184,
  217, 303, 316, 321, 326, 329, 330,
  351, 357, 367

그레이엄, 로날드 12, 13, 17, 19, 21,
  25, 26, 27, 28, 29, 30, 31, 32, 33,
  34, 35, 36, 42, 43, 46, 51, 60, 61,
  62, 71, 72, 74, 75, 76, 77, 78, 105,
  106, 148, 175, 197, 198, 199, 200,
  201, 202, 203, 205, 206, 210, 211,
  214, 215, 216, 217, 218, 221, 222,
  223, 224, 225, 227, 228, 229, 230,
  233, 234, 237, 263, 270, 272, 275,
  286, 290, 297, 300, 301, 313, 314,
  317, 349, 350, 352, 357

기본적 정수이론 68, 143, 364

기하학 원론(유클리드) 152, 364

김프스(GIMPS) 프로젝트(인터넷 메
  르센느 소수 추적) 51, 362

나사(NASA) 224, 226

내시, 존 349, 350

노이만, 존폰 88, 94, 167, 363

뉴턴, 아이작 43, 46, 110, 112, 151,
  202, 254, 285, 363, 366

단위 분수 206, 207, 209, 212, 225,
  280, 281

대각선 논법 289, 292, 361

데카르트, 르네 52, 259

디오판투스 247, 248, 249

디오판투스 방정식 248, 275

딥 블루 225

라마누잔, 아이양가르 스리니바사
  113, 114, 115, 116, 117, 118, 119,
  120, 121, 122, 124, 125, 367

라메, 가브리엘 255

라이프니츠 고트프리트 빌 헬름 285

란다우 348

램지 정리 178

램지, 프랭크 플럼턴 72

램지 이론 71, 72, 75, 77, 216, 217, 300, 331

러셀, 버트란드 72, 109, 116, 149, 150, 155, 294, 352, 359

레머 데릭 203, 243

로바체프스키 기하학 152

로스알라모스, 뉴 멕시코 131, 132, 133, 141, 144, 147

루스-아론 수 240, 241, 271

리만 기하학 153, 364

리만, 게오르크 프리드리히 베른 하르트 14, 113, 153, 219

리만 가설 108, 112, 181, 367

리틀우드 존 에덴서 109, 111, 112, 113, 115, 117, 118

메르센느 수 49, 50, 66, 362, 364

메르센느, 마랭 49, 50, 51

몬테 카를로 방법 311, 312

몬티 홀 딜레마 306, 309, 311, 312, 313, 314

무작위 기법 301, 302, 367

무한 급수 278, 286, 289

미국 수학회(AMS) 56, 234

미국 수학협회(MAA) 50, 51, 234

바빌로니아 수체계 47, 249

바조니, 앤드루 81, 82, 83, 88, 97, 98, 99, 100, 126, 127, 187, 188, 190, 191, 192, 193, 220, 305, 309, 310, 311, 312, 313, 316, 357

반증(반례) 62, 360

베유, 앙드레 158, 207-208

벨, 에릭 템플 50, 258, 259, 260

벨 연구소(AT & T) 27, 32, 214, 218, 222, 223, 227, 317

AT&T 12, 19, 62, 69, 77, 197, 214, 215, 218, 221, 222, 223, 230, 301

복잡도 이론 226, 259, 360

볼록 사각형 102

볼프슈켈, 파울 256, 261, 359

볼프슈켈 상 257, 264

분할 이론 124, 195

비 정칙 소수 255

비 완비성 정리 295, 362, 363

비 유크리드 기하학 219

비트겐슈타인, 루트비히 5, 72

상대성 이론 162, 164, 165, 363, 360, 368

상수 e 277, 278, 279

상자 포장 230

성 어거스틴 66

세이건, 칼 47, 71, 202

세일즈맨 문제 226, 227

소수 정리 58, 59, 78, 100, 115, 119, 120, 125, 126, 163, 203, 276, 279, 354, 358, 364

소수 이론 124

소시,베라 44, 169, 186, 333, 334, 341, 357

슈트라우스, 에른스트　163, 164, 167,
　168, 185, 350

스노 C.P　110, 111

스미스 수　271, 272, 273

시돈(수학자)　348, 350

쌍둥이 소수　53, 65, 79

아르키메데스　13, 110, 237, 251, 253,
　257, 258, 299, 325

아리스토텔레스　280

아인슈타인, 앨버트　25, 43, 46, 151,
　159, 160, 161, 162, 163, 164, 165,
　166, 167, 168, 169, 179, 219, 305,
　350, 351, 352, 363, 364, 365, 366

알레프-원　293, 358, 369

알레프-제로　288, 289, 291, 358, 369

알고리듬　225, 226, 227, 228, 229,
　230, 231, 361, 364

애벗『평평한 땅』160

양자역학　162, 362, 363, 366

어리스메티카(디오판투스)　247, 248

에라토스테네스(알렉산드리아)　51

에라토스테네스의 체　51, 100

에어디쉬 번호　24, 25, 26, 43, 127,
　163, 241, 347

에어디쉬, 안나　84, 89, 93, 94

에어디쉬, 폴　5, 9, 10, 11, 59, 81, 94,
　104, 133, 164, 166, 185, 196, 212,
　234, 333, 334, 347

에피메니데스(크레타인)　155

역설　155, 156, 157, 291, 359, 367

연속체 가설　295, 296, 297, 358, 359,

360, 362, 366, 369

오일러, 레온 하르트　14, 61, 67, 126,
　145, 146, 147, 242, 244, 250, 251,
　265, 266, 267, 276, 277, 279, 325,
　359, 361

와일즈, 앤드루　244, 245, 258, 260,
　261, 262, 263, 264, 265, 275, 305

완전수　65, 66, 67, 68

울람, 스타니슬로프　46, 130, 131,
　136, 140, 141, 142, 143, 144, 145,
　147, 270, 311, 312, 329, 357

유사 소수　243, 244

유클리드　46, 48, 49, 54, 121, 144,
　151, 152, 160, 237

유클리드 기하학　151, 152, 153, 154,
　364

점근 공식　119, 120, 121, 124

제르맹, 소피　251, 252, 253, 254, 258,
　269

조합론　68, 71, 74, 216, 321

조합론적 정수론　215

집합의 집합　155

청, 팬　29, 30, 155, 216, 217, 218,
　315, 333, 346, 357

조화 급수　285, 286

체비셰프, 파프누티 르보비치　54

체비셰프의 정리　58, 114, 272

체스　42, 45, 46, 68, 70, 71, 78, 141,
　201

초끈　221, 368

초월 수　298, 299, 361, 369

초한 수 293, 294, 298, 299

최악의 경우 분석가 227

친구 수 64, 65, 68

카마이클 수 243, 359

칸토어, 게오르그 페르디난트
루트비히 287, 288, 289, 290, 291,
292, 293, 294, 295, 298, 299, 350,
359, 361, 363, 366

케인즈, 존 메이나드 72, 111

코시, 오귀스트-루이 255

코언, 폴 295, 296, 297, 298

쾨니스베르크 정리 127

쿰머, 에른스트 에두아르트 254,
255, 256

크로네커, 레오폴트 294

타니야마, 유다카 261, 368

타니야마-시무라 추측 260, 261,
262, 361, 366, 368

타원 곡선 260, 261, 262, 275, 361,
368

타일 붙이기 문제 232

탐욕스런 절차 209, 210, 213

텔러, 에드워드 92, 94, 131, 132, 144

토끼 문제 213

투란, 폴, 24, 36, 44, 83, 169, 186,
194

파스칼, 블레즈 281

파이(π) 125, 126, 275, 276, 277, 279,
298, 299, 325, 361

파인만, 리처드 128

페르마, 클레망-사뮈엘 250

페르마, 피에르 드 65, 242, 244, 246,
247, 249, 250, 251, 265

페르마의 마지막 정리 242, 250,
252, 253, 254, 255, 256, 257, 258,
260, 261, 263, 264, 266, 269, 275,
305, 364, 368

페르마의 작은 정리 242, 244, 359

평면 기하학 101

평행선 공준 152, 154, 160, 219, 364,
366

푸앙카레, 앙리 294

프레게, 프리드리히 루트비히
고트로브 150, 151, 154, 155, 156,
157, 298

피보나치 수열 213, 214, 275, 276,
361

피보나치, 레오나르도 208, 209, 213,
281, 282, 283, 284

피타고라스 정리 82

피타고라스(사모스) 64, 65, 248, 259

필즈 상 59, 359

하나님의 책 40, 41, 48, 54, 61, 73,
78, 110

하나님(SF)의 책에 있는 증명 48,
313

하디G.H. 46, 47, 48, 62, 107, 108,
110, 111, 112, 113, 114, 115, 116,
117, 118, 119, 120, 122, 124, 125,
126, 149, 218, 219

하이젠베르크 불확정성 원리 162

해석학적 정수론 107

합성수 50, 120, 121, 122, 123, 146,
  242, 243, 301, 359
해피엔드 문제 104, 105, 106, 107
헝가리 88, 89, 90, 91, 93, 94, 97,
  101, 107, 127, 129, 130, 132, 133,
  138, 139, 169, 171, 174, 175, 177,
  180, 186, 196, 316, 320, 341
헝가리 과학원 44, 138, 194
화이트헤드, 알프레드 노스 111, 157
확실성, 수학의 61, 151, 158, 202
확률론적 방법 300, 301, 303, 365
확률 이론 124, 281
황금 비 276, 361
히파티아(알렉산드리아) 247, 325
힌두-아랍 숫자 282, 284
힐버트 문제 60
힐버트 호텔의 역설 291
힐버트, 데이비드 43, 118, 156, 157,
  291, 294, 295, 296, 359

수학 An invention of the human mind

뷰티풀 마인드
존 내쉬의 영화 같았던 삶. 그의 삶 속에서 진정한 승리는 정신분열증을 극복하고 노벨상을 수상한 것이 아니라 아내 앨리샤와의 사랑이 끝까지 살아남아 성장할 수 있었다는 점이다.
실비아 네이사 지음 / 신현용, 승영조, 이종인 옮김 / 18,000원

무한의 신비
고대부터 현대에 이르기까지 수학자들이 이루어 낸 무한에 대한 도전과 좌절. 무한의 개념을 연구하다 정신병원에서 쓸쓸히 생을 마쳐야 했던 칸토어와, 피타고라스에서 괴델에 이르는 '무한'의 역사
애머 악첼 지음 / 신현용, 승영조 옮김 / 12,000원

초등학교 수학 이렇게 가르쳐라
무조건 문제만 푼다고 수학을 잘할 수 있을까? 수학을 못하는 것은 아이들 책임이 아니다. 이 책의 저자 리핑 마는 좀더 근본적으로, 가르치는 교사의 교수 방법에 잘못이 있다고 문제를 제기한다. 미국 전역에 큰 파장을 일으킨 '수학전쟁'에서 유일하게 양측이 인정한 원고!
리핑 마 지음 / 신현용, 승영조 옮김 / 9,800원

유추를 통한 수학탐구
수학에서 개념과 개념을, 그리고 생각과 생각을 연결하는 징검다리와 같은 유추를 이용해 문제를 풀어가다 보면, 우리는 어느새 '내 힘으로' 수학하는 기쁨을 느끼게 된다.
P. M. 에르든예프, 한인기 공저 / 18,000원

물리 How the nature behaves

천재 : 리처드 파인만의 삶과 과학
20세기 최고의 지성이며 호기심 많은 괴짜 물리학자 리처드 파인만. 그의 유쾌한 삶과 과학을 그린 제임스 글릭의 대작! 과학자라면, 특히 과학을 공부하는 학생이라면 반드시 읽어야 할 책!
제임스 글릭 지음 / 황혁기 옮김 / 28,000원

엘러건트 유니버스
초끈이론과 숨겨진 차원, 그리고 궁극의 이론을 향한 탐구 여행. 초끈이론의 권위자 브라이언 그린은 핵심을 비껴가지 않고도 가장 명쾌한 방법을 택한다.
브라이언 그린 지음 / 박병철 옮김 / 20,000원

우주의 구조
시간과 공간에 관한 과학적 역사의 모든 것.
시간은 왜 미래로만 흐르는가? 공간은 왜 3차원처럼 보이는가? 우리가 잘 알고 있다고 생각하는 것들을 여지없이 무너뜨리는 책.
브라이언 그린 지음 / 박병철 옮김 / 28,000원

발견하는 즐거움
인간이 만든 이론 가운데 가장 정확한 이론이라는 양자전기역학으로 현대물리학의 기반을 다진 위대한 과학자, 리처드 파인만을 다채롭게 조명한 책. 파인만에게 자유로운 정신을 심어 준 아버지에 대한 추억, 그가 겪은 과학자들의 세계, 직관과 경험을 중시하는 그의 교육까지 모두 담겨 있다.

리처드 파인만 지음 / 김희봉, 승영조 옮김 / 9,800원

조지 가모브 물리열차를 타다
평범한 은행원 탐킨슨 씨가 물리학 세계로 떠나는 환상적인 모험. 빅뱅이론의 창시자 조지 가모브의 이 재미있는 이야기는 어린 스티븐 호킹과 로저 펜로즈에게 물리학자의 꿈을 심어 줬다.

조지 가모브 지음 / 승영조 옮김 / 8,500원

스트레인지 뷰티 : 머리 겔만과 20세기 물리학의 혁명
20여 년에 걸쳐 입자 물리학을 지배했던, 탁월하면서도 고뇌를 벗어나지 못했던 한 인간에 대한 다차원적인 조명.

조지 존슨 지음 / 고중숙 옮김 / 20,000원

파인만의 물리학 강의 I
40년 동안 한 번도 절판되지 않았던, 전 세계 이공계생들의 필독서. 파인만의 빨간 책.

리처드 파인만 강의 / 로버트 레이턴, 매슈 샌즈 엮음 / 박병철 옮김

양장 38,000원, 반양장 18,000원, 16,000원(I-I, I-II로 분권)

파인만의 여섯 가지 물리 이야기
파인만의 강의록 중 일반인도 이해할 만한 '쉬운' 여섯 개 장을 선별하여 묶은 책.

리처드 파인만 강의 / 박병철 옮김 / 양장 13,000원, 반양장 9,800원

파인만의 또 다른 물리 이야기
파인만의 강의록 중 상대성이론에 관한 '쉽지만은 않은' 여섯 개 장을 선별하여 묶은 책.

리처드 파인만 강의 / 박병철 옮김 / 양장 13,000원, 반양장 9,800원

일반인을 위한 파인만의 QED 강의
파인만의 재치로 발효되고 생명을 얻은 생생한 QED 입문서. 양자론의 깊은 의미를 이해하기 위해서만이 아니라, 현대 물리학의 역사에 동참하기 위해서 꼭 읽어야 할 책.

리처드 파인만 강의 / 박병철 옮김 / 양장 9,800원

볼츠만의 원자
볼츠만의 일생을 통해서 과학적 개념과 원리가 어떻게 정립되는가를 자세하게 보여주고 있는, 과학자 혹은 과학이론에 대한 전기.

데이비드 린들리 지음 / 이덕환 옮김 / 양장 15,000원